성공하는 군납입문서

성공하는 군납입문서

민찬규 지음

도서출판 시간의물레

프롤로그

군대는 국가방위 임무를 위하여 특수한 조직을 갖추고, 군사적인 목표를 달성하기 위하여 군사력을 건설하고 유지 및 운용하는 집단이다. 이를 위해 군은 국방예산을 편성하여 필요로 하는 물자, 장비, 시설 및 용역 등을 법령에 의거 일정자격을 갖춘 조달원으로부터 경제적 가격으로 조달 및 보급한다. 이와 같이 일정한 자격을 갖춘 민간업체가 군에서 필요로 하는 물자나 장비를 관련 계약법에 따라 계약 및 납품하는 것을 군납이라 한다.

군에서는 군대만 사용하는 군 전용품목이 있는 반면, 일반 상용품을 그대로 도입하여 사용하는 물품들도 있다. 현재 군에서는 상용품 사용을 대폭 확대하고 있으며, 이런 추세에 따라 군납에 참여하려는 업체들이 증가하고 있다. 그렇지만 군 조직의 업무특성상 일반인들이 군대 납품과 관련된 업무를 알기가 쉽지 않다. 모든 지식을 제공한다는 인터넷 자료 검색에서 조차도 '군납'과 관련해서는 기본적인 용어를 설명하는 수준일 뿐 구체적인 절차나 방법을 찾아보기 어렵다 보니, 다음과 같은 질문 내용을 자주 볼 수 있다.

- 저희 회사는 런닝과 팬티를 만들고 있습니다. 군납을 하는 것이 어떻겠냐는 말을 들었습니다. 그런데 군납은 어떻게 해야 되는지? 우리 회사 물건을 어떻게 납품을 해야 하는지? 어디로 연락하면 되는지 등의 내용을 전혀 모르겠습니다.
- 아는 지인이 신발공장을 크게 하고 있고 해외에 OEM으로 수출도 하고 있습니다. 국내에서는 알아주는 규모입니다. 군납을 해보고 싶은데, 절차와 방법을 모르겠네요. 어디서 어떻게 시작하면 되는지 알려주세요.
- 농산물을 취급하는 시장 도매상입니다. 좋은 제품을 저렴하게 군에 납품할 의향이 있는데, 방법을 전혀 모르겠네요. 어떻게 하면 되는지 알려주세요.
- 부모님이 시골에서 과수원을 크게 하는데, 이번에 사과 농사가 잘 되어 판로를 찾던 중 군납을 하면 어떻겠냐는 이야기를 들었습니다. 군납을 할 수 있는 방법을 가르쳐주세요.
- 일반 시중에서 사용할 수 있는 신기술을 개발했습니다. 군에서도 필요한 것 같은데 군납을 할 수 있는 방법은 어떻게 되는지 알고 싶습니다.

군수물자 조달 및 보급분야에서 30여 년 근무하고 있는 필자도 이러한 질문을 종종 받지만, 경험을 바탕으로 답변 해주는 것이 전부였다. 이렇다 보니 군납 참여를 희망하는 업체들이 그 절차와 방법을 몰라 애를 먹는 것이 현실이다. 이 책은 이러한 궁금증에 대하여 명쾌한 답을 줄 수 있을 것으로 확신한다.

군납은 군대와 관련되면서 전문적인 분야로 이해하기 어려운 용어가 많을 뿐만 아니라 직접 그 업무를 수행하지 않으면 구체적인 내용을 알기도 어렵다. 이런 점을 고려하여 필자는 독자들이 이해하기 쉽도록 다음과 같이 정리하였다.

첫째, 군납을 하기 위해서는 군 조직의 특성을 이해할 필요가 있다. 이를 위해 군납을 하고자 하는 관계자들이 알아두면 도움이 되는 군 조직의 특성과 군납을 할 때 필수적으로 준수해야 할 내용을 기술하였다.

둘째, 군납은 국가계약법령에 의거 계약되고, 조달 및 집행이 이루어지므로 절차가 매우 복잡하다. 이러한 부분을 쉽게 이해할 수 있도록 그림과 도표를 활용하여 이해를 도왔으며, 각 장 및 절의 초반부에서는 숲을 보고 점차적으로 나무를 볼 수 있도록 전체적인 개념을 핵심적으로 정리하였다.

셋째, 각종 법과 관련된 내용을 그대로 인용하기 보다는 설명식으로 기술하였으며, 41가지의 다양한 〈해설 및 팁〉을 제공하여 처음으로 군납 업무를 접하는 사람들도 알기 쉽도록 작성하였다.

넷째, 군납 조달기관인 방위사업청, 조달청, 부대조달 등으로 구분하여 내용을 정리하였다. 제1장에서는 군납과 관련하여 각 기관에서 공통적으로 이루어지는 국방계약 업무를 기술하였고, 제2장과 제3장은 방위사업청, 조달청 조달 등 각 기관별 업체등록 및 계약절차 등을 다루었다. 제4장에서는 군에 새롭게 도입되는 군수품의 획득 절차, 제5장에서는 계약이행 및 납품 이후에 이루어지는 품질검사 및 하자처리 절차를 설명하였다.

군납은 군이 군사적 임무를 수행하는 데 필수적인 요소이다. 따라서 다수의 성실하고 건실한 업체가 군납에 쉽게 참여할 수 있어야 한다. 그런 의미에서 이 책은 군납에 참여하기를 희망하는 이들에게 그 절차와 방법을 알려주는 길라잡이 역할을 할 것이다. 더불어 군에서 조달업무를 담당하는 사람들에게는 관련 법과 규정을 이해하고, 유형별 사례를 통하여 실무를 수행하는 데 매뉴얼이 될 수 있을 것이다.

필자는 이 책을 통하여 우수한 기업들이 군납에 참여할 수 있기를 바라고, 동시에 우수제품들이 군에 납품됨으로써 군 전투력 증강에 기여할 수 있기를 기대한다.

끝으로, 원고 정리에 여러 가지 도움을 준 김현성, 전홍열, 강기봉, 오영순과 피복과의 김인규, 최상혁, 평태진, 정수경, 민현미, 김성종, 한주현, 황진환, 강윤형, 양새별에게 고마움을 전한다. 또한 정성스럽게 책을 만들어 준 '시간의물레' 출판사 권호순 대표님께도 감사드린다.

민 찬 규

차 례

♣ 해설 및 팁

♧ 제1장

국방계약 및 조달

제1절 ‖ 군납의 특징

두산 백과사전에서 군납은 '인가를 받은 민간업자가 군에 필요한 물자를 납품하는 것이다.'라고 정의하고 있는 것처럼, 군납이란 민간업체가 군에서 필요로 하는 물자나 장비를 관련 계약법에 따라 군부대 또는 조달청과 계약하여 납품하는 것이다.

1. 군납의 특징

가. 군납 자격

군납을 하기 위해서는 일정한 자격을 갖추어야 하는데, 국방과학기술용어사전에서 정의한 것과 같이 '국가를 상대자로 하는 계약법령 시행규칙 제15조에 따라 입찰 참가자격을 갖추고 등록한 업체'이어야 한다.

나. 군납의 특징

군납은 민간사회에서 이루어지는 개인과 개인, 개인과 업체, 업체와 업체 간에 계약을 통하여 물품을 거래하거나 납품하는 행위는 유사하다고 볼 수 있다. 그렇지만 군은 국가기관이면서 국가의 방위를 책임지고 있는 조직의 특성상 민간사회에서 이루어지는 계약이나 거래와 차이가 많다고 할 수 있다. 필자의 경험을 바탕으로 정리한 군납의 특징은 다음과 같다.

1) 계약 및 대금정산

가) 군납은 국가계약법령을 근거로 모든 계약행위를 한다. 조달금액의 규모가 크거나 작은 것에 관계없이 계약은 각종 계약법, 국방부 훈령 등을 기초로 이루어진다.

나) 예산의 집행 규모가 일반 사기업과는 비교도 안 될 정도로 크다.

다) 연간 예산을 한 번에 계약하여 조달하는 경우가 많다. 품목에 따라서는 수회에 걸쳐

계약 및 조달하거나, 현금예산을 각급부대로 배정하여 해당 부대에서 자체 구매하는 품목도 있다.

라) 계약이행에 따른 대금정산이 확실하며, 매 납품시마다 대금정산이 이루어진다. 따라서 현금의 유동성이 매우 양호하다고 할 수 있으며, 국가에서 보증하여 대금을 받지 못하는 경우가 없다.

마) 동일 항목의 예산을 분할하여 사용하거나 계약을 할 수 없다. 과거에는 예산을 분할하여 수의계약을 하는 경우도 있었지만 현재는 법으로 금지하고 있다. 다만, 군용품을 상용물품으로 전환하기 위한 조달이나 새로운 품목을 시험 적용하기 위해 조달하는 것은 예외로 하고 있다. 예를 들면, 군 규격으로 조달하던 장병용 내의류를 상용품으로 조달하기 위해 동일 연도 예산을 군 규격으로 90% 조달하고, 10%는 상용품으로 조달하는 경우이다.

바) 품목별 조달요구 단가는 가장 최근연도 계약단가에 물가상승률을 적용하여 조달 요구한다.

사) 대부분 국가기관의 계약과 같이 '국가를 상대자로 하는 계약법령'에 기초하여 계약을 하게 되므로, 일반경쟁 입찰의 경우에는 대다수가 최저가 경쟁계약으로 이루어진다.

2) 수요와 공급

가) 연간 발주(소요)물량이 정해져 있다. 인원의 변동이나 상황에 따라 물량 증감이 있을 수는 있지만, 연간 조달 소요물량은 연초에 결정되면 바뀌지 않는 경우가 대부분이다.

나) 업체는 매출 증가를 위해 별도의 홍보를 하지 않는 경우가 많다. 물품 사용자는 국군 장병으로 한정되어 있고, 홍보를 한다고 해도 추가적으로 구매할 가능성은 많지 않기 때문이다.

다) 업체에서 군 부대로 직접 납품하는 원스톱 납품체계로 중간 유통체계가 불필요하다.

라) 연간 계약물량을 일시 또는 월 단위로 납품하도록 되어 있어, 업체에서는 창고 저장비용을 절약할 수 있다.

마) 발주물량이 대량이다. 장병 개인당 1개를 보급하는 물품인 경우에는 발주량이 약 50만개 정도 된다.

3) 기타

가) 군납과 관련된 업무는 분야별 전문 업무영역이 정해져 있어, 책임과 권한이 명확하게

구분되어 있다. 특정 물품에 대하여 물량을 발주하는 부서, 계약담당부서, 품질검사부서 및 납품을 받는 부대가 다르므로 업무협조를 해야 할 부서가 많다는 의미도 된다.

나) 군납을 하게 되면 업체의 인지도가 향상된다. 군에 납품한다는 것 자체가 국가공인기관에서 품질을 인정받았다는 것을 의미하며, 사용자들은 군 장병들로서 미래의 잠재고객이 될 수 있다.

다) 군납과 관련된 의사결정은 각종 심의위원회를 통하여 이루어진다. 심의위원회의 역할은 해당 업무부서에서 검토한 내용이 합리적이고 공정하게 이루어졌는지에 대한 판단 및 검토를 하며, 최종적인 의사결정을 하는 것이다. 조달과 관련된 심의위원회 중에서 몇 가지 예를 들었다.

① 계약 심의위원회는 계약자의 책임에 속하지 않은 지체 사유의 인정 여부, 납기 조정의 타당성, 직무상 쟁소가 제기된 사항 등에 대하여 심의·의결한다.

② 국방부, 각 군 본부 및 군수사의 군수품 상용화 심의위원회는 상용전환 대상품목 선정의 적절성, 군사용의 적합성 등에 대하여 심의·의결한다.

③ 하자처리 심의위원회는 각 군 본부 및 군수사에 설치하여 운영하며 하자품에 대한 구상노력의 적절성, 결손처리 이후의 하자품 처리방법 등에 대하여 심의·의결한다.

2. 군납 참여 및 계약이행 간 확인할 사항

가. 군 조직 및 업무특성 이해

1) **군납을 담당하는 인원들은 공무원**으로서 국가의 예산을 국가를 대신하여 집행하는 사람들이다. 따라서 담당업무에 대한 권한과 책임이 따른다.

2) 군은 민간사회와 같이 회사의 이익 창출을 위해 업무를 수행하는 것이 아니라, **장병들의 전투력 발휘**에 중점을 두고 업무를 수행한다.

3) **군의 예산은 국민의 세금**으로 경제적이고 효율적으로 사용해야 한다. 따라서 공무를 수행하는 사람들은 국가예산을 집행할 때 공정성, 투명성, 합리성이 보장될 수 있도록 업무를 추진한다.

4) **조달과 관련된 업무는 분업화, 전문화 되어 있다.** 앞에서도 언급했지만, 예산을 집행할 때 업무영역별 책임과 업무한계가 명확하게 구분되어 있어 특정부서에서 단독적으로

업무를 처리하지 않는 것이 특징이다.

5) 과거에는 '군납은 허술하다. 계약만 되면 무조건 이익이다.'라는 말을 하곤 했는데, 이는 잘못된 생각이다. **군은 완벽성을 추구하는 조직**으로서, 위 4)항과 같이 어느 조직보다도 체계적이고 전문화 및 분업화하여 업무를 수행하고 있다.

6) 군납을 하면서 유념해야 할 것은 특정분야에 협조할 내용이나 문제가 발생하였을 때, **'상급자만 통하면 된다'는 생각을 하면 안 된다는 것이다.** 군납 관련 문제는 가장 먼저 해당 업무담당관과 상담하기를 권한다. 그런 다음에 필요할 경우, 업무계통상 상관이나 관리자를 통하는 것이 좋다. 당연한 이야기 같지만 아직도 가끔 위와 같은 생각이나 행동을 하는 업체를 볼 수 있다.

7) 군납에 참여하면서 업체 의견이 있을 경우에는 전화상담 또는 공문을 통해서 군 업무담당관에게 의견을 제출하는 것이 좋다. **군과 군납을 하는 업체는** 서로 대립과 견제의 관계가 아니라 상호 유기적인 협조를 통하여 군의 전투력 발휘에 기여하는 **업무파트너이다.** 따라서 업체의 일방적인 주장이나 경제적 이익만을 위해 군 전투력에 저해되는 행동을 하는 것은 바람직하지 않다.

나. 규격서(구매요구서) 확인

1) 군납에 참여하기 위해서는 입찰을 하기 전에 공개된 규격서(구매요구서)를 면밀하게 확인해야 한다. 규격서 확인을 통하여 제조 및 생산가능 여부, 원자재 확보 가능성, 물품 시험특성치의 적합성, 기타 필요한 사항의 누락 여부 등을 확인한 다음 입찰여부를 결정해야 한다.

2) 규격서(구매요구서)에 적절하지 않은 내용이 포함되어 있다면, **사전 규격공개제도를 이용**하여 계약기관(방위사업청, 조달청 등)에 공문으로 의견을 제출할 수 있다. 사전 규격공개제도란 규격공개 또는 입찰공고기간에 규격서 내용에 제조 또는 생산하기 어렵거나 적합하지 않은 내용이 포함되어 있을 경우, 이를 수요기관에 문의하여 적합여부를 확인하는 제도이다. 수요기관에서는 업체에서 제기한 내용을 검토하여 그 내용이 타당하다고 판단될 경우에는 규격서를 변경하여 재공고를 할 수 있으며, 타당성이 없다고 판단되면 입찰과정을 정상적으로 계속 진행한다.

3) **계약된 이후에 규격서(구매요구서)를 변경하는 것은 쉽지 않다.** 그 이유는 계약이 체결된 다음에 규격서의 일부 내용을 바꾸는 것은 특정업체에 혜택을 주기 위한 것이라는 의

혹을 받을 수 있기 때문이다. 바꾸어 말하면, 경쟁업체에서 변경된 규격서라면 해당 업체도 입찰에 참여했을 것이라는 주장을 할 것이고, 이는 업체 간 공정한 경쟁을 저해하는 것이 된다.

다. 계약일반 및 특수조건 확인

1) **납품기한을 확인**하여야 한다. 납품기한은 계약 후 원자재 확보기간, 생산기간, 포장기간, 배송기간 등을 종합적으로 고려하여 판단해야 한다. 계약이 완료된 이후에 납기연장을 요청하는 것은 받아들여지지 않을 가능성이 매우 높다고 보면 된다.

2) **납지를 확인**하여야 한다. 군부대는 전국 각지에 산재해 있어, 납품 장소가 어디이며, 몇 개인지를 확인할 필요성이 있다. 납품장소가 많고 적음은 수송 및 배송료에 영향을 미치기 때문이다.

3) 납기 및 납지에 대한 의견이 있을 경우에는 **입찰공고기간을 이용하여 계약기관에 서면으로 의견을 제출**하여 조정을 받을 수 있다. 의견을 받은 계약기관은 수요기관에 검토요청을 하게 되며, 수요기관은 적절성 여부를 검토 후 답변을 통보하도록 되어 있다.

4) 계약이 완료된 이후에는 규격서(구매요구서)와 마찬가지로 **계약특수조건의 납기 및 납지를 변경하는 것이 쉽지 않다.** 그 이유는 군에서 계약이 완료된 이후에 납기 및 납지를 변경해 준다는 것은 특정업체에 부당이익을 줄 가능성이 있기 때문이다.

5) **입찰단가는 필수적으로 확인**할 사항이다. 물품의 단가는 업체의 이익과 직결되는 문제이므로, 군에서 납품 또는 구매하고자 하는 가격과 업체에서 제공하려는 가격이 적절한지를 확인해야 한다. 특히 총액계약의 경우 계약품목에 대한 단가를 고려하지 않고 계약을 체결하여 낭패를 보는 업체가 있다.

라. 계약 이후 및 납품 간 확인사항

1) 계약이 완료되면, 물품특성에 따라 품질보증검사에 대한 준비를 해야 한다. 대부분의 품목은 납품하기 전, 업체에서 군 품질보증기관에 **검사의뢰서**를 작성하여 제출해야 한다.

2) 생산 전, 생산기간 중 물품 규격서 또는 정상적인 생산이 이루어지지 않을 것으로 예상이 되면, **계약기관 및 수요기관과 사전 협의**를 할 필요가 있다.

3) 제품이 완성되면 **납품기한보다 2~3일 전에 납품**을 하는 것이 좋다. 또한 납품장소(수납부대)에는 업체 책임자가 동행하는 것이 좋다. 최초 납품은 예상치 못한 문제가 발생하

는 경우가 있고, 이럴 때 현장에서 조치가 되도록 하는 것이 필요하기 때문이다. 납품 간 예상하지 못했던 상황발생으로 정상적인 납품이 이루어지지 않을 경우에 납기지체로 인한 **지체상금이 부과**되며, 이것은 차후 다른 품목의 입찰에도 상당한 영향을 미칠 수 있다.

4) 업체에서는 납품일정 등을 정할 때 해당 기간에 특별한 사항이 없는지를 검토하여야 한다. 특히 **명절이나 연휴기간** 등에는 납품차량 확보가능 여부, 도로교통 사정, 납품부대의 훈련기간 등을 고려하여 납기 지체가 발생되지 않도록 해야 한다.

마. 기타 군납 참여 준비에 필요한 사항

1) 군납에 참여하기 위해서는 최소한 1년 정도의 여유기간을 갖고 준비를 하는 것이 좋다. 군납은 각종 법령 및 규정에 입각하여 진행이 되므로 이에 대한 사전 준비가 필요하다.

2) 군납을 하려면 다양한 정보를 수집할 필요가 있다. 따라서 필요한 경우에는 해당 물품을 발주하는 수요기관에 인터넷 상담, 전화 또는 면담을 통하여 관련 정보를 획득하는 것이 좋다.

3) 군납을 준비하는 품목에 대한 계약방법, 제조설비, 유통구조 등에 대한 정보를 확인하여 미리 준비해 놓아야 한다. 요즘은 군에서도 상용품을 그대로 구매하여 사용하는 경우가 많기 때문에, 민군겸용품목이라면 추가 설비 없이도 군납 제품을 생산 및 납품 할 수 있다.

4) 군납업체 등록을 하기 위해 적격심사를 하는 경우가 있으니, 해당 품목이 적격심사에 해당되는지를 사전에 확인하여 준비해야 한다.

♣ 해설 및 팁 1-1: 군납에 대한 기업가 정신

- 진정한 기업가는 새로운 시장의 개척, 혁신적인 생산기법의 도입, 신제품 개발 등을 통하여 기업 이윤을 추구해야 한다. 또한 기업의 목적이 이윤 창출의 극대화라 할지라도 기업은 사회에 대하여 일정한 책임감을 가져야 한다. 특히, 군납을 하는 기업은 나라를 지키는 군의 장병들이 사용하는 물품인 만큼 유해하거나 성능에 미달하는 불량한 제품 등이 납품되지 않도록 해야 한다.

제2절 ‖ 군수품 조달

국방(군수품)조달이란 군이 필요로 하는 물자, 시설 및 용역을 법령에 의거 일정자격을 갖춘 조달원(업체)으로부터 요구조건에 적합한 품질, 조건, 경제적 가격으로 획득하는 것을 말한다. 국방조달의 목적은 최소의 국방예산으로 최대의 군사력을 건설하는 것이다.

1. 군수품 조달의 정의 및 원칙

가. 군수품 조달의 정의

1) 군수품이란 국방부 및 그 직할기관, 합동참모본부, 육·해·공군·해병대에서 관리하는 물품을 말한다.

2) 군수품 조달이란 군에서 필요로 하는 장비, 물자, 시설 또는 용역을 필요한 시기와 장소에 획득함으로써 군이 전투력을 원활하게 발휘할 수 있도록 하는 것을 말한다.

3) 군수품은 계약에 의거 제조 및 구매로 조달한다.

나. 군수품 조달의 원칙

1) 조달의 기본원칙

가) 군수품은 국내조달과 일반경쟁계약에 의하여 조달함을 원칙으로 한다.

나) 군수품 중에서 상용품으로 조달하여도 목적을 달성할 수 있는 품목은 상용품으로 조달할 수 있으며, 향후 상용품 조달을 점차적으로 확대한다.

다) 동일한 품목에 대해서는 예산을 분리해서 조달하거나, 조달기관(방위사업청·조달청·부대조달 등)을 분리하여 조달하지 않는다.

라) 정부정책에 의한 법적의무권장 물품을 구매하기 위해 노력한다. 법적의무권장 물품이란 중소기업, 여성기업, 장애인기업, 중소기업기술개발제품, 친환경상품 등을 말한다.

마) 연간 수시로 조달되는 품목은 단가제 계약으로 조달할 수 있다.

바) 생산중지 품목, 생산중지될 가능성이 있는 품목, 소량·소액품목, 장비유지를 위한 수리

부속 등은 경제성을 고려하여 적정수량을 일괄 구매할 수 있다.

사) 생산기간이 장기간 소요되는 품목을 조달하고자 할 때에는 국고채무부담행위(이하 '국채'라 한다), 장기계속계약 등 다양한 계약방법을 통하여 조달할 수 있다.

2) 적용의 예외

가) **수의계약을 할 수 있는 품목**은 '국가를 당사자로 하는 계약에 관한 법률 시행령' 제26조에 해당하는 경우이다. 수의계약의 세부 내용은 제3절 국방계약업무의 '계약방법의 결정'을 참고하기 바란다.

나) 동일연도 예산으로 동일한 **품목을 분리조달** 할 수 있는 경우는 다음과 같다.

① 보급계획 부대의 특성이 서로 다른 경우
② 조달계획이 변경되어 일부물량을 추가 조달할 때
③ 상용화 확대 정책에 따라 시범사용 상용품의 일부를 조달할 때
④ 안정적 조달을 위해 다수업체와 계약이 필요한 품목과 상용품 조달 확대를 위해 필요한 경우

다) 동일한 품목이지만 **조달기관(방위사업청, 조달청, 부대조달 등)을 분리해서 조달**할 수 있는 경우는 다음과 같다.

① 동일품목에 대하여 구매계획과 정비계획을 동시에 수립하는 경우
② 외자조달품목 중 국산화개발을 위해 시제품을 구매할 때
③ 한 개의 조달원(업체)으로 전체의 소요물량을 충족하지 못할 때
④ 상용화 확대 정책에 따라 시범사용 상용품의 일부를 조달할 때

2. 납기 및 납지 선정

가. 납기 설정

1) 수요군[1]에서는 전투력을 유지할 수 있도록 실 소요시기를 고려하여 요구 납기를 건의한다.

2) 조달기관(방위사업청, 조달청 등)은 수요군에서 요구한 납기를 기준으로 저장능력, 생산기간, 민간 성수기, 품질보증기간, 입찰공고기간, 품목의 특성 등을 추가적으로 고려하여 수요군의 요구 납기에 납품 가능여부를 판단하여 최종적으로 납기를 정한다.

1) 군수품을 실제로 사용하는 부대 또는 발주하는 부대로 야전부대 또는 군수사령부가 된다.

3) 조달기관은 요구납기에 비하여 1개월 이상 지연될 경우에는 해당 수요군과 사전 협의를 통하여 납기를 조정하거나 분할 납기를 설정할 수 있다.

나. 납지 선정

1) 군수품의 납지(납품 장소)는 수요지(사용부대)로 하는 것을 원칙으로 한다.

2) 납품 물량의 규모, 납품 시기, 사용 시기 등을 고려하여 다수 또는 단일 보급창고로 납지를 선정할 수 있다.

3) 군수품은 사용부대가 하화 및 입고하는 것을 원칙으로 한다. 단, 계약특수조건에 납품업체가 하화 및 입고 책임으로 명시된 경우에는 업체에서 한다.

4) 납지별 수량은 차량 1대 이상의 물량이 편성하도록 한다.

♣ 해설 및 팁 1-2: 납기 및 납지 연장

- 납기 및 납지의 선정은 사용하는 부대가 요구하는 시기 또는 해당 군수품이 조달되어 보급되는 적정한 시기를 기준으로 선정한다.
- 예를 들면, 입영장정들에게 지급하는 운동화의 경우, 현재의 재고수준을 고려하여 언제까지 납품을 받아야 병사들에게 지급하는데 지장이 없는가를 가장 우선적으로 고려한다. 동계피복의 경우에는 일반적으로 월동기간이 되기 전까지를 납품기한으로 정하게 되는데, 추가적으로 고려할 사항은 발주된 물량, 군부대의 저장능력, 계약될 업체의 수, 업체의 생산능력, 원단의 확보기간, 품질검사에 소요되는 기간, 입찰공고 기간 등을 종합적으로 판단하여 납기를 선정한다.
- 계약이 완료된 이후에는 납기의 연장이 쉽지 않다. 그 이유는 계약이 완료된 이후에 군과 업체가 협조하여 납기 및 납지를 변경한다는 것은 특정업체에게 부당이득을 제공할 여지가 있기 때문이다.

3. 규격 및 요구조건

가. 군수품 조달 적용 규격

1) 군수품 조달 규격은 국방규격·KS규격 및 정부규격을 원칙으로 한다.

2) 규격을 제정하여 조달하는 것이 비경제적이거나 불합리하다고 판단될 경우에는 해당 품목에 합당한 견본을 제시하여 조달할 수 있다. 이 경우 견본제품을 확인할 수 있도록 모델·형식번호·주요 성능·관련도면 등이 포함된 사양서를 첨부하여야 한다.

3) KS규격 및 정부규격으로 전환된 품목은 KS규격 및 정부규격을 적용한다.

4) 기술발전 추세에 따른 신규장비 구매 등 불가피한 경우에는 KS규격이나 정부규격이 있는 경우에도 이를 적용하지 않을 수 있다.

나. 상용품목

1) 상용품목은 경쟁조달이 가능하도록 특정 모델이나 업체를 지정하지 않고 최소한의 요구조건만 제시한다. 특정 모델이나 특정업체를 지정해야만 할 경우에는 그 사유를 구체적으로 명시하여야 한다.

2) 상용품목에 대한 요구조건은 가능한 한 2개 업체 이상의 제품을 선정하여 내구성·경제성·시장성·최신성·국내 생산가능성 등을 고려하여 객관적으로 작성한다.

3) 조달집행 전에 요구조건을 충족하는 시중의 구체적 모델이나 품목을 복수로 선정하고 품질보증에 필요한 적절한 품질수준을 정한다.

제3절 ‖ 국방계약 업무

국방계약 업무와 관련하여 적용되는 법규는 '국가를 당사자로 하는 계약에 관한 법률' 및 동법시행령, 동법시행규칙과 '특정조달을 위한 국가를 당사자로 하는 계약에 관한 법률 시행령 특례규정' 및 동시행령 특례규칙과 기획재정부 계약예규, 국방부훈령 등이다.

1. 계약방법의 결정

계약방법은 계약의 목적 및 성질에 따라 결정을 하며, 경쟁입찰 적용을 원칙으로 한다.

가. 경쟁계약

구 분	계 약 방 법
일반 경쟁	● 일정한 자격을 가진 희망자 모두를 대상으로 하여 경쟁 입찰에 참여토록한 후 국가에 가장 유리한 조건을 제시한 자와 계약을 체결하는 방식으로 **모든 입찰의 기본원칙**으로 적용한다. - 당해 입찰목적물의 제조·공급에 필요한 시설을 갖춘 자 - 관련법령의 규정에 의한 면허, 허가, 인가, 등록을 받은 자 - 부정당업자로 입찰참가자격을 제한 받지 아니한 자
제한 경쟁	● 특수한 설비 또는 기술·지역·중소기업자 여부 등으로 **입찰 참가자격을 제한하여 입찰**하게 하는 방식이다 - 특수한 설비 또는 기술이 요구되는 물품계약 - 특수한 성능 또는 품질이 요구되는 물품계약 - 중소기업간 경쟁 물품 - 재무상태 등에 의한 제한 - 고시금액 미만 지역 제한
지명 경쟁	● 특수 설비·기술 또는 실적이 있는 자가 아니면 계약목적 달성이 곤란한 경우로써 입찰 대상자가 10인 이내인 경우, 지명하여 입찰하게 하는 방식이다. - 계약의 성질·목적에 비추어 특수한 기술·실적을 갖춘 자가 10인 이내인 경우 - 1억 이하 물품 제조 시(VAT 제외) - KS 표시품, 재활용 제품 등 제조구매 시 중소기업간 경쟁품목을 5인 이상 지명하여 2인 이상 참가 승락

나. 수의계약

1) **수의계약**: 계약상대자를 결정함에 있어 경쟁 입찰을 하지 않고 특정인을 계약상대자로 선정하여 체결하는 것으로, 다음과 같은 경우이다.

가) 천재지변, 긴급한 행사 등 경쟁계약을 할 여유가 없을 때

나) 국가기관의 행위를 비밀리에 할 필요가 있을 때

다) 특정인의 기술, 용역 또는 특정한 위치·구조·품질·성능·효율 등으로 인하여 경쟁을 할 수 없을 때

라) 추정가격이 5천만 원 이하인 물품의 제조·구매·용역 그 밖의 계약의 경우

마) 다른 법률의 규정에 의하여 특정사업자로 하여금 특수한 물품·재산 등을 매입 또는 제조하도록 하는 경우

바) 기타 계약의 목적·성질 등에 비추어 불가피한 사유가 있는 경우

2) **재공고에 의한 수의계약**

가) 입찰을 실시했으나 입찰자가 없거나 입찰자가 있어도 낙찰자가 없어 유찰이 되는 등 계약이 성립되지 않았을 때 실시하는 계약이다.

나) 이 계약은 보증금과 기한을 제외하고는 최초 입찰 시 정한 가격이나 기타의 조건을 변경할 수 없다. 입찰참가 업체와 당해 입찰에 참가하지 않은 업체를 대상으로 국가에 가장 유리한 가격을 제시한 업체와 수의계약을 체결할 수 있다.

2. 계약의 종류 결정

구 분	내 용
총액계약	• 당해 계약목적물 전체에 대하여 총액으로 체결하는 계약으로 수요빈도가 적고, **제시된 규격**에 의하여 제조 납품한다. • **계약완료 후, 물량증감 시 수정 또는 추가계약을 해야 한다.**
단가계약	• 물품에 대한 단가를 미리 정하여 체결하는 계약으로 수요빈도가 많고, **정형화된 규격**으로 제조·공급되는 물품에 적용한다. • 단가계약을 체결하면, 군에서는 **추가 계약행위 없이** 계약단가로 수시 납품요구를 할 수 있다.
단독계약	• 1명만이 계약자로 결정되는 가장 일반적인 계약
공동계약	• 2인 이상의 계약자가 일정부분을 서로 분담하여 체결한 계약

확정계약	• 계약체결 이전에 예정가격 등을 작성하고 입찰(또는 시담)을 통해 계약금액을 확정하는 일반적인 계약의 형태
개산계약	• 예정가격을 미리 확정하기 어려운 개발 시제품, 제조계약에 대하여 계약이행 후 계약금액을 정산하는 조건으로 체결하는 계약
사후원가 검토 조건부 계약	• 입찰 전에 예정가격을 미리 정할 수 없는 일부분에 대해 계약 이행 후 원가를 검토하여 정산하는 계약

3. 공급방법별 분류

구 분	내 용
2단계 경쟁입찰 계약	• 기술적으로 매우 복잡하고 거대한 설비 또는 신개발품 등 미리 적절한 규격 등의 작성이 곤란한 경우에 적용하는 계약방법 • **입찰방식: 규격(기술)입찰을 먼저 실시하여 적격자를 선정하며, 적격자를 대상으로 가격입찰을 실시한다.** 각 단계별 2인 이상이 참여한 경우에 유효한 입찰이 되며, 낙찰자는 최저가 낙찰자로 결정한다. 세부내용은 제2장 방위사업청 조달 참고.
협상에 의한 계약	• 물품, 용역계약에 있어서 계약 이행의 전문성, 기술성, 긴급성, 공공시설물의 안정성 및 국가안보 목적 등의 이유로 필요하다고 인정되는 경우에 실시한다. • 통신시스템, 대형 컴퓨터 등 주문 제작이 필요한 물품 등의 구매 시 국가에 가장 유리하게 제안한 자와 계약을 체결하는 방식이다. 세부내용은 제2장 방위사업청 조달 참고.
제3자 단가 계약	• 조달청 쇼핑몰에 등록되어 있는 제품에 대하여 수요기관에서 업체에 직접 납품을 요구하는 계약으로, 업체와 조달청이 사전에 계약하여 등록한 제품에 한하여 구매계약이 가능하다. **인터넷 쇼핑몰 구매시스템과 유사**하다고 보면 된다.
다수공급자 계약	• 품질·성능·효율 등이 동등하거나 유사한 제품을 공급하는 다수의 업체와 계약이 가능하다. 세부내용은 제3장 조달청 조달 참고.

4. 계약체결 형태

구 분	내 용
당해 연도 계약	• 당해 연도 세출예산을 재원으로 하는 통상적 계약
장기계속계약	• 이행에 수년을 요하는 계약에 있어 총사업에 대한 범위는 확정되었으나, 예산이 확보되지 않은 경우로써 총이행 금액을 부기하여 계약을 체결하되, 각 회계연도 예산의 범위 내에서 계약을 이행하게 하는 계약
계속비 계약	• 전 사업에 대한 예산이 확보되고 이행에 수년을 요하는 계약으로 총 낙찰금액으로 계약을 체결하고 연부액[2])을 기록

2) 사업의 이행에 수 개년을 요하게 되는 다년차 사업의 연도별 소요 금액을 말한다.

5. 입찰 및 낙찰자 결정방법

가. 예정가격[3] 결정 기준

1) 적정한 거래가 형성된 경우에는 거래실례가격을 기준으로 한다.

2) 신규개발품이나 특수규격품 등의 특수한 물품, 용역 등 계약의 특수성으로 인하여 적정한 거래가 없는 경우에는 원가계산으로 한다.

3) 위 1), 2)의 적용이 곤란한 경우에는 감정가격, 유사 거래실례가격, 견적가격 등을 기준으로 한다.

나. 낙찰자 결정제도(방위사업청, 조달청)

구 분	내 용
적격심사 제도	• **입찰가격이 적정하고 일정 수준 이상의 평점을 받은 우량업체를 낙찰자로 결정하는 방식**으로 이행능력이 부족한 업체가 덤핑입찰에 의한 낙찰을 방지하고, 계약이행의 신뢰성 확보, 업체의 경영합리화 및 품질향상 유도를 위해 적용한다. • 적용대상은 추정가격 고시금액 이상 물품을 경쟁입찰에 의하여 계약한다.
규격, 가격 동시입찰	• **규격(기술)입찰과 가격입찰을 동시에 실시하여 규격적격 업체를 대상으로 최저가로 투찰한 업체를 낙찰자로 결정**한다. • 규격서와 가격입찰서를 동시에 제출받고 1차 규격입찰서를 개봉 평가하여 적격자를 선정한 후, 입찰집행관이 보관하고 있는 규격입찰서 적격자의 가격입찰서를 개봉하여 낙찰자를 선정하는 방식이다. 규격과 가격입찰이 2인 이상인 경우에 유효한 입찰이 되며, 규격 적격자가 1인인 경우에도 가격개찰을 실시한다. 낙찰자는 최저가로 결정한다.
희망수량 경쟁입찰	• 다량의 수요물품을 제조 또는 구매할 경우 수요량의 범위 내에서 입찰자가 공급할 희망수량과 단가를 입찰하게 한다. • 예정가격을 초과하지 않는 입찰자 중에서 최저가격으로 입찰한 입찰자로부터 순차적으로 수요물량에 도달할 때가지 입찰자를 낙찰자로 선정하여 구매하는 방식이다.

6. 계약관리

가. 지체상금

1) 지체상금 징수제도란 업체가 계약상 의무를 지체한 때, 당해 지체에 대한 손해배상 성격으로 일정액을 현금으로 납부하게 하는 제도를 말한다.

---

3) 예산의 범위 내에서 경제적 구매가 가능하고 구매가격으로서 적정하다고 판단하여 정한 가격.

2) **지체상금 면제 조건**은 다음과 같다.

가) 천재지변 등 불가항력의 사유에 의한 경우

나) 계약상대자가 대체 사용할 수 없는 중요 관급재료의 공급이 지연되어 제조공정 진행이 불가능하였을 경우

다) 정부의 책임으로 제조의 착수가 지연되었을 경우

라) 기타 업체의 책임에 속하지 않는 경우

♣ 해설 및 팁 1-3: 지체상금의 면책

- **지체상금은 납기지연과 사용자불만 처리 지연 등이 원인이 되어 발생한다.** 지체상금은 차기 계약에 상당한 영향을 미치는 요소로 업체에서는 지체납품이 되지 않도록 관리할 필요가 있다.
- 계약 이행 기간 중 특별한 사유가 발생하여 납기 내 납품이 어려운 경우에는 그 사유를 발주기관이나 품질검사 기관에 통보하여야 한다. 그렇지만 이것을 이유로 납기가 연장될 가능성은 높지 않으며, 지체 면제요건에 해당되지 않을 경우에는 지체상금이 부과될 가능성이 높다.
- 불가항력 또는 업체의 귀책사유가 아닌 것으로 납기지체가 발생된 경우에 업체는 이를 증명할 수 있는 관련 서류를 준비한 다음, 수요기관에 제출하여 지체 면제를 요청하여야 한다. 업체의 귀책사유가 아니라는 것을 입증할 책임은 업체에 있으며, 지체상금 면제 조건에 해당 여부는 **수요군의 심의위원회에서 결정**한다.

나. 계약의 해제 및 해지

1) **계약의 해제: 당초부터 그 계약이 없었던 것**으로 하는 조치를 말한다.

2) **계약의 해지:** 일단 유효하게 성립된 계약을 당사자 일방의 의사표시에 의하여 계약의 효력을 일정시점부터 소멸하는 조치를 말한다.

가) 계약서상의 납품 기한 내에 납품을 거부하거나 완료하지 못했을 때

나) 업체의 귀책사유로 납품기일 내에 납품할 가능성이 없음이 명백한 경우

다) 업체의 계약 불이행으로 지체상금이 당해 계약보증금 상당액에 달한 경우

라) 장기계속계약일 경우 제2차 이후로 계약을 체결하지 아니할 때

마) 계약 수행 중 뇌물수수 또는 정상적인 계약관리를 방해하는 불법·부정행위가 있는 경우

바) 기타 계약조건을 위반하고 그 위반으로 계약의 목적을 달성할 수 없다고 인정되는 경우

3) 계약해제·해지 시 지체상금 부과

가) 계약의 성질상 계약목적물을 분할할 수 있는 경우로써 그 일부만을 인수하여도 계약의 목적이 달성될 수 있는 경우에는 이미 납품한 부분은 검사를 거쳐 이를 인수할 수 있다.

나) 위 가)항의 경우 이미 납품한 부분을 제외하고, 계약을 이행하지 못한 나머지는 계약의 일부를 해지할 수 있다.

다) 위 가)항의 경우와 같이 이미 납품한 부분에 대하여 지체가 발생했다 하더라도 계약 불이행으로 인해 계약보증금을 국고귀속 조치하는 경우에는 지체상금을 부과하지 않는다.

라) 계약의 일부를 해지할 경우에는 계약보증금 전액을 국고귀속하고, 이미 납품한 부분에 대해서는 그에 상당하는 대가를 업체에게 지급하여야 한다.

4) **계약의 해제·해지 효과:** 업체에 통지 및 대가 지급 → 선금 반환청구 → 계약보증금 국고귀속 또는 반환 → 부정당업자 제재의 순으로 처리한다.

다. 부정당업자 제재

1) 부정당업자 제재란 정부와 입찰 및 계약을 체결하는 과정이나 계약이행 과정에서 입찰의 공정한 집행 또는 계약의 적정한 이행을 해칠 염려가 있거나 기타 입찰에 참가시키는 것이 부적합하다고 인정되는 자에 대하여 일정기간 입찰참가자격을 제한하는 행정처분이다.

2) 부정당업자 제재를 받았을 때, 제재기간 중에는 모든 국가기관의 **입찰 참여가 제한**된다.

3) 국가기관이 체결하는 계약에 있어 각 중앙관서의 장은 부정당업자 제재 사유가 있는 업체에 대하여는 **1개월~24개월 이하의 범위 내에서 입찰참가자격을 제한**한다. 경쟁입찰에 있어서 낙찰된 자가 계약체결 전에 부정당업자 제재를 받은 경우에는 낙찰이 되었더라도 계약을 체결할 수 없다.

4) 부정당업자 제재 대상자

가) 입찰참가자의 자격을 제한 받은 자가 단체일 경우에는 그 대표자

나) 중소기업협동조합인 경우에는 조합과 그 원인을 직접 제공한 조합원

5) **입찰참가자격 제한**을 할 경우에는 다음의 내용을 통지한다.

가) 업체(상호)명, 주소, 성명(법인의 경우 대표자 성명, 법인등록번호 등), 주민번호, 사업자등록번호, 관계법령에 의한 면허 또는 등록번호

나) 입찰참가자격 제한 기간

다) 입찰참가자격을 제한하는 구체적인 사유

제4절 ‖ 국방중기계획, 예산편성, 조달계획 작성

군수품이 사업에 반영되어 정상적으로 조달 및 보급이 되기 위해서는 가장 먼저 5개년 간 사업과 소요재원을 편성하는 국방중기계획에 반영되어야 한다. 국방중기계획에 반영된 이후에는 연도별 사업이 예산에 편성되고, 편성된 예산을 기초로 조달계획에 반영되어야만 조달 및 보급이 이루어진다. 국방중기계획, 예산편성 및 조달계획 작성의 관계는 다음과 같다.

〈그림 1-1〉 중기계획, 예산편성 및 조달계획의 관계

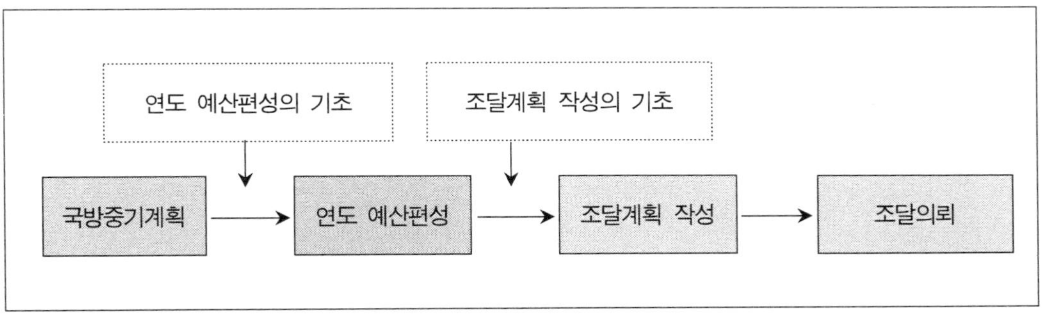

1. 국방중기계획의 정의 및 수립절차

가. 국방중기계획의 정의

1) 국방중기계획이란 국방정책을 구현하기 위하여 군사력건설 및 유지 소요를 향후 5개년 간 가용한 국방재원규모 내에서 연도별 대상사업과 소요재원을 구체화하는 것이다.

2) 국방중기계획은 합리적인 군사력건설을 위하여 방위력개선분야, 전력운영분야, 부대계획분야 등에 대하여 대통령의 승인을 얻어 수립한다.

♣ 해설 및 팁 1-4: 국방중기계획의 특징

• 민간기업은 어떤 품목이 경쟁력이 있거나 수요가 많을 경우에 즉각 사업에 착수하거나 생산을 하는 경우가 많다. 그러나 국방부 사업은 원칙적으로 중기계획에 반영되어야만 사업추진이 가능하다. 또한 중기계획에 반영된 사업이라고 하더라도 상황변화, 국방재원의 변경 등에 따라 해당 사업이 수정 또는 취소될 수 있다.
• 신규사업은 일정한 절차를 거쳐 중기계획에 반영된다. 신규사업으로 확정된 사업이라도 중기계획에는 F+5년 이후에 추진하는 것이 원칙이다. 따라서 신규사업과 관련하여 군납에 참여하고자 하는 업체는 해당 품목이 국방중기계획에 포함되어 있는가를 확인할 필요가 있다.

나. 국방중기계획서 수립절차

1) 군수사에서는 전력지원체계에 대한 중기계획(안)을 작성하여 매년 5월말까지 육본으로 제출한다. 육본은 군수사에서 작성한 중기계획(안)을 수정 및 보완하여 7월말까지 국방부로 제출한다.

2) 국방부 계획예산관실은 제출된 중기계획요구서에 대해 정책실무회의, 군무회의를 통하여 조정하고 국방중기계획(안)을 12월말까지 확정한다.

3) 중기계획에 반영되는 신규사업은 F[4]+5년 이후(현시점이 2016년이면, 2021년도)에 반영하는 것을 원칙으로 한다.

2. 예산편성 및 집행

가. 예산편성

1) 국방부 계획예산관실은 국방부 각 실에서 작성한 예산편성지침(안)을 종합하여 연도 국방예산편성지침을 작성하며, 이를 전년도 12월 말까지 각 군, 방위사업청 등에 통보한다.

2) 국방부의 지침을 기초로 군수사령부에서는 다음연도 예산편성(안)을 작성하여 육본에 보고한다. 육본은 군수사에서 작성한 예산편성(안)을 매년 3월 초까지 작성하여 국방부 소관부서에 제출한다.

4) 회계연도(Fiscal year)는 국가나 지방단체의 세입, 세출을 구분하기 위해 결정되는 일정한 기간을 말한다.

3) 국방부 계획예산관실은 국방부 소관부서에서 검토한 국방예산요구서를 6월 말까지 국방부장관에게 보고하며, 이를 기획재정부로 제출하여 매년 10월 국회의 심의를 받는다.

♣ 해설 및 팁 1-5: 예산편성의 특징

• 조달집행을 위한 예산편성은 2년 후의 예산을 편성한다. 예를 들면, 2018년도 예산편성은 국방부에서 2016년 12월까지 예산편성지침을 각 군에 하달하며, 이것을 기초로 군수사에서는 2017년 1월까지 작성하여 상급부대로 제출한다. • 조달집행계획은 예산편성을 기초로 하며, 조달계획 작성(매년 10월에 다음연도 조달계획 작성)은 연간 소요량을 기준으로 현재 보유하고 있는 자산을 고려하여 실제로 부족한 물품 및 수량만을 조달한다.

나. 예산집행(사용)

1) 군수품에 관련된 예산집행은 방위사업청과 군수사에서 주관한다.

2) 군수품은 해당연도의 편성된 예산 범위 내에서 조달계획에 따라 집행한다.

3) 당해 연도 예산을 사용 후 발생한 집행 잔액은 상급기관에 반납하며, 상급기관에서는 이를 가용재원 활용계획에 따라 집행한다.

4) 방위사업청은 각 군 및 해병대에서 국방부장관 승인 후 요구하는 긴요 군수품에 대하여 국방부 및 기획재정부와 협의를 거쳐 예산잔액을 집행할 수 있다.

3. 조달계획 작성

가. 조달계획 작성

1) 조달계획 작성은 당해 연도 품목별 예산편성을 기초로 하여 실제 조달할 물량을 판단하는 것이다.

2) 조달계획은 군수사령부 또는 사용부대에서 매년 10월경에 다음 연도 조달계획(안)을 작성한다.

3) 조달계획은 F+1년도 예산[5])으로 편성된 품목에 대하여 중앙조달(방위사업청, 조달청) 및 부대조달로 구분하여 작성한다.

5) 현시점이 2016년 10월이라면, 2017년도 예산을 의미한다.

가) 조달계획은 조달소요기간을 고려하여 정확한 수요예측과 자산판단으로 정수를 초과하거나 부족하지 않도록 작성한다.

나) 군수품의 품질향상을 위하여 일반 상용물자 조달을 확대한다.

다) 조달 안정성 확보가 중요한 군수품의 경우 다수의 조달원을 통하여 조달 안정성을 확보할 수 있도록 다양한 계약방법을 강구한다.

4) 조달할 소요량에 비하여 승인된 예산이 충분하지 못할 경우에는 조달수량을 감소하여 조달한다.

5) 군수사(사용부대)는 작성된 조달계획을 기초로 배정된 예산을 확인하여 집행계획을 수립하고, 승인된 예산과 차이가 있어 수정이 필요한 경우에는 상급기관(각 군 본부 또는 국방부)에 건의하여 승인을 받은 후 집행한다.

나. 조달요구 단가

1) 조달요구 단가는 조달을 하게 될 예정가격을 작성하는 것으로 군수품에 대한 조달요구 단가는 국방부 지침에 기초하여 작성한다.

2) 조달요구 단가 작성

가) 정부고시 품목은 당해 고시가격을 적용한다.

나) 국내 조달품목은 최근 실적단가에 해당 연도별 물가상승률을 적용하되, 실적단가가 없는 경우 최근 군수품 표준단가를 적용한다.

다) 실적단가는 계약된 단가를 적용한다.

라) 조달청 품목은 조달청 실적가격을 기준으로 하되, 수수료, 부대비용 및 물가상승률을 포함하여 산정한다.

마) 원가 산정이 어려운 부대조달 품목은 국가계약법령 및 회계예규 등을 고려하여 거래실례가격에 물가상승률을 반영한 가격을 적용한다.

3) **기획재정부**에서는 국가의 수요기관에서 업체에게 **불합리한 예정가격을 선정하지 않도록** 2014년 권고사항을 제시하였는데, 내용은 다음과 같다.

가) 일부 공공기관에서 '업체의 덤핑가격, 직전 낙찰금액'을 기초로 하여 지나치게 낮은 가격으로 산정하고 있다. 예를 들면, 아래 내용과 같다.

- 금년도 입찰: 예정가격 100만 원 → **낙찰가격 80.5만 원**
- 다음 연도 입찰: 예정가격 80.5만 원 → **낙찰가격 65만 원**

나) 따라서 공공기관 등이 업체의 덤핑가격 및 지나치게 낮은 낙찰금액을 예정가격 산정시 반영하지 않을 것을 권장하고 있다.

♣ 해설 및 팁 1-6: 군납 단가를 대폭 올리지 못하는 이유

- 조달요구 단가는 전년도 실적단가에 해당 연도 물가상승률을 적용하여 산정하는데, 간혹 시중 물가보다 매우 낮게 반영되는 경우가 있다. 이러한 원인은 전년도 낙찰가가 너무 낮아 이를 반영하여 다음 연도에 조달요구 단가를 산정하기 때문이다.
- 시중 물가를 반영하여 조달요구 단가를 임의로 높이지 못하는 것은 과다한 단가 책정으로 인하여 국민의 세금을 낭비하지 않도록 하기 위함이다. 따라서 **조달요구 단가의 인상은 특정한 사유가 있어야 가능하다.**

제5절 ‖ 조달기관 및 국방조달 절차

군수품을 조달하는 방법에는 중앙조달과 부대조달이 있다. 중앙조달은 방위사업청 및 조달청을 통하여 조달하며, 부대조달은 각 부대에서 자체적으로 조달하는 것을 말한다. 방위사업청, 조달청, 부대조달의 조달대상 품목은 다음과 같다.

구 분	조달 대상 품목
방위 사업청	① 3천만 원 미만의 품목 중 조달실적이 없는 품목. 다만, 부대조달이 효율적이라고 판단하여 수요군과 협의된 품목은 부대조달 할 수 있다. ② 합계가 3,000만 원을 초과하는 품목 ③ 중앙조달 실적이 있는 품목 ④ 중앙조달품목과 동류품목으로서 일괄 구매하는 품목 ⑤ 법에 의하여 방산물자로 지정된 품목, 국외조달품목 및 특정품목 ⑥ 방산장비 및 중앙조달 장비의 외주정비품목 ⑦ 의약품·의무물자 중 중앙조달로 결정된 품목(예방약품, 세트장비 내용물 등) ⑧ 주장비와 함께 패키지 사업으로 추진하는 창정비 개발사업
조달청	① 민군 공통품목인 일반 상용품으로 경제적 조달이 가능하다고 판단되는 품목으로써 연간 조달금액이 **2천만 원 이상인 품목** ② 조달금액이 2천만 원 미만으로 조달청 구매실적이 있는 품목 ③ 연간 단가계약 품목 및 소모성 행정용품
부대 조달	① 군 정비창에서 장비의 재생, 부품의 생산에 필요한 소모성 물자 ② 부대개발 시제품 ③ 품목당 연간 조달 금액이 3,000만 원 이하인 품목 ④ 3천만 원~5천만 원 미만의 품목 중 부대조달 실적이 있는 품목 ⑤ 국방규격이 없고 견본을 제시할 수 없는 품목 ⑥ 전시·사변 등으로 긴급한 구매가 필요한 품목 ⑦ 부대조달된 장비와 부품을 업체에 의뢰하여 정비하는 경우 그에 필요한 품목

1. 중앙조달 및 부대조달

가. 중앙조달

1) 중앙조달이란 중앙조달기관에서 통합·조달하는 것으로, 군수품 조달은 국방예산의 효율적인 집행을 위하여 방위사업청에서 일괄적으로 중앙조달하는 것을 원칙으로 한다. 그러나 필요한 경우에는 소요군에서 부대조달하거나 조달청을 통하여 구매할 수 있다.

2) **방위사업청에서는** 육·해·공군에서 사용하는 공통물자 위주로 조달한다.

3) 각 군은 **조달청**을 통하여 상용물자와 중앙관서의 공통물자를 구매한다.

나. 부대조달

1) 부대조달이란 수요군에 예산을 배정하여, 그 부대의 특성에 부합되는 소액품목 등을 조달할 수 있도록 하는 소규모 조달방법을 말한다.

2) 조달예산을 배정받은 모든 부대는 부대조달을 할 수 있다.

2. 품목유형별 조달기관

가. 조달기관 운영

1) **조달기관 운영은 유형별 품목특성에 따라 다르게 운영한다.** 그 이유는 군에서 사용하는 모든 품목을 방위사업청에서 조달하는 것이 어렵고, 상용품은 조달청이나 부대조달을 통하여 조달하는 것이 효율적이기 때문이다.

2) 급식류 조달

가) 간장, 고추장 등과 같은 중앙조달 부식류는 방위사업청에서 조달한다.

나) 무, 배추, 과일류 등과 같은 부대조달 부식류는 급식부대에서 소요 제기한 것을 종합하여 각 군수지원사령부에서 계약 및 조달한다.

다) 급식류에 대하여 조달기관별 주요 조달품목은 다음과 같다.

구 분	품 목
방위사업청	육가공품류, 조미료, 두류, 장유류, 쥬스류, 건빵류, 김치류, 전투식량류, 통조림류, 소스류 등
부대조달	무, 배추, 고추, 양파, 당근, 감자, 과일류, 빵류 등

♣ 해설 및 팁 1-7: 식품류 지역분할 단가제

- 지역분할 단가제는 **식품류 입찰시 적용**되며, 전국에 있는 지역을 4개 또는 8개로 구분하여 지역별로 입찰을 하여 각 지역별로 낙찰된 업체와 계약을 체결한다. 이는 방위사업관리규정의 '1일 급식되는 식품류 등과 같이 수송기간 중에 변질 가능성이 있는 품목에 대하여, 제품의 특성과 지역 내의 수송여건 및 조달업체 수를 고려하여 지역분할에 의한 계약을 체결할 수 있다.'는 내용을 근거로 하여 적용한다.
- 4개 지역분할은 군지사 단위(강원, 경기 서부, 경기 동부, 한수 이남)로 적용하며, 8개 지역분할은 4개 지역을 재분할하여 적용한다.

3) 피복 및 일반물자류

가) 전투복, 전투화 등 군 전용품목에 대해서는 방위사업청에서 조달한다.

나) 상용품은 구매요구서를 적용하며, 조달청 또는 부대조달을 실시한다.

다) 피복 및 일반물자류의 조달기관별 주요 조달품목 다음과 같다.

구 분	품 목
방위사업청	전투복류, 정복류, 생도피복류, 운동복류, 우의류, 방탄복류, 비행복, 특수피복류, 전투화류, 방한화, 조종화, 군용방탄헬멧, 개인장구류, 군용배낭류, 의류대, 전투조끼류, 낙하산 및 낙하산 부속품류, 공수훈련장비, 산악장비셋, 침대, 매트리스류, 침낭류, 군장품류, 부대표지, 계급장, 천막류, 구명대, 고무보트, 화학저항페인트, 윤형철조망, 지뢰매설용기, 활주로복구자재, 위장망, 지지대 등
조달청	운동화, 슬리퍼, 런닝, 팬티류, 손수건, 장갑류, 목재류, 취사기구 및 도구류 등

4) 장비 및 수리부속류

가) 군 표준장비 및 군 표준장비에 소요되는 수리부속류는 국방규격을 적용하며, 방위사업청을 통하여 조달한다.

나) 상용 장비는 구매요구서를 적용하여 조달청을 통하여 조달한다.

다) 상용 장비에 대한 수리부속류는 구매요구서를 적용하되, 방위사업청이나 조달청 또는 부대조달을 통하여 조달한다.

라) 장비 및 수리부속류의 조달기관별 주요 품목은 다음과 같다.

구 분	품　　목
방위사업청	• 일반차량: 1/4톤 카고, 토우무기 및 탄약차, 구급차, 무전차, 화생방정찰차, 생물학정찰차, 이동방송차, 폭발물처리차, 통신가설차, $2\frac{1}{2}$톤 카고, 급유차, 급수차, 통신박스차, 정비용샵, 부식차, 통신용벤, 5톤 카고, 덤프차, 구난차, 정수차, 5톤 탑재차, 구난차 등 • 특수차량: 소방차류, 무선통신차, 항공기 견인차, 항공기 유도차, 유조차류, 다목적 전술 차량, 미사일 트레일러 등 • 수리부속류: 커넥팅로드, 피스톤, 로커암 샤프트, 엔진밸브 등
조달청	승용차, 버스 등

5) 위의 1)항~4)항까지는 기본 원칙일 뿐이며, 품목의 특성에 따라 조달기관은 달라질 수 있다.

6) 방위사업청에서 조달하는 품목 중에서 상용화되거나 방위사업청 조달이 어려운 품목이 발생하면, 조달청이나 부대조달을 통하여 조달할 수 있다.

7) 일반적으로 조달기관 전환에 대한 판단은 수요군(군수사)에서 건의하여 방위사업청에서 검토하거나, 방위사업청에서 먼저 검토한 다음 수요기관의 의견을 수렴하여 국방부 승인을 받아서 전환한다.

3. 국방조달 절차

가. 국방조달 절차

1) 국방예산은 매년 국가중기재정운영계획 및 국방중기계획서를 기준으로 편성한다.

2) 조달판단은 당해 연도 편성된 예산을 기초로 하며, 조달계획 작성은 편성된 예산의 가용 여부를 확인하여 부족할 경우에는 사업별 예산을 증감 조정한다.

3) 조달판단이 완료된 이후에는 품목별로 조달기관을 판단한다.

4) 조달기관이 결정되면, 입찰공고-입찰-계약-생산 및 품질검사-납품-대금지급 순으로 업무가 진행되며, 〈그림 1-2〉와 같다.

〈그림 1-2〉 국방조달절차

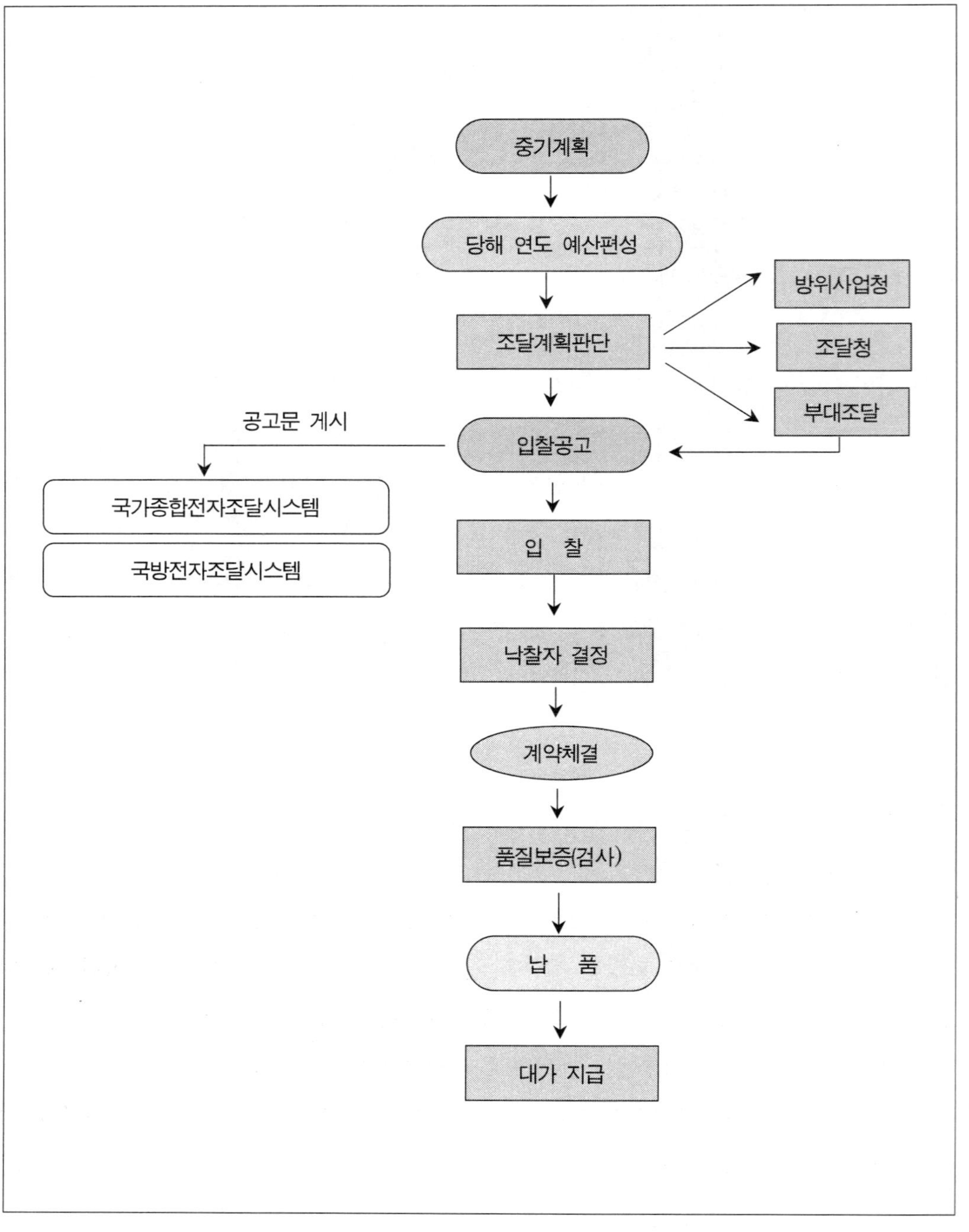
중기계획
당해 연도 예산편성
조달계획판단
방위사업청
조달청
부대조달
공고문 게시
입찰공고
국가종합전자조달시스템
국방전자조달시스템
입 찰
낙찰자 결정
계약체결
품질보증(검사)
납 품
대가 지급

제6절 ‖ 국방규격 및 구매요구서

국방규격 및 구매요구서는 조달하는 군수품에 대한 성능, 재료, 형상, 치수 등을 기술해 놓은 문서이다. 업체가 제품을 생산하여 납품할 때, 이 문서를 기준으로 품질검사를 실시한다. 군 전용품목은 국방규격을 주로 적용하며, 상용품은 구매요구서로 조달한다. 조달기관별 적용규격은 다음과 같다.

<table>
<tr><th>구 분</th><th>조 달 기 관</th><th>적 용 규 격</th></tr>
<tr><td rowspan="2">중앙조달</td><td>방위사업청</td><td>국방규격 또는 구매요구서</td></tr>
<tr><td>조 달 청</td><td rowspan="3">구매요구서</td></tr>
<tr><td rowspan="2">부대조달</td><td>군수사, 군지사</td></tr>
<tr><td>사용부대</td></tr>
</table>

1. 국방규격

가. 개념 및 적용 대상

1) 개념

방위사업규정에서는 국방규격(KDS: Korean Defense Specification)을 군수품의 조달을 위하여 필요한 제품 및 용역에 대한 성능, 재료, 형상, 치수 등 기술적인 요구사항과 요구 필요조건의 일치성 여부를 판단하기 위한 절차와 방법을 서술한 사항으로 규격서, 도면, 품질보증요구서(QAR), 소프트웨어 기술문서 등으로 구분하고 있다. 모든 군수품에 대하여 국방규격을 제정해야 할 필요는 없다.

2) 규격화의 목적은 효과적인 계약관리, 객관적인 품질보증, 합리적인 원가계산, 품질정보 제공 등을 통하여 과학적인 관리와 군수지원의 효율성을 높이기 위한 것이다.

3) 적용 대상

가) 군 전용품목으로 정형화된 틀을 유지할 필요가 있을 경우

나) 장기적으로 조달할 필요가 있을 경우

다) 표준서 개발 비용이 효율적일 경우

라) 사회의 기술발전에 맞춰 수시로 바꿀 필요가 없는 경우

나. 국방규격의 분류

1) 국방규격은 정식규격, 약식규격으로 구분한다.

2) 신규 개발품목 중 각 군의 긴급생산 요구가 있거나 정식으로 국방규격화 하는 것이 곤란한 경우에는 약식규격 등의 기술 자료를 첨부하여 계약을 체결할 수 있다. 신규개발품목은 군사용 적합 판정으로 임시규격을 제정할 수 있다.

3) **정식규격**은 일정한 형식과 내용을 구비하여 계속적으로 통용하고 반복 사용하기 위하여 제정된 규격으로 작성대상은 다음과 같다.

가) 각 군의 공통장비 및 부품, 물자로서 기술 자료가 완비된 품목

나) 연구개발이 완료된 품목

다) 약식규격 중 정식규격화가 필요한 품목

4) **임시규격**은 기술 자료가 미비할 때 제정하는 규격으로 정식 규격화 하지 않고는 원칙적으로 동일품목 구매에 재사용하지 못한다.

가) 작성대상은 다음과 같다.

① 정식규격 작성을 위한 기술 자료가 미비한 경우

② 잠정 군사용 적합판정을 받은 신규조달품목

③ 소량소액품목으로써 정식규격화 하는 것이 불합리하다고 판단되는 경우

나) 약식규격은 용도와 조건에 따라 임시규격, 포장규격, 도면규격으로 구분하며, 다음과 같다.

정식규격	약식규격		
	임시규격 (Temporary)	포장규격 (Package)	도면규격 (Drawing)
KDS 1234-5678	KDS 1234-T5678	KDS 1234-P5678	KDS 1234-D5678

① 국방규격은 품목을 기능별, 용도별, 성질별로 크게 분류하고, 유사품목을 묶어서 고유번호를 부여한 것으로 4자리로 구성된다. 앞의 두 자리 숫자는 군(群), 뒤의 두 자리는 급(級)이라 한다. 위의 표에서 1234는 군급 번호로 해당 장비 품목을 기능

별, 용도별로 구분한 것이다. 5678은 일련번호로 군급 번호별로 누적된 번호체계로 관리한다.

② 군급 분류가 적용되지 않는 절차, 원자재, 공정규격 등은 0010~0999를 적용하며 세부분류는 다음 기준에 따른다.

군급분류	해당분야	군급분류	해당분야
0010~0099	제도, 기호, 단위, 검사	0500~0599	정보, S/W
0100~0199	금속, 기계, 가공	0600~0699	시험법
0200~ 0299	표면처리, 도금	0700~0799	전자, 전기
0300~0399	화공약품, 고무, 수지류	0800~0899	종이, 섬유, 원사
0400~0499	표기, 포장	0900~0999	기타분야

다. 국방규격 작성 시 고려사항

1) **국방규격 작성 대상품목**은 아래와 같다.

가) 중앙조달 지시품목 중 규격 미보유 품목

나) 각 군 공통장비 및 부품 물자류

다) 국산대체 품목

라) 기타 품목

2) 기능성, 표준성, 경쟁성, 경제성, 최신성, 시장성 등을 감안하여 제정하며 국방규격 작성 전에는 반드시 유사 국방규격, 한국산업표준규격(KS: Korea Industrial Standard) 또는 정부규격이 있는지를 확인해야 한다.

가) 기능성: 수요자의 군사적인 사용목적에 적합한 성능이 발휘되고 품질보증이 되도록 작성한다.

나) 표준성: 군수품 관리 및 전·평시 군수지원을 위해서 국가표준화 정책에 따라 작성한다.

다) 경쟁성: 특정업체의 규격을 지양하고, 경쟁업체에게 참여의 균등성이 보장되도록 작성한다.

라) 경제성: 군수품의 부품 및 물자들의 경제적인 구매가 가능하도록 작성한다.

마) 최신성: 규격서에 기술한 제조, 공정, 생산, 품질관리 방법이 최신성을 갖도록 작성한다.

바) 시장성: 규격서의 부품 및 물자들이 일반시장에서 쉽게 구매가 가능하도록 작성한다.

3) 외국에서 조달하는 군수품 중 국방규격이 제정되어 있지 않은 경우, 국방규격 제정 시까지 제조국의 규격을 적용할 수 있다.

4) 한국산업표준규격, 정부규격, 외국규격이 있는 경우에는 직접 적용하거나 최소한의 필요사항만을 추가한 구매규격서를 작성하여 적용한다.

5) 규격이 없거나 견본조달을 해야 할 경우, 사업관리부서 및 수요군으로부터 조달에 필요한 성능, 도면 등 기술 자료를 견본과 함께 획득하여 적용한다. 견본으로 동일 품목을 재구매할 때에는 정식 또는 약식 규격을 제정하여 적용한다.

6) 기술적 필요조건을 최대한 포함하여 제정되어야 하며, 일반 경쟁을 유도할 수 있도록 작성되어야 한다.

7) 특별한 군사요구도가 없는 군수품은 국방규격 제정을 하지 않으며, 민수규격의 활용이 제한될 경우에만 국방규격을 제정한다.

8) 국방규격은 군수품의 특성, 기술수준, 능력 등을 고려하여 상세형 규격과 성능형 규격 중에서 효과적인 방법을 선택하여 작성한다.

가) 상세형 규격: 구매에 적용될 품목과 용역에 관한 기술적인 요구사항과 요구성능의 달성방법을 구체적으로 기술한 규격이다. 재질, 설계, 제조, 안전성, 호환성 등을 보증 가능한 범위까지 구체화한다.

나) 성능형 규격: 요구되는 결과를 얻기 위한 구체적인 방법을 기술하지 않고 요구성능, 환경조건, 연동성, 호환성 등을 명시한 규격을 말한다. 제품의 형상, 기능 및 요구사항을 명시한다.

9) 민수규격 적용 여부를 검토하고 상용품 확대 적용을 위하여 사전에 시장조사를 실시한다.

10) 국방규격 작성 전에는 적용 가능 기술자료, 개발 및 운용시험 자료, 규격화 여부, 지식재산권 출원 및 등록 여부, 시험항목 국내 수행가능 여부 등을 확인한다. 운용시험 자료는 각종 작전환경 및 이와 동등한 조건에서 군 요구 운용능력을 충족할 것인지를 확인한다.

11) 국방규격을 제정할 때는 국산화 추진 가능품목, 소요량 다수 품목 및 고가품목 위주로 제정하며, 가능한 디자인 또는 외형 묘사적인 특징보다는 성능위주로 작성한다.

12) 국방규격은 시험평가에서 군사용 적합 판정 후 최종 기술검토 결과를 확인 및 반영하여 국방규격(안)을 작성한다.

13) 국방규격 작성 시 포함내용은 원재료, 형상, 치수, 성능, 제조방법, 검사방법, 품질관리방법, 포장방법 등이다.

14) 특허, 실용신안 등 산업재산권이 등록된 장비 및 물자에 대하여는 원칙적으로 국방규격을 적용할 수 없다.

가) 경쟁계약을 위하여 부득이한 경우에는 '또는 동등 이상의 것'이라는 문구 및 품질과 성능의 요구조건을 기재할 수 있다.

나) 특허권의 침해란 '권한이 없이 타인의 권리로 되어 있는 발명을 '업'으로 실시하는 것'을 의미한다. 특허권 침해가 성립하기 위해서는 다음의 요건을 충족해야 한다.

① 특허권이 유효하게 존속하고 있을 것

② 특허 청구범위에 기재된 발명을 업으로 실시할 것

③ 특허 청구범위에 해당하는 사항일 것

④ 권한 없는 자의 행위에 의한 위법한 행위일 것

⑤ 특허의 범위는 제품, 생산 및 제조방법, 물질 등으로 구분

♣ 해설 및 팁 1-8: 특허권 확인

- 특허 생산업체인 A회사의 특허 내용과 관련되어, 제3의 생산업체와 계약을 체결할 경우, 특허권에 기재된 방식으로 제조하였을 경우에는 특허 문제가 발생할 수 있다.
- 국방규격이 타인의 특허권 내용을 포함하여 규격을 제정한 자체만으로 특허권의 침해로 보기는 곤란하나, 국방규격을 근거로 생산업체와 계약을 체결하여 물품을 제조하게 되므로 타인의 특허권 침해 소지가 있다.
- 따라서 연구개발사업 규격화의 경우, 관련 업체들과 특허권 관련 내용을 확인하여 사전 협의를 실시하고 통상설정권 등의 조치가 필요하다.

라. 규격서 작성 방법

1) 규격서에 나오는 용어 등은 관련 업체들과 사전 협의를 통해 통일할 필요가 있다.

2) 항목번호는 각 영역 내에서 연속적으로 번호가 부여되어야 하며, 세부적으로 분류표시된 번호를 분리하기 위해 마침표를 사용한다. 예를 들면, 아래와 같다.

필요조건··············3
첫 번째 항목 ··············3.1
첫 번째 세부항목··············3.1.1
두 번째 항목 ··············3.2
항목번호와 혼동하는 것을 피하기 위해 동일항목 또는 세부항목 내에서의 세부항목은 '가, 나, 다'로 표시한다.
3.1.1
가. ·········

3) 불명확한 문구, 단어 사용은 지양하고, 정확하고 명료한 표현을 사용한다.

4) 적용규격 환경시험(강우, 진동 등) 관련 시험방법, 절차는 개정부호를 포함하여 명시한다. 예를 들면, MIL-STD-810F 등

5) 문장은 애매한 표현이 없어야 하고, 계약부서와 업체 간에 오해의 여지가 없도록 간결하고 쉽게 작성해야 한다.

6) 필요조건 기술시, 공차와 필요조건 시험방법 등을 명확하게 기술한다. 실질적이고 필수적인 필요조건은 가능한 계량치로 명시한다.

가) 경쟁을 유발할 수 있는 방법을 제시
나) 시험, 검사를 통한 적합성의 명확한 기준 제시
다) 성능요구조건이 입증 가능한 필요조건을 제시
라) 규격서, 도면, 품질보증서, 요구사항의 일관성이 있어야 한다.
마) 검증이 가능한 요구사항만 명시한다.

7) 규격서에는 계약 내용의 일부가 되어야 할 계약상의 필요조건을 포함시켜서는 안 된다. 계약상의 필요조건은 계약 일반조건 및 특수조건에 포함시킨다.

가) 가격, 납품장소, 지불방법, 하자 변제, 재작업, 수리, 계약품질요구사항, 납기, 기록유지 그리고 불일치 물자를 수락하기 위한 정부 행위 등이 포함되어서는 안 된다.
나) 계약, 행정적 관리, 하자보증 규정은 규격서의 필요조건으로 만들어져서는 안 된다.
다) 계약관리 부서의 강제적인 요구사항 또는 지침이 명시되지 않도록 한다. 예를 들면, 검사, 감사, 재확인, 인증 및 기술적 승인과 같은 내용이다.

마. 국방규격 작성기관 및 규격서 관리기관

1) 국방규격관리기관은 소요군 및 관련기관과의 협의 후 규격화 대상 및 범위를 조정할 수 있다. 작성기관은 다음과 같다.

구 분	규격 작성기관	규격서 작성 관리기관
국과연 주관 연구개발 품목	국과연	국과연
- 업체주관 연구개발 품목 - 업체투자 연구개발 품목 (무기체계)	개발업체	방위사업청(사업관리본부)
전력지원체계 연구개발 품목	개발업체	국방부(각군)
국산 대체품	해당업체	방위사업청(계약관리본부)
부품국산화품(재개발포함)	해당업체	해당 개발관리기관
중앙조달 구매품	- 무기체계: 해당 업체 - 전력지원체계: 방위사업청(계약관리본부) 또는 해당업체	- 무기체계: 방위사업청 (사업관리본부) - 전력지원체계: 방위사업청 (계약관리본부)

2) 국방규격 작성 관리기관은 국방규격 제정 전 국가에서 핵심기술로 관리할 필요가 있을 경우에는 지식재산권으로 출원하여 등록 및 관리할 수 있으며, 해당 기술문서에 특허 등의 등록번호를 명시한다.

2. 구매요구서

가. 정의 및 목적

1) 정의

가) 국방과학기술용어 사전에서는 구매요구서를 '각 군 본부 또는 보급 관리기관에서 보급품의 조달을 위하여 사용하는 신청서'라고 정의하고 있으며, 비즈폼 서식 사전에서는 구매요구서를 '구매하고자 하는 물품 정보를 기록하고 구매를 요청하기 위한 문서'라고 정의하고 있다.

나) 구매요구서란 재료, 제품, 수리부속 등에 관하여 요구하는 특정한 구조, 성분, 정밀도, 제조방법 및 시험방법에 관하여 규정한 서식이라고 할 수 있다.

2) 작성목적 및 특징

가) 군이 요구하는 군수품을 원활하게 구매하기 위하여 작성한다.

나) 국방규격 적용이 현저하게 비경제적이거나 불합리한 경우에는 국방규격을 제정하지 않고, 군사요구도(구매요구조건), 특수포장 등을 검토하여 구매요구서를 작성하여 조달한다.

다) 국방규격 폐지 및 상용품으로 전환 후, 군수품의 원활한 조달을 위해 구매요구서 또는 계약특수조건을 작성하여 사용한다.

라) 수요자의 요구사항에 대한 내용을 용이하게 반영할 수 있어, 민간의 우수한 제품을 군에 빠르게 적용할 수 있다.

마) 국방규격에 비해 구매요구서의 개정은 상대적으로 용이하다.

♣ 해설 및 팁 1-9: 구매요구서 확인 사항

- 군납에 참여하고자 하는 업체는 입찰 전에 구매요구서를 필수적으로 확인하여야 한다. 계약이 체결되고 나면, 구매요구서를 변경하는 것이 쉽지 않기 때문이다. 수요기관에서는 계약 전에 구매요구서를 확인할 책임은 업체에 있으며, 그 조건이 맞지 않을 경우에는 계약을 하지 말아야 한다고 생각한다. 또한 구매요구서에 문제가 있다고 해도, 그것이 제품에 미치는 영향 정도 및 문제가 있다는 것을 계약업체에서 증명해야 한다.
- 구매요구서를 확인하지 않고 계약을 체결할 경우, 시중에서 구하기 어려운 요구조건이나 계약 전에 판단했던 단가보다 고가인 경우에는 손해를 볼 수 있다.
- 업체가 구매요구서에서 확인할 사항에 대하여 군수사령부 오영순 박사의 견해는 다음과 같다.
  ① 원단과 부자재의 구매요구 조건의 일치여부를 확인하여 납품이행이 가능한지를 검토한다.
  ② 품질기준(인장강도, 땀 견뢰도 등)의 적용 수준을 검토하고, 이에 해당되는 원자재를 구할 수 있는지를 확인한다. 이를 위해서 필요한 경우에는 원자재 등을 사전에 확보하여 공인 시험기관에서 시험의뢰 및 결과를 확인한다.
  ③ 견본 조달인 경우에는 견본과 구매요구서의 내용이 일치되는가를 확인한다.
  ④ 제품특성에 맞지 않는 검사항목이나 조달단가 대비 과도한 시험항목이 적용되었는지를 확인하고, 과도하게 적용되었을 경우에는 발주기관에 공문으로 검토를 건의한다.
- 계약 이후라도 계약서를 검토하여 의문사항이나 해석이 모호한 부분이 있을 경우에는 관련 사업부서에 서면으로 문의하여 확인 후 작업을 해야 한다.

나. 적용 대상 및 구매요구서 내용

1) 적용대상

가) 표준서 개발 비용이 비효율적일 경우

나) 사회의 기술발전에 맞춰 구매요구서를 수시로 바꿀 필요가 있을 경우

다) 민간 우수제품의 적극적인 도입이 필요할 경우

2) 구매요구서 내용

가) 구매요구서에는 군이 요구하는 목적에 맞는 물품을 구매하기 위하여 물품에 대한 제품명, 규격, 구매요구량 등이 명시되어 있다.

나) 또한 제품의 제원과 특성, 발휘되어야 할 성능, 품질조건 등이 기록되어 있는데, 세부내용은 다음과 같다.

구매요구서

(품명)

관리번호:

재고번호:

작성일자:

작성기관:

1. 적용범위 및 분류
2. 적용자료 및 분석
3. 제원과 요구성능
4. 검사와 시험 및 품질보증
5. 포장 및 표시
6. 기타 사항

제7절 ‖ 국방 표준 바코드 운용

국방 표준 바코드는 한국군 군수정보체계 운영에 필요한 군수품 정보를 바코드화하여 관련 정보를 군수정보체계와 자동으로 연계 처리함으로써 사용자의 육안 인식 및 키보드 입력에 의한 오류를 최소화 하고 원하는 정보를 빠르고 정확하게 입력처리하기 위해 운용한다.

1. 국방바코드 활용 및 분류

가. 활용 범위

1) 국방 표준 바코드는 군수품을 관리하는 현장의 수입·검수(검사)업무, 저장업무(분류·입고·저장관리), 불출업무(색출·재포장), 부대 간 군수품 유통 시 사용하는 증빙서 인식 및 창고 내 저장대의 위치 식별 등에 활용한다.

2) 방위사업청 및 각 군 계약부서는 군수품 납품계약 시 모든 군수품에 국방 표준 바코드가 부착되어 납품되도록 의무조항을 명시한다.

3) 납품업체는 국방 표준 바코드 운용 지침서에 따라 해당 군수품에 국방 표준 바코드를 부착하여 납품해야 한다.

나. 국방 표준 바코드 분류

1) 국방 표준 바코드는 사용 목적에 따라 군수품 식별코드, 검사 및 납품조서 식별코드, 증빙서 식별코드, 저장대 식별코드 등으로 분류한다.

2) **군수품 식별코드**는 군수품을 식별하기 위한 코드로서 모든 군수품에는 고유의 군수품 식별코드를 반드시 부여하여야 하며, 군수품 식별코드는 국가재고번호, 수량, 제조일자, 유효일자, 로트번호 등으로 구성된다. 단, 국가재고번호가 미 부여된 군수품은 임시재고번호, 임시관리번호로 대체할 수 있다. 군수품 식별코드의 세부 구성은 아래와 같다.

국가재고번호(또는 임시재고번호, 임시관리번호: 13) + 수량(7) + 제조일자(8) + 유효일자(8) + {로트번호(13)}
* 국가재고번호 : 군급분류(4) + 국가품목식별번호(9) * 제조일자 : 제조년도(4) + 월(2) + 일(2) * 유효일자 : 유효년도(4) + 월(2) + 일(2) ※ ( )안은 세부 코드 자리수를 나타냄

3) **검사 및 납품조서 식별코드**는 업체가 군수품 납품 시 제출하는 검사 및 납품조서에 표시하는 코드를 말한다. 검사 및 납품조서 식별코드는 조달요구번호, 국가재고번호, 국가품목식별번호(NIIN) 항목으로 구성되며 세부 구성은 다음과 같다. 〈그림 1-3〉은 실제 검사 및 납품조서에 사용 중인 바코드를 나타낸 것이다.

세부 코드 구성
조달요구번호(14) + 재고번호(13) + 국가품목식별번호(9) ※ ( )안은 세부 코드 자리수를 나타냄

〈그림 1-3〉 검사 및 납품조서의 바코드 부착 예

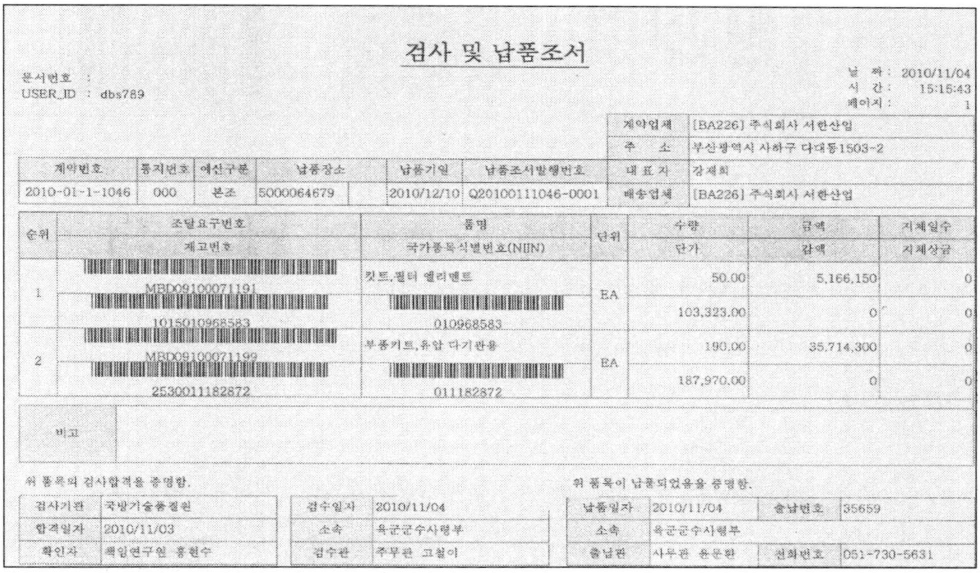

검사 및 납품조서

문서번호 :
USER_ID : dbs789

날 짜 : 2010/11/04
시 간 : 15:15:43
페이지 : 1

계약업체	[BA226] 주식회사 서한산업
주 소	부산광역시 사하구 다대동1503-2
대 표 자	강재희
배송업체	[BA226] 주식회사 서한산업

계약번호	통지번호	예산구분	납품장소	납품기일	납품조서발행번호
2010-01-1-1046	000	본조	5000064679	2010/12/10	Q20100111046-0001

순위	조달요구번호 / 재고번호	품명 / 국가품목식별번호(NIIN)	단위	수량 / 단가	금액 / 감액	지체일수 / 지체상금
1	MBD09100071191	킷트,필터 엘리멘트	EA	50.00	5,166,150	0
	1015010968583	010968583		103,323.00	0	0
2	MBD09100071199	부품키트,유압 다기관용	EA	190.00	35,714,300	0
	2530011182872	011182872		187,970.00	0	0

비고	

위 품목의 검사합격을 증명함.

검사기관	국방기술품질원	검수일자	2010/11/04
합격일자	2010/11/03	소속	육군군수사령부
확인자	책임연구원 홍현수	검수관	주무관 고철이

위 품목이 납품되었음을 증명함.

납품일자	2010/11/04	출납번호	35659
소속	육군군수사령부		
출납관	사무관 윤문환	전화번호	051-730-5631

4) **증빙서 식별코드**는 군수정보체계에서 발행하는 수입 및 불출증빙서에 표시하는 코드를 말한다. 증빙서 식별코드는 문서번호, 국가재고번호, 수량, 단위 등으로 구성할 수

있다.

5) **저장대 식별코드**는 군수품을 저장하는 창고의 저장대 위치를 식별하기 위해 사용하는 코드를 말한다. 저장대 식별코드는 창고번호, 저장층 번호, 저장대 번호, 가로 위치, 세로 위치, 단 등으로 구성할 수 있다.

다. 국방 표준 바코드 심볼리지

1) 국방 표준 바코드는 1차원(선형)바코드 심볼리지와 2차원(2D)바코드 심볼리지를 사용한다. 1차원(선형)바코드 심볼리지는 코드39(CODE 3 OF 9)를 사용한다. 2차원(2D)바코드 심볼리지는 QR코드와 PDF417코드 2가지를 사용하며, 한글 사용이 용이한 **QR코드 사용을 권장**한다.

2) 세부규격 및 기준은 국가 및 국제표준에 따르며, 대한민국 국가표준은 국가표준인증종합정보센터 홈페이지(www.standard.go.kr)에서 확인할 수 있다. 아래 표는 국방 표준 바코드 심볼리지를 나타낸 것이다.

심볼리지	1차원(선형)바코드	2차원(2D)바코드	
	코드39	QR코드	PDF417코드
심 볼	*1234567*		

라. 바코드 인쇄 색상

1) 바코드 인쇄 색상은 스캐너에서 판독이 가능한 색상으로 조합해야 하며 스캐너가 가장 잘 인식하는 **백색 바탕에 흑색 바** 사용을 권장한다.

2) 판독 가능한 바코드 색상 조합과 판독이 불가능한 바코드 색상 조합의 예는 〈그림 1-4, 5〉와 같다.

〈그림 1-4〉 판독 가능한 바코드 색상 조합 '예'

백색 바탕	노랑 바탕	오렌지 바탕	적색 바탕
8 801234 567893 흑색/백색	8 801234 567893 흑색/노랑색	8 801234 567893 흑색/오렌지색	8 801234 567893 흑색/적색

〈그림 1-5〉 판독 불가능한 바코드 색상 조합 '예'

백색 바탕	녹색 바탕	청색 바탕	색상 반전
적색/백색	갈색/녹색	흑색/군청색	백색/흑색

2. 군수품 식별코드 체계

가. 군수품 식별코드 부착 대상

1) 군으로 납품되는 군수품은 국방 표준 바코드 형식을 준수하여 군수품 식별코드를 표시하여야 한다. 군수품 식별코드 부착 대상은 다음과 같다.

가) 피복류, 개인장구류, 천막류, 행정보급품, 병영생활용 보급품 등의 품목

나) 유류, 윤활유 및 절영유류, 보존유, 액체, 압축기체, 냉각제 등(일반 포장이 불가한 유류는 제외)

다) 공사자재, 설치된 장비를 포함한 모든 건축자재 및 축성자재(일반 포장이 불가한 자재는 제외)

라) 주요 완제품, 최종결합체(각종 차량, 총포, 기계 등)

마) 의무기재, 약품, 위생소모품, 의무 수리부속품 등

바) 모든 장비의 정비지원에 소요되는 킷트, 결합체를 포함한 부속품 및 구성품, 수공구 등

2) 국가재고번호는 없으나 계약당시 임시재고번호나 임시관리번호가 부여된 군수품의 경우에는 **국가재고번호를 대신하여 표시**하여야 한다.

나. 군수품 식별코드 부착 단위

1) 군수품 식별코드는 국방규격서(포장규격 KDC 0001-P4001)에 명시된 포장단위별(단위, 내부, 외부)로 제원표 내에 부착하여야 한다. 즉, 국방규격서의 포장 제원표에 명시된 포장단위까지 바코드를 부착하여야 한다.

가) 단위포장은 물품의 낱개단위 포장을 의미하며 최소단위 포장을 말한다.

나) 내부포장은 단위 포장된 물품 보호 및 단위포장과 외부포장 간 물품 결속을 위한

중간포장 단위를 말한다.

다) 외부포장은 물품을 보호하기 위한 외부 포장을 의미한다.

2) 국방규격서가 없는 경우에는 소요군 구매요구서에 명시된 포장단위까지 바코드를 부착하여야 한다.

3) 군수품 식별코드는 **1차원바코드와 2차원바코드를 동시에 표시**해야 한다.

4) 바코드 부착이 곤란한 작은 물품의 경우에는 2차원바코드만 부착할 수 있다. 그러나 2차원바코드만 부착할 때도 국방규격서(포장규격 KDC 0001-P4001)의 포장 제원표에 명시된 포장제원(재고번호 또는 부품번호, 품명, 적용 장비, 단위, 수량, 중량, 부피, 제조연월일, 제조회사명 등)을 표기하여야 한다.

다. 1차원바코드 표시 방법

1) 1차원바코드 표시 항목

가) 포장(단위/내부/외부) 표지에 1차원바코드 표시는 국방규격(포장규격서 KDC 0001- P4001)에 의해 표기토록 명시된 대상 항목을 코드39로 바코드화하여 표시한다.

나) 바코드 필수항목은 **국가재고번호, 수량, 제조일자, 유효일자, 로트번호**이다. 로트번호를 관리하지 않는 품목일 경우에 로트번호는 생략한다.

2) 1차원바코드 표시 방법

가) 포장의 표지에 표시하는 글자의 글꼴과 크기는 국방규격(포장규격서 KDC 0001-P4001)에 명시된 내용을 준수한다.

나) 1차원바코드 표시 위치는 해당 항목의 “위” 또는 “앞”에 표시하도록 하며, 해당 항목을 나타내는 바코드임을 육안으로 판별할 수 있어야 한다.

다) 수량은 수치로만 표시하여야 한다. 예를 들어, 수량이 10인 경우 바코드를 읽었을 때 10으로 표시되거나 0000010으로 표시되는 것이 가능하다.

라) 2개 이상의 1차원바코드가 존재할 경우에 선별적으로 스캐닝할 수 있도록 동일선상에 하나만 표시한다. 다만, 제조일자(8자)와 유효일자(8자)는 동일선상에 두 항목을 연이어 yyyymmddyyyymmdd(16자리) 형태로 표시하고, 글자 표기 시는 육안으로 구분할 수 있도록 연월일 사이에 “.”과 두 항목 사이에 “-”을 표기한다. 유효일자를 관리하지 않는 품목은 유효일자(8자)자리에 “99999999”로 표기한다.

라. 2차원바코드 표시 방법

1) 2차원바코드 표시 항목

가) 2차원바코드 내에 포함되어야 할 필수항목은 군수정보체계에서 필요로 하는 **국가재고번호, 수량, 단위, 용적제원**(가로, 세로, 높이, 무게), **제조일자, 유효일자, 한글품명, 로트번호, 영문품명**이다.

나) 용적제원은 단위 품목에 대한 제원을 의미한다. 용적제원은 불출단위에 대한 단위포장이 있을 경우 포장박스(지)를 포함한 부피, 무게를 측정한다. 단위포장이 없는 경우 외부포장에 들어가는 제품의 형태(예. 피복의 경우 접혀진 형태)를 대상으로 부피, 무게를 측정한다. 또한, 단위포장, 내부포장, 외부포장의 용적제원은 동일하게 표기되어야 한다.

필수 바코드 항목 : 국가재고번호 I 임시재고번호 I 임시관리번호(13) + 수량(7) + 단위(2) + 가로(15) + 세로(15) + 높이(15) + 무게(15) + 제조일자(8) + 유효일자(8) + 한글품명(60) + 로트번호(13) + 영문품명(100) {추가항목1 + 추가항목2 + … + 추가항목n}

다) 이들 필수 항목들은 반드시 2차원바코드에 수록해야 하며, 이들 필수항목의 코드 자리수와 기록 순서는 반드시 지켜야 한다.

라) 영문품명 바로 뒤의 자리에는 박스당 낱개수(7) + T-11 또는 T-12 계열 파렛트당 최대 적재 박스개수(7) + T-11 또는 T-12 계열 파렛트당 최대 적재 중량(15) 등을 추가로 반영할 수 있으며, 파렛트당 최대 적재 중량은 kg(킬로그램)으로 측정한다.

마) 기타 필요시 국방부에서 지정하는 필수항목 외에 추가로 수록할 수 있으나, 이 경우에는 T-11 또는 T-12 계열 파렛트당 최대 적재 중량(15) 뒤의 여유 자리를 활용한다.

2) 2차원바코드 표시 방법

가) 수량은 7자리로 수치로만 표시하여야 한다. 예를 들어, 수량이 10인 경우 7자리 수에 맞추어 바코드를 읽었을 때 0000010으로 표시되도록 하여야 한다.

나) 품목용적제원은 가로, 세로, 높이는 cm 단위이며 무게는 g(그램)으로 측정한다. 각 용적제원의 전체 자리 수는 모두 15자리로 하며, 소수점 뒷자리 수는 최대 5자리이며 소수점 앞자리는 10자리를 넘지 못한다. 가로가 35.8cm인 경우 35.8␣␣␣␣

␣␣␣␣␣␣␣␣␣뒤에 11자리는 공백으로 둔다. 가로가 35.23451234cm인 경우 35.23451␣␣␣␣␣␣␣␣␣뒤에 7자리는 공백으로 둔다. 가로가 15cm인 경우 15␣␣␣␣␣␣␣␣␣␣␣␣␣␣␣␣뒤에 13자리는 공백으로 둔다.

다) 한글품명의 경우 한글인코딩 방식은 UTF-8 또는 EUC-KR 방식을 사용하여야 한다. EUC-KR 방식으로 인코딩하였을 때 한글품명의 경우 60자리로 한글은 30자까지 표기할 수 있다. 한글품명이 "전투복 상의"의 경우 한글 5자이므로 자리는 10자리를 차지한다. 따라서 나머지 50자리는 공백으로 채운다. 영문품명의 표기방법도 동일하다. 다만, 한글 1자는 자리수를 2자리를 차지하며, 알파벳 1자, 특수문자 1자, 공백 1개는 각각 1자리를 차지한다.

라) 로트번호를 관리하지 않는 품목일 경우는 로트번호(13자) 자리에 공백(blank)으로 채운다. 또한 유효일자를 관리하지 않는 품목은 유효일자(8자)자리에 "99999999"로 대신 표기한다.

3) 외부포장에 바코드를 표시하는 경우(1, 2차원바코드 표시)**의 '예'**

가) 〈그림 1-6〉은 군수품의 외부포장에 2차원바코드를 표시한 경우이다. '바코드 적용 전' 그림은 국방규격(포장규격서 KDC 0001-P4001)을 적용하는 포장지에 표시된 제원표 중 하나를 나타낸 것이며 군수품별로 상이할 수 있다.

나) '바코드 적용 후'는 1차원바코드 필수 항목인 국가재고번호, 수량, 제조일자, 유효일자, 로트번호를 바코드화 한 것이다. 2차원 바코드는 QR코드를 적용한 것이다.

〈그림 1-6〉 외부포장의 바코드 표시(1, 2차원바코드 표시)

마. 군수품 식별코드 부착방법

1) 포장(단위/내부/외부) 표지에 1차원바코드 및 2차원바코드를 함께 부착한다. 2차원바코드를 표시할 때에도 1차원바코드는 반드시 포함되어야 한다.

2) 바코드 라벨의 부착 위치는 바코드 스캐닝이 용이하고, 포장 끈에 의해 바코드가 가려지지 않은 곳에 부착하여야 하며, 표지 제원표가 표시된 면에는 모두 부착한다.

가) 상품 전면 우측 상단(포장 끈에 의해 가려지지 않은 곳)에 부착

나) 접지 면이 있는 경우는 접지 면을 피해서 부착

다) 형태가 원통인 경우는 직선 면에 부착

라) 굴곡과 단층이 없는 곳에 부착

마) 상품이 얇은 경우는 넓은 면적에 부착

바. 바코드 라벨 규격

1) 바코드 라벨 크기는 내부, 중간, 외부 포장지의 여백에 부착이 용이하고 바코드 스캐닝이 용이한 크기로 제작하여야 한다.

2) 바코드 라벨용지의 재질은 부착, 훼손 등을 고려하여 군수품의 특성에 맞는 재질을 사용하여 부착한다. 특히 화학 처리된 열감지로 코팅이 되어 있는 감열지는 습기에 약하므로 사용을 지양하고, 열전사 방식(리본방식)의 라벨지 사용을 권장한다.

♧ 제2장

방위사업청 조달

제1절 ‖ 방위사업청 계약 및 조달

방위사업청은 국방부의 지침을 기초로 하여 군수품에 대한 조달계획을 수립하여 조달하며, 군수품은 국방예산의 효율적인 집행을 위하여 방위사업청에서 일괄적으로 조달하나. 필요한 경우에는 각 군에서 직접 조달하거나 조달청을 통하여 조달할 수 있다. 방위사업청의 조달 및 계약업무는 아래와 같이 8단계 절차로 이루어지며, 〈그림 2-1〉과 같다.

① 예비판단 ② 수요군 조달요구 ③ 조달집행계획 수립 ④ 조달판단 ⑤ 등록업체 입찰 및 협상 ⑥ 적격 및 계약이행능력 심사 ⑦ 계약체결 ⑧ 사후관리

〈그림 2-1〉 계약업무 절차

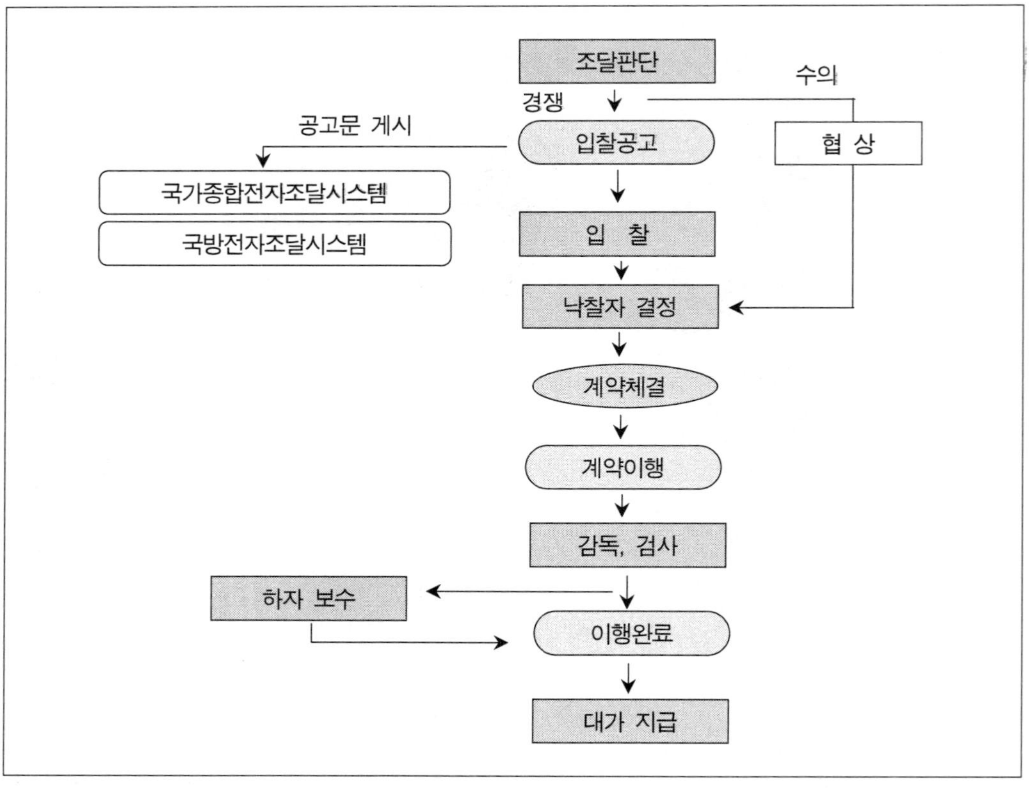

1. 방위사업청 조달

가. 국내계약 및 조달

1) 방위사업청에서의 국내조달은 국방전자조달시스템[6]으로 실시한다. 국방전자조달시스템은 조달청의 나라장터와 연계하여 민간업체가 참여할 수 있다.

2) 방위사업청에서는 국방조달관리체계(Defense Procurement Management System)로 계약업무를 수행하며, 이 정보체계를 이용하여 조달판단서를 비롯한 물품구매계약서에 이르기까지 활용한다.

나. 국제계약 및 조달

1) 국외조달은 대외 지급 수단을 통하여 해외시장으로부터 조달하는 것을 말하며, 통상 외자조달이라고 한다.

2) 획득 방법으로는 미국 정부로부터 대외군사 판매에 의한 구매(FMS)와 해외업체로부터의 상업구매(FCP)가 있다. 국외조달은 국산품으로 조달이 불가한 품목에 대하여 조달하며, 상업구매(무역거래)를 원칙으로 한다. 정부 대 정부로 추진하는 물자는 FMS 또는 대 정부 간 구매가 원칙이다.

2. 조달 및 계약업무 절차

가. 예비판단 및 수요군 조달요구 확인

1) 조달집행계획 수립을 위한 예비판단 내용은 다음과 같다.

가) 조달기관(방위사업청, 조달청, 부대조달)을 적절하게 선정하였는지 여부

나) 장기간 조달요구가 없었던 품목의 경우는 생산업체 폐업 여부

다) 유사 품목별로 적절하게 묶음조달을 판단하였는지 여부

라) 규격 및 단가의 적절성

2) 수요군(군수사)이 조달 요구한 내용 중에서 규격(구매요구서) 및 도면번호, 품목별 예산의 충족 여부, 요구하는 납기 등이 적절한가를 판단한다.

---

6) 조달사이트 www.d2b.go.kr

나. 조달집행계획 수립

조달집행계획은 수요군 부대의 재고고갈 및 애로품목 등을 확인하여 원가산정 부서에 원가산정 완료일자 등을 확인하고, 집행 우선순위 등을 판단하여 집행계획을 수립한다.

다. 조달판단

1) **조달행정 소요일수**는 적격심사 기간, 생산능력 확인 기간, 규격개정 품목은 완료 시기, 원가산정 기간 등을 고려하여 설정한다.

2) **조달 묶음판단** 시에는 규격, 납기, 조달기관, 다수 경쟁업체 생산가능 여부, 생산중단(도태품목) 여부, 입찰 및 계약방법, 검사방법, 대금지급방법, 운송방법, 수의계약 여부 등을 고려하여 판단하되, 특정업체에게 불리하거나 유리하도록 조달 묶음판단을 하지 않는다.

3) **계약 납기 설정**은 조달행정 소요기간을 고려하여 적정한가를 판단한다. 납기설정 시에는 사업부서, 수요군 요구, 업체 생산기간, 원가산정 소요기간 등을 고려하여 적정납기를 설정한다. **경쟁품목의 경우 낙찰 이후 납기 연장**은 제한되며, 적격심사품목의 경우 '적격심사로 인한 행정 소요기간만큼 납기를 연장할 수 있다.'라는 문구를 입찰공고문에 포함할 경우 납기연장이 가능하다.

4) **계약특수조건의 '제조 또는 구매' 설정**은 계약의 목적에 명확한 제조 또는 구매로 독립적으로 구분하여 표시한다. 다품종 소량 묶음판단 품목을 제조로 설정한 후 일부품목에서 구매 물품이 있을 경우 구매내용을 계약 특수조건에 명시한다. 특정 업체에게 유리하게 명시하는 특정 물품을 제조 또는 구매품목으로 명시하지 않는다.

5) **'제한경쟁' 계약방법** 선정은 생산능력 확인 대상품목의 경우 제한경쟁 또는 일반경쟁(적격심사)의 방법으로 조달집행을 한다.

6) **생산능력 확인 대상품목**은 군 특수 규격품으로 성능 보장이 필수적이거나 전투 긴요품목, 계약 불이행품목, 지체 및 하자발생 품목, 신규 조달품목 중 업체 생산능력이 필요하다고 판단되는 품목, 기타 재무관 또는 품질보증기관이 필요하다고 판단된 품목 등이다.

7) **특허권 품목 계약**은 다음의 두 가지 경우에 해당한다.

가) 국방규격화 이후 특허출원 품목의 경우는 특허권 무효 확정 후 계약을 추진한다.

나) **특허출원 이후 국방규격화 된 품목**의 경우 다음 절차에 따른다.

① 방위사업청과 특허권자 상호 간에 전용실시권[7] 또는 통상실시권[8] 설정을 협의한다.

② 협의 시 특허권자로부터 '재실시 동의서'를 접수한다.

③ 방위사업청과 특허권자 상호 간에 법정실시권 설정계약서를 체결한다.

④ 방위사업청 표준관리부에서 법정실시권을 특허청에 등록 요청한다.

⑤ 일반경쟁입찰을 실시한다.

8) **품질보증형태**는 기술품질원에서 정한 4가지 형태 중에서 결정된다. 품질보증 형태는 단순 품질보증형(I형), 선택 품질보증형(Ⅱ형), 표준 품질보증형(Ⅲ형), 체계 품질보증형(Ⅳ형) 등이다. 세부 내용은 제 5장 품질보증 및 사용자불만 처리를 참조하기 바란다.

♣ 해설 및 팁 2-1: 산업재산권의 종류

구 분	정 의	존속기간
특허권	아직까지 없었던 물건 또는 방법을 최초로 발명한 것 (대발명)	설정등록일 후 출원일로부터 20년
실용 신안권	이미 발명된 것을 개량해서 보다 편리하고 유용하게 쓸 수 있도록 한 물품에 대한 고안 그 자체 (소발명, 개량발명)	설정등록일 후 출원일로부터 10년
디자인권	물품의 형상, 모양, 색채 또는 이들을 결합한 것으로서 시각을 통하여 미감을 느끼게 하는 것	설정등록일 후 출원일로부터 15년
상표권	타인의 상품과 식별하도록 하기 위하여 사용되는 기호, 문자, 도형이나 이들을 결합한 것 또는 이들과 색채와의 결합으로서 타인의 것과 명확히 구분되는 것	설정등록일 후 출원일로부터 10년 (10년마다 갱신가능 반영구적 권리)

〈출처: 계약단계별 계약업무 CHECK POINT, 방위사업청, 2008. 7.〉

9) **견본(현품)에 의한 조달은 부대조달을 원칙**으로 한다. 견본에 의한 조달 중에서 중앙조달을 하는 경우는 수요군의 요구나 긴급하게 조달할 필요성이 있을 때에 한하여 조달하며, 이때 견본은 방위사업청의 표준관리부 또는 수요군에서 제공한다. 품질보증형태 및 검사방법은 수요군 검사를 적용하며, 검사방법은 계약특수조건에 명시한다.

10) 연구개발 품목은 수의계약을 체결할 수 있다.

7) 다른 사람의 특허발명, 등록실용신안, 등록의장 따위를 기간, 장소, 내용에 대하여 특허권자가 정한 범위 안에서 독점적으로 실시할 수 있는 권리.

8) 특허권자나 디자인권자가 아닌 제3자가 허락이나 법률규정 또는 설정행위를 통하여 정해진 시간적, 장소적, 내용적 제약의 범위 안에서 특허발명, 등록실용신안 등을 업(業)으로 실시할 수 있는 채권적 권리.

제2절 ‖ 업체 등록, 입찰 및 협상

방위사업청 조달에 참여하기를 희망하는 업체는 먼저 조달청의 국가종합전자조달시스템에 업체 등록을 한 다음, 방위사업청의 국방전자조달시스템에 추가적으로 사용자 등록을 해야 한다.

1. 업체 및 사용자 등록

가. 국가종합전자조달시스템(G2B)의 업체 등록

1) 방위사업청 뿐만 아니라 공공기관에서 시행하는 모든 입찰에 참여하기 위해서는 **조달청의 국가종합전자조달시스템(www.g2b.go.kr)에 업체 등록**을 하여야 한다.

2) 조달청의 국가종합전자조달(G2B)시스템에 등록하기 위해서는 공인인증기관에서 인증서를 발급받아야 하며, 등록절차는 다음과 같다.

가) 공인인증기관에서 발급받은 공인인증서를 이용하여 조달청 나라장터(www.g2b.go.kr)에 접속한다.

나) '입찰참가자격 등록신청' 메뉴에서 요구하는 항목을 입력하고 저장 및 송신하면 가장 가까운 지방조달청으로 송신된다.

다) 등록신청서 송신 후에 시행문을 출력 후 대표자의 인감도장을 날인한 다음, 필요한 서류와 함께 위 나)항의 지방조달청으로 제출한다. 제출은 우편 또는 방문하여 제출할 수 있다.

라) 위 다)항의 입찰참가자격 등록신청 시 공통적으로 필요한 서류는 사업자등록증명원, 법인 등기부등본, 등록증 사본(원본 대조필)이다.

마) 서류 사본을 제출하는 경우에는 '사실과 같음'이라는 표시를 하고, 인감도장을 날인하여 제출하면 된다. 인감도장은 신규등록할 때 사용한 것으로 하여야 하며, 변경신청서에는 등록된 인감도장으로 날인하여야 한다. 신규등록이나 변경 등록할 때는

인감증명서를 첨부하여야 한다.

바) 조달청에서는 사업자 등록증, 구비서류 등을 확인하여 조달업체 등록을 승인하며, 처리된 결과는 이메일로 보낸다.

♣ 해설 및 팁 2-2: 인증서 발급 시 제출서류

• 인증서 신청서(인증기관 소정양식) 1부	
• 대표자 주민등록증, 운전면허증 또는 여권 사본(원본지참) 1부	
• 사업자등록증 사본 1부	• 인감증명서 원본 1부
• 대리인의 경우 위임장 1부	• 입금증빙서류 사본 1부

나. 국방전자조달시스템(G2B)의 사업자 등록 및 품목 등록

1) 조달청의 국가종합전자조달시스템(G2B)에서 업체등록 승인을 받고, 1일이 경과하여야 국방전자조달(D2B)에 접속하여 **사용자등록**을 실시할 수 있다.

2) 국방전자조달(D2B)에 사용자 등록이 완료되었으면, 품목 등록을 실시한다.

3) 국방전자조달 홈페이지에서 **품목 등록 절차**는 다음과 같다.

• 업체등록 → 업체정보관리 → 국내업체관리 → 추가정보 등록 → 추가 → 품목조회 → 품명조회 및 지정 → 확인 버튼 클릭

4) 품목 등록 후에는 공장등록증명서, 인·허가증 사본을 제출한다.

가) **제조업체는 공장등록증명서 1부**를 제출한다. 계약담당관이 행정정보공동이용센터(www.share.go.kr)에서 확인이 가능한 경우에는 제출하지 않아도 된다.

나) 공장등록증이 없는 사업장 면적 500㎡ 미만인 소기업의 경우에는 사업장 면적을 증명할 수 있는 자료와 사업자등록증명원 1부(발행일 3개월 이내) 또는 행정정보공동이용 사전 동의서 1부를 제출한다.

다) **판매·용역업체는 사업자등록증명원 1부**를 제출한다. 계약담당관이 행정정보공동이용센터(www.share.go.kr)에서 확인이 가능한 경우에는 제출하지 않아도 된다. 식품, 의약품, 환경제품, 소방용품, 고압가스기기, 석유류 제품 등 정부 인가·허가·면허·등록·신고 등이 필요한 경우 해당 인·허가 등과 관련된 자료를 제출하여야 한다. '원본 대조필'이라고 표기 후 인감을 날인하여 제출한다.

2. 군복 및 군용장구 제조·판매

가. 군복 및 군용장구의 정의

1) 군복이라 함은 군모, 제복, 군화, 계급장, 표지장, 피아식별띠, 야전상의, 방한복, 비행복, 특전복 등을 말한다.

2) 군용장구라 함은 군용표지가 있는 물품으로서 일반물자의 장구류 중 국방부령이 정하는 것을 말한다. 여기에 해당하는 품목은 권총집, 구급대, 탄입대, 개인장구요대, 수통, 야전삽, 반합, 천막류, 모포, 침낭, 방탄헬멧, 방탄복, 배낭이다.

3) 유사군복이라 함은 군복과 형태, 색상 및 구조 등이 유사하여 외관상으로 식별이 제한되는 물품으로서 여기에 해당하는 품목은 전투복, 전투화, 전투모, 계급장, 장교표지, 야전상의, 방한복, 비행복, 특전복 등이다.

나. 제조 및 판매 허가, 취소

1) 군복 및 군용장구를 제조 및 판매업을 하고자 하는 자는 대통령령이 정하는 시설을 갖추고, 제조 또는 판매하고자 하는 군복 또는 군용장구의 종류를 정하여 국방부장관의 허가를 받아야 한다. 허가받은 군복 또는 군용장구의 종류를 변경하는 경우에도 마찬가지다.

2) 제조 및 판매업의 허가를 받고자 할 경우에는 신청서를 국방부장관에게 제출하여야 한다. 허가는 각 군 참모총장에게 위임할 수 있다.

3) 제조 및 판매업자가 다음에 해당하는 경우에는 허가를 취소하거나 6월 이내의 기간을 정하여 영업을 정지시킬 수 있다.

가) 허가받은 날부터 1년 이내에 영업을 시작하지 않거나 1년 이상 계속하여 영업을 하지 않는 경우

나) 허위 그 밖의 부정한 방법으로 허가 또는 변경허가를 받은 경우

다) 허가 조건을 위반한 경우

라) 허가받은 시설 기준을 유지하지 못하는 경우

마) 군복이나 군용장구를 착용할 수 없는 자에게 판매한 경우 또는 제조 및 판매 장부의 기재사항을 이행하지 않거나 비치를 하지 않은 경우

바) 결격사유에 해당하는 경우

사) 관계 공무원이 요구하는 자료를 제출하지 않거나 검사를 거부하는 경우

4) **결격사유**(제조 및 판매를 허가받을 수 없는 사유)

가) 규정을 위반하여 실형을 선고 받고 그 집행이 종료되거나 면제된 날로부터 3년이 경과되지 않은 자 또는 집행유예 기간에 있는 자

나) 금치산자 또는 한정치산자

다) 파산자로서 복권되지 않은 자

라) 허가가 취소된 날로부터 3년이 경과되지 않은 자

마) 임원 중 위의 가) 또는 다)항에 해당하는 사람이 있는 법인

다. 제조 및 판매 금지, 벌칙

1) 군복이나 군용장구를 사용할 수 없는 자에게 제조 및 판매할 수 없다.

2) 다음의 경우에는 제조 또는 판매를 할 수 있다.

가) 국방부 및 국가보훈처가 주관하는 기념일의 행사를 하는 경우

나) 제대 군인을 초청하거나 제대 군인과 합동으로 군부대 행사를 실시하는 경우

다) 국방부장관이 인정하는 행사

①자원봉사활동, 재해 및 재난예방활동, 안전문화 교육 및 홍보, 재난구조 등의 재해재난 극복활동

②안보 및 호국의식 함양을 위한 강연회 개최 및 교육활동

③국외 자원봉사, 의료, 구호활동 등 국제교류협력 활동

④군의 명예를 훼손하지 않으면서 사회적 협력과 발전을 증진시키기 위한 광고활동

⑤그 밖에 국가 또는 지방자치단체의 시책에 대하여 보완, 상승효과를 가지는 활동

3) 허가를 받지 않고 군복 또는 군용장구를 제조 및 판매한 자는 1년 이하의 징역 또는 천만 원 이하의 벌금에 처한다.

3. 입찰 참가

가. 입찰 참가 신청

1) 중앙조달은 **품목 등록 후** 입찰참가 신청이 가능하다.

2) 부대조달은 **사용자등록 후** 입찰참가 신청 가능하다.

나. 입찰참가자격 등록사항 변경

1) **조달청 승인 필요:** 상호, 주소, 대표자, 공장주소, 제조물품, 용역업종, 입찰대리인 등의 변경 등은 업체가 입력 후 시행문과 증빙서류를 조달청에 우편 또는 방문하여 변경 승인을 받아야 한다.

2) **조달청 승인 불필요:** 전화번호, 팩스번호, 종업원 수, 홈페이지, 이메일 변경 등은 업체가 직접 입력하여 변경 또는 추가가 가능하다.

♣ 해설 및 팁 2-3: 업체정보 변경 처리 시 유의사항

- 국가종합전자조달시스템(G2B)에 변경 요청하여 승인 처리되면, **1일 후 국방전자조달시스템에는 자동으로 반영**된다.
- 국가종합전자조달시스템에 업체정보 변경은 국방전자조달 입찰일 4일 전에 변경 신청을 해야 한다.
- 품목 등록은 국가종합전자조달시스템의 나라장터와 국방전자조달시스템 간 자료공유가 되지 않으므로 각각 등록하여야 한다.

다. 입찰참여 절차

1) 입찰공고 조회

가) 입찰공고 조회는 국방전자조달시스템(www.d2b.go.kr)에 접속하여 확인할 수 있다.

① 입찰공고 화면에서는 해당되는 〈입찰건명〉을 클릭하여 세부 공고내역을 조회할 수 있다.

② 공고문안, 계약특수조건, 기타 참고자료는 첨부파일로 제공되며, 품목명세서 조회를 클릭하면 품목명세서 및 품목을 엑셀파일로 열람할 수 있다.

③ 물품·공사 및 용역 등을 경쟁입찰 품목은 국방전자조달시스템을 통해 G2B에 공고된다.

나) 당해 품목 입찰은 최소 7일 전에 공고된다. 공고유형별 입찰공고기간은 〈표 2-1〉과 같다.

〈표 2-1〉 공고유형별 입찰공고기간

구 분	내 용	공고 기간
정상 공고	정상적인 입찰을 하기 위해 인터넷에 공고	입찰서 제출 마감일 전일부터 기산하여 7일 이상
재공고	정상공고 후 미 성원되어 유찰되었거나, 낙찰자 포기 시 공고	입찰서 제출 마감일 전일부터 기산하여 5일 이상
긴급 공고	긴급조달을 필요로 하는 경우 또는 재공고 입찰의 경우	
연기 공고	입찰에 관한 서류의 검토과정에서 발견한 입찰에 관한 서류상의 착오, 누락사항 또는 기타 설명이 요구되는 사항의 내용이 중대하거나 기타 불가피한 사유 발생시	기존 입찰공고 일자와 연기 일자를 고려하여 설정
정정 공고	입찰공고 내용의 단순 오기사항 등 경미사항 발생시	입찰공고문 정정 후 5일 이상
취소 공고	수요군 조달취소, 입찰관 공인인증서 오류로 입찰 불가시 등 원천적으로 공고가 없던 것으로 취소하는 공고	-

2) 입찰참가 신청서 작성

가) 입찰등록 마감시간 전까지 공장등록증과 직접생산 확인서를 제출하고, 방위사업청 국방전자조달시스템에서 입찰참가신청서 및 입찰등록서를 작성하여 제출하면 입찰에 참여할 수 있다. 계약담당관이 행정정보공동이용센터(www.share.go.kr)에서 직접 조회가 가능한 업체는 공장등록증 제출을 생략할 수 있다.

나) 전자보증서 제출방법

① 입찰참가신청서 제출 전에 〈입찰공고목록〉에서 'G2B 공고번호'를 보증회사에 통보하여 전자보증서 발급 신청을 한다. 보증사가 국방전자조달시스템으로 전자보증서를 전송한다.

② 업체가 〈입찰참가 신청서 작성〉 화면에서 전자보증서를 신청한 경우에는 '증권번호'와 '보증금액'이 입찰참가 신청서에 자동으로 표시된다.

③ 전자보증서 발급회사는 서울보증보험(주), 정보통신공제조합, 소프트웨어공제조합, 건설공제조합, 전문건설공제조합, 대한설비건설공제조합, 엔지니어링공제조합, 전기공사공제조합, 신용보증기금 등이다.

다) 입찰서 작성 및 제출

① 국방전자조달시스템(www.d2b.go.kr)에 입찰참가신청서 제출 후 입찰서 제출 마감일시 전까지 입찰서를 작성할 수 있다.

② 제출한 입찰서에 대하여 조회 할 수 있으며, 입찰취소는 가능하지만 제출한 입찰서는 수정할 수 없다. 또한 입찰 취소 후에는 해당 건에 대하여 재입찰 할 수 없다.

③ 입찰서는 1차부터 20차까지 자유롭게 투찰할 수 있으나, 1차에서 20차까지 모두 작성해야 하는 것은 아니다. 낙찰자 및 적격심사 대상 순위의 결정은 전자입찰서에 기재된 동일 차수별로 경쟁이 되며 예정가격 범위 내에서 최저가 투찰자를 낙찰자(또는 1순위)로 결정한다.

♣ 해설 및 팁 2-4: 입찰서 제출 후 확인사항 및 낙찰자 결정 예문

- 입찰참가신청서와 입찰서를 제출하면 입찰담당관이 대상 업체의 참여자격 및 조건 등에 대한 등록심사를 하여 등록확정 여부를 판단한다. 입찰 등록 확정은 당일 날 결정되며, 입찰 참여는 등록이 확정된 업체만 할 수 있다.
- 입찰등록불가 확인은 〈입찰등록결과 조회〉에서 확인할 수 있다.
- 낙찰자 결정은 다음과 같이 진행된다. 아래 표와 같이 예정가격이 5,000원으로 결정되었을 경우, 1차 투찰에서 두 업체 모두 예정가격을 초과하여 낙찰자를 결정하지 못하고, 2차 투찰에서는 B업체가 예정가격 범위 내에서 저가로 투찰하였으므로 B업체가 낙찰자 (또는 1순위)로 결정된다. 낙찰자(또는 1순위)가 결정된 이후 차수는 더 이상 의미가 없다.

차수	A업체	B업체	비고
1차	5,200	5,300	예가 초과
2차	5,100	4,900	낙찰자 결정
3차	4,700	4,800	
:	:	:	

다) 입찰보증금 작성요령

① 투찰금액의 '5% 이상', 단가제의 경우에는 '수량×투찰단가'의 5% 이상인 경우에는 차후 입찰서 제출 시 입찰보증금의 20배까지 투찰금액을 입력할 수 있다.

② 입찰보증금 면제 업체는 보증금면제 사유를 선택한다. 보증금 면제사유는 국가기관 및 지방자치단체, 정부 출연기관, 농·수협 등이며, 당해 사업을 영위한지 1년 이상인 업체에 대해서도 입찰보증금이 면제된다.

4. 전자입찰 시 유의사항

가. 업체등록

1) 전자입찰로 공고된 입찰에 참가하기 위해서는 지정 공인인증기관에서 공인인증서를 발급 받아야 한다.

2) 입찰참가등록 마감일 전일까지 국가종합전자조달시스템(나라장터)에 업체 등록을 하고, 국방전자조달시스템에 사용자 등록과 업체추가정보 등록을 마쳐야 한다.

3) 입찰참가 방식이 지문인식 신원확인 전자입찰[9]인 경우 미리 나라장터에 전자입찰자로 등록을 하고, 조달청의 신원확인을 거친 후 지문보안토큰[10]에 지문정보를 등록하여야 한다.

나. 입찰참가 등록서류 제출 및 유의사항

1) 전자입찰 참가신청서, 입찰보증금 등의 입찰 관련 서류는 입찰참가등록 마감일시까지 제출하여야 한다.

가) 입찰서에 산출내역서, 실적증명서 등을 첨부하는 전자입찰의 경우 첨부 서류를 붙임 파일로 제출해야 한다.

나) 붙임 파일로 제출한 전자문서에 암호가 설정되어 있거나, 컴퓨터바이러스 감염 등으로 판독이 제한되는 경우 해당 붙임 파일은 제출하지 않은 것으로 본다.

2) 업체는 업체명, 사업자등록번호, 대표자성명, 사업장 소재지, 등록업종 및 품목 등 제반 기록사항을 확인해야 한다. 수정·보완사항이 있을 경우에는 입**찰참가등록 마감일 3일 전**까지 나라장터 및 국방전자조달시스템의 해당 정보를 수정·보완한 후에 입찰에 참여하여야 한다.

3) 업체는 입찰공고서에 지정된 입찰서 제출 마감일시까지 국방전자조달시스템을 이용하여 입찰서를 제출하여야 한다. 다만, 복수예비가격이 적용되는 입찰의 경우 국방전자조달시스템에 기초예비가격이 공개된 후부터 입찰서 제출 마감일시까지 입찰서를 제출해야 한다.

---

9) '지문인식 신원확인 전자입찰'이란 전자입찰자의 신원확인을 위해 지문보안토큰을 이용하는 전자입찰을 말한다.

10) '지문보안토큰'이란 조달청 '나라장터 Bio보안토큰 제품 지정 및 관리규정'에 따라 Bio보안토큰으로 지정된 제품으로서 전자서명 생성키, 지문 등 비밀정보를 안전하게 저장·보관하기 위하여 키 생성·전자서명 생성 등이 기기내부에서 처리되도록 구현된 하드웨어 기기를 말한다.

♣ 해설 및 팁 2-5: 지문인식 전자입찰 등록

- 조달청과 방위사업청에서는 '지문인식 전자입찰'을 시행하고 있다.
- 입찰에 참여하기 위해서는 '지문인식장치'를 등록하여야 한다.
- '지문인식장치'등록은 공인인증기관에서 '지문보안토큰'을 인증서 구매 시 함께 구매하여 등록해야 하며 절차는 다음과 같다.
  ① 공인인증기관 인증서 발급(지문보안토큰 함께 구매)
  ② 경쟁입찰 참가자격 등록신청서 작성 송부
  ③ 〈조달청 등록신청서 승인〉 → 지문등록 위해 가까운 지방조달청 방문(지문토큰 구매증 지참)

4) 전자재공고 입찰 건에 참가하는 경우에는 새로운 입찰참가신청서를 제출해야 한다.

5) 전자입찰자는 같은 입찰 건에 대해 다음에 해당되는 경우에는 전자입찰서를 제출할 수 없다.

가) 같은 인터넷 주소(IP address)에서 전자입찰서를 제출하는 경우

나) 같은 컴퓨터를 이용하여 전자입찰서를 제출하는 경우

6) 입찰참가 방식이 지문인식 신원확인 전자입찰인 경우, 지문보안토큰에 장애가 발생하거나 지문이 인식되지 않는 경우 등으로 지문보안토큰을 이용한 전자입찰서의 제출이 곤란한 경우에는 다음 절차에 따라서 기존 공인인증서에 의해 전자입찰서를 제출할 수 있다.

가) 지문인식 신원확인 적용예외 신청서를 〈표 2-2〉와 같이 작성하여 입찰서 제출 마감일시까지 국방전자조달시스템을 통해 제출해야 하며, 신청서는 전자입찰자별로 2회까지 제출할 수 있다.

나) 위의 가)에 따라 신청서를 제출한 시점부터 48시간(토요일, 일요일, 법정공휴일은 미적용) 동안은 기존 공인인증서로 전자입찰서를 제출할 수 있다.

다) 기존 공인인증서로 전자입찰서를 제출한 경우에는 조달청(본청 고객지원팀 또는 각 지방조달청 민원실)을 방문하여 지문인식오류 사유서를 제출하고, 지문보안토큰 점검 등 필요한 조치를 취해야 한다.

〈표 2-2〉 지문인식 신원확인 적용예외 신청서

사업자등록번호		상 호 명	
예외적용 신청자		생년월일	
보안토큰 제조사		보안토큰 일련번호	
신 청 사 유	□ 전자입찰자 지문정보 인식 불가(손가락 상처 등) □ 지문보안토큰 제품 장애(연결 실패 등) □ 지문인식 오류 또는 인증 실패 □ 그 밖의 사유(세부 내용 기재)		
위와 같은 사유로 지문인식 신원확인이 곤란하여「국방전자조달시스템 이용에 관한 약관」제12조제6항 및「국방전자조달시스템 전자입찰 특별유의서」제20조제3항에 따른 신청서를 제출하며 다음 사항을 준수할 것을 확약합니다. 1. 당사의 대표자를 포함한 입찰대리인은 국방전자조달시스템에 의한 전자입찰에 참가함에 있어「전자서명법」제23조,「국가를 당사자로 하는 계약에 관한 법률 시행령」제76조에 따라 불공정 행위를 하지 않을 것을 확약합니다. 2. 향후 이 확약서의 내용을 이행하지 않은 경우에는 관계 법령에 따라 어떠한 처벌도 감수할 것임을 확약합니다. 년 월 일 상 호 명 : 대 표 자 : (인) 방 위 사 업 청 장 귀하			

다. 전자입찰의 참가방법

1) 지정공인인증기관에서 발급받은 공인인증서를 사용하여 입찰참가신청서를 제출하고, 국방전자조달시스템의 안내에 따라 입찰서를 작성한다.

2) 복수예비가격이 적용되는 입찰의 경우에는 산정 가능한 최대 복수예비가격 미만으로 입찰서를 제출하며, 복수예비가격 번호 중에서 2개의 예비가격번호를 선택한다. 예정가격 결정은 전자입찰자가 선택한 예비가격번호 중 가장 많이 선택된 번호 순으로 4개를 선정하여, 각 번호에 해당하는 예비가격을 산술평균하여 결정한다.

3) 최저가 낙찰제 입찰에 참여하는 업체는 투찰금액이 같은 가격일 경우를 대비하여 5회의 가위, 바위, 보를 선택해야 한다.

4) 전자입찰서를 작성하여 전송할 때는 공인인증서를 사용한다. 지문인식 신원확인 전자입찰의 경우에는 지문보안토큰에 저장된 공인인증서를 사용한다.

5) 전자입찰서의 제출은 국방전자조달시스템에 의하여 입찰서를 송신함으로써 완료되며, 입찰서가 정상 제출되었는가는 〈입찰서 조회〉를 통해 확인할 수 있다.

6) 다른 업체의 공인인증서를 무단 도용하여 입찰에 참여하거나, 공인인증서를 정당한 대리권이 없는 자에게 대여하여 입찰에 참여하는 경우에는 입찰참가자격 제한 처분 등의 불이익을 받는다.

7) 공동수급체를 구성하여 전자입찰에 참가하는 경우에는 해당 공동수급체 대표자 명의로 입찰해야 한다. 공동수급체구성원은 전자입찰에 관한 일체의 권한을 공동수급체 대표자에게 위임한 것으로 평가한다.

라. 전자입찰의 취소 신청

1) 전자입찰서에 기재한 입찰금액 등 중요부분에 오기가 있어 입찰자가 입찰취소 의사를 표시한 경우 계약담당 공무원에 의해 무효 처리되며, **입찰 취소신청이 확정된 경우에는 해당 전자입찰에 참여할 수 없다.**

2) 전자입찰의 취소에 대한 의사표시는 개찰시간 전까지 국방전자조달시스템에 입찰취소신청서를 작성하여 계약담당 공무원에게 제출하고 취소신청의 확정 여부를 확인한다. 다만, 이 시스템을 통해 제출이 곤란한 경우에는 개찰시간 전까지 우편 또는 FAX로 제출할 수 있다.

마. 전자입찰의 개찰

1) 개찰은 입찰공고 상에 명시된 개찰장소에서 지정된 일시에 계약담당 공무원이 집행하며, 전자입찰자 또는 그 대리인은 개찰을 참관 할 수 있다.

2) 계약담당 공무원은 개찰에 참관하는 인원에게 신분증, 위임장 및 입찰참가등록증의 제시를 요구할 수 있다.

3) 개찰은 계약담당 공무원이 개찰용 컴퓨터를 통해 지정공인인증기관에서 발급한 공인인증서로 국방전자조달시스템에 접속하여 집행한다.

바. 동일가격 입찰인 경우의 낙찰자 결정

1) 전자입찰의 결과 낙찰될 수 있는 동일가격의 전자입찰자가 2인 이상인 경우에는 전

자입찰자가 선택한 가위, 바위, 보로 결정한다.

2) 위 1)항에서 규정하는 동일가격의 전자입찰자가 계약이행능력심사결과의 점수도 같을 경우에는 추첨을 통하여 낙찰자를 결정한다.

3) 낙찰자 및 적격심사 대상 순위의 결정은 전자입찰서에 기재된 동일 차수별로 경쟁이 되며, 동일 차수별 2인 이상의 유효한 입찰로 성립된다.

♣ 해설 및 팁 2-6: 계약특수조건 확인 사항

- **계약 특수조건**
  1. '제조'인지 '구매'인지 확인하여야 한다. 제조와 구매가 섞여있는 경우 별지나 특수조건에서 제조의 대상과 구매의 대상이 어떤 부분인지 확인하여야 한다.
  2. 생산납품공정계획표에서는 다음과 같은 사항을 확인할 필요가 있다.
     가) 본조, 국채 예산으로 구분하여 납기기재 여부 확인
     나) 구매계약의 경우 생산납품공정계획표가 없어도 된다.
  3. 계약보증금은 계약금액의 10% 이상이다. 장기계속계약의 경우 총제조 부기금액의 10% 이상으로 설정된다. 보증보험 증권 등에 의하여 보증금을 납부하는 경우 보증기간은 계약기간 개시 일부터 계약기간의 종료일 이후이다.

- **기타 확인사항**
  1. 입찰참가 신청서에 공장등록증명서가 첨부되어야 한다.
  2. 입찰보증금은 투찰금액의 5% 이상으로 입찰신청 마감일까지 납부하여야 하며, 보증기간의 만료일은 입찰서 제출마감일 다음날부터 30일 이후가 된다.
  3. 수의계약의 경우 수의계약 확인서 또는 개발확인서 등이 첨부되어야 한다.
  4. 수정계약 시, 계약금액이 증액될 경우에는 증액되는 금액만큼 계약이행보증금을 추가로 납부해야 한다.

제3절 ‖ 적격 및 계약이행능력 심사

적격심사는 국가계약법시행령에 의거 **당해 입찰자의** 이행실적, 기술능력, 신용평가, 과거 계약이행 성실도, 입찰가격 등을 종합적으로 고려하여 적격여부를 심사하는 것을 말한다. **계약이행능력 심사는 중소기업자간 경쟁 제품 중** 물품에 대하여 계약이행능력인 이행실적, 기술능력, 신용평가, 신인도, 입찰가격 등을 종합적으로 고려하여 적격여부를 심사하는 것을 말한다.

1. 적격 및 계약이행능력 심사

가. 적격심사

1) **경쟁입찰**에서 계약대상자를 결정할 때, **기획재정부 고시금액 이상 입찰품목**에 대하여는 국계법시행령 제42조에 의거 입찰결과 **최저가격을 제시한 업체 순**으로 적격심사를 하여 최종적으로 낙찰자를 결정한다.

2) 적격심사는 당해 입찰자의 이행실적, 기술능력, 신용평가, 과거 계약이행 성실도, 계약질서의 준수, 입찰가격 등을 종합적으로 고려하여 기획재정부장관이 정하는 심사기준에 따라 적격여부를 심사한다.

나. 계약이행능력 심사는 중소기업제품 구매촉진 및 판로지원에 관한 법률 제7조 규정에 의하여 중소기업청장이 지정하는 중소기업자간 경쟁 제품 중 물품에 대한 계약이행능력(이행실적, 기술능력, 신용평가, 신인도, 입찰가격 등)을 종합적으로 고려하여 적격여부를 심사한다.

♣ 해설 및 팁 2-7: 적격심사 대상품목

- 일반물자 중 조달판단서 기준으로 계획금액이 2억 9백만 원(추정가격 1억 9천만 원 + 부가세 1천 9백만 원) 이상 품목이면 적격심사를 실시한다.
- 희망수량 단가제에 의할 경우에는 적격심사가 없고, 지역분할 단가제에 의할 경우에는 적격심사가 있다.
- 품목별 단가제에 의할 경우에는 조달판단서에 첨부된 조달판단품목 명세서상 항목별 금액이 위 첫 번째 항의 금액을 초과하면 적격심사 대상이 된다.

2. 심사자료 제출 및 평가

가. 적격심사 신청서 제출

1) 최저가격을 제시한 업체는 계약담당 공무원으로부터 적격심사 서류제출 통보서를 접수한 날로부터 7일 이내에 구비서류를 첨부하여 적격심사 신청서를 제출해야 한다.

2) 구비서류는 다음과 같다.

가) 적격심사 신청서

나) 적격심사 자기평가 및 심사표 1부, 항목별 평점 세부내역 1부

다) 물품납품실적 증명원(군납, 관납, 시판실적 증명서)

라) 신용평가등급 확인서

마) 공장등록증 및 사업자등록증

바) 신인도 관련 서류(입증자료)

사) 기타 제출서류

3) 계약담당 공무원은 중소기업제품 공공구매종합정보망을 통해 확인 가능한 서류는 적격심사 대상자로부터 제출받지 않고 직접 확인하여 사용할 수 있다. 여기에 해당되는 서류는 신용평가등급 확인서, 직접생산 확인서, 여성기업 확인서, 장애인기업 확인서, 기술혁신형 중소기업 확인서, 경영혁신형 중소기업 확인서, 수출유망 중소기업 확인서, 벤처기업확인서 등이다.

4) 계약담당 공무원은 위 2)항의 제출된 적격심사서류상 첨부목록에 있는 서류가 누락되었거나 제출된 서류가 불명확하여 확인할 수 없는 경우에는 3일 이상의 기한을 정하여 보완을 요구할 수 있다.

5) 보완 요구된 서류가 제출되지 않은 경우에는 기 제출된 서류만으로 심사를 한다. 기 제출된 서류가 불명확한 경우에는 심사에서 제외한다.

6) 제출된 서류가 입찰참가 등록마감일 전일 이후에 발생 또는 신고하였거나 수정된 자료는 평가에서 제외한다.

7) 적격심사대상자가 제출한 서류 중 허위로 작성되었거나 정당한 사유 없이 적격심사 자료의 전부 또는 일부를 제출하지 않은 경우에는 입찰 참가자격을 제한한다.

나. 심사기준 및 낙찰자 결정

1) 심사기준일

가) 심사기준일은 입찰참가 등록마감일 전일로 한다.

나) 당해물품 납품이행능력 결격여부 사항에 대하여는 적격심사낙찰자 통보일 현재로 한다.

2) 심사분야별 배점 적용

가) 계약담당 공무원은 계약의 특성, 목적 및 내용 등을 종합적으로 고려하여 심사분야별 배점한도(입찰가격은 제외)를 20% 범위 내에서 증감 조정할 수 있으며, 신인도를 제외한 항목별 세부사항을 추가하거나 제외할 수 있다. 배점을 조정하는 경우에는 입찰공고 또는 입찰설명서에 조정 내용을 명시한다.

나) 신인도 평가에 있어서는 당해물품 납품이행능력 취득점수가 당해물품 납품이행능력 배점한도에 미달하는 경우에만 신인도 배점한도 내에서 신인도 총평점을 더하고, 신인도 총평점이 음인 경우에는 신인도 평가 이외에서 취득한 총점에서 뺀다.

다) 계약담당 공무원은 납품이행능력 평가를 위한 **납품실적 평가기준을 입찰공고에 명시**하여야 한다. 이때 납품실적은 계약일자와 관계없이 최근 3년 이내에 납품 완료된 실적을 말한다.

라) 해당 평가항목의 제출실적이 없는 경우에는 해당 평가항목의 최저점을 부여한다.

3) 공동수급체에 대한 평가

가) 공동수급체로 참여하는 경우에는 구성원별 출자비율 또는 분담부분을 입찰참가 등록 시까지 확정하여 제출해야 한다.

나) 공동수급체인 경우에는 구성원별 평가결과에 각자의 출자비율 또는 분담부분을 반영하여 평가한다. 이때 납품실적은 구성원별 출자비율 또는 분담부분을 기준으로 개별 평가한 후 각자의 분담률을 반영하여 적용한다.

4) 낙찰자 결정

가) 심사결과 종합평점이 **95점 이상을 낙찰자로 결정**한다. 종합평점이 95점 미만일 경우에는 차순위 입찰자 순으로 심사하여 낙찰자를 결정한다.

나) 동일가격의 최저가 입찰자가 2인 이상일 경우, 적격심사결과 종합평점이 95점 이상인 업체 중에서 최고점수를 낙찰자로 결정하며, 평가점수가 동일한 경우에는 추첨으로 낙찰자를 결정한다.

3. 세부 평가기준

가. 적격심사항목 및 배점한도

1) 적격심사항목 및 배점한도는 일반경쟁품목과 중소기업자간 경쟁품목을 구분하여 적용한다.

2) 일반경쟁품목

가) 구매품목 중 '피복류 및 급식류(10억 원 미만)'의 경우는 당해물품 납품이행능력의 납품실적, 기술능력, 신인도의 사회적 책임 등의 신뢰정도는 적용하지 않는다.

나) 구매품목 중 '피복류 및 급식류(10억 원 이상) 및 일반'은 기술능력과 신인도의 사회적 책임 등의 신뢰정도는 적용하지 않는다.

다) 일반경쟁품목의 적격심사항목 및 배점한도는 〈표 2-3〉과 같다.

3) 중소기업자간 경쟁품목

가) 중소기업청에서 매년 선정하여 고시하며, 입찰공고문에 표시한다.

나) 기술능력 분야의 품질관리능력 평가는 일반품목과 급식류를 구분하여 평가기준을 적용하며, 추정가격 10억 미만의 피복류 및 봉제류는 당해 물품납품이행능력의 납품실적은 적용하지 않는다.

다) 중소기업간 경쟁품목의 적격심사항목 및 배점한도는 〈표 2-4〉와 같다.

4) 신인도 평가 시 제조계약의 경우 '사회적 책임 등 신뢰정도'와 '계약이행 성실도 평가점수'를 합산하여 계산하며, 구매계약의 경우는 '사회적 책임 등 신뢰정도 평가'는 적용하지 않고 '계약이행 성실도'만 반영하여 평가한다.

5) '결격사유' 심사항목의 '생산능력 부족으로 당해 계약 이행이 어렵다고 판단되는 경우'는 입찰공고조건에 명시된 물품에 한하여 적용한다.

〈표 2-3〉 일반경쟁품목의 적격심사항목 및 배점 한도

구 분	심사 분야	심 사 항 목	배점한도			
			제조	구매		
				피복류, 급식류 (10억 원 이상)	피복류, 급식류 (10억 원 미만)	일반
계			100	100	100	100
Ⅰ. 당해물품 납품이행 능 력	소 계		60	50	40	50
	납품실적	① 계약목적물과 동등 이상 물품 ② 계약목적물과 유사물품	10	10	미적용	10
	기술능력	① 기술인력보유 ② 생산기술 축적정도 ③ 기술관리능력 보유 ④ 품질관리능력 보유 ⑤ 안전관리능력 보유(급식류)	20	미적용	미적용	미적용
	경영상태	① 신용평가등급	30	40	40	40
Ⅱ. 입찰가격		평점산식 참조	40	50	60	50
Ⅲ. 신인도	사회적 책임 등 신뢰정도	① 녹색성장 ② 전시중점 관리 ③ 노사관리 ④ 납세의무 ⑤ 여성기업 ⑥ 장애인기업 ⑦ 사후관리 ⑧ 경영관리우수 ⑨ 조달관리우수 ⑩ 기술획득 기여 ⑪ 수출기여 ⑫ 담합정황제보 ⑬ 보훈단체 ⑭ 가족친화우수 ⑮ 고용창출	+2.65 ~ -5.0	미적용	미적용	미적용
	계약이행 성실도	① 품질하자 ② 납품지연 ③ 부정당업자 제재 ④ 식품위생법 및 축산물위생관리법 위반 ⑤ 경고장(급식류) ⑥ 보안사고 발생		-5	-5	-5
Ⅳ. 결격사유	당해물품 납품이행 능력 결격여부	① 부도 또는 파산상태로 당해계약이행이 어렵다고 판단되는 경우(단, 법정관리, 화의인가 결정 등 법원의 정상화 판결을 받은 경우는 제외)	-10	-10	-10	-10
		② 생산능력 부족으로 당해 계약 이행이 어렵다고 판단되는 경우	-10	미적용	미적용	미적용

〈표 2-4〉 중소기업간 경쟁품목의 계약이행능력 심사항목 및 배점 한도

구 분	심사 분야	심 사 항 목	배점한도		
			일반	피복류, 봉제류	
				추정가격 10억 이상	추정가격 10억 미만
계			100	100	100
I. 당해 물품 납품이행 능력	1. 납품실적	① 계약목적물과 동등 이상 물품 ② 계약목적물과 유사물품	10	10	미적용
	2. 기술능력	① 기술인력 보유 ② 생산기술 축적정도 ③ 기술관리능력 보유 ④ 품질관리능력 보유 ⑤ 안전관리능력(급식)	20	20	20
	3. 경영상태	① 신용평가등급	20	20	20
II. 입찰가격		평점산식 참조	50	50	60
III. 신인도	1. 사회적 책임	① 녹색성장 ② 전시중점 관리 ③ 노사관리 ④ 납세의무 ⑤ 여성기업 ⑥ 장애인기업 ⑦ 사후관리 ⑧ 영세기업지원 ⑨ 경영관리우수 ⑩ 조달관리우수 ⑪ 기술획득기여 ⑫ 수출기여 ⑬ 담합정황제보 ⑭ 보훈단체 ⑮ 가족친화우수 ⑯ 접경지역지원(김치류)	일반(+2.9점), 급식류(+3.1), 김치류(+3.2) ~-5.0	+2.8 ~ -5.0	+2.8 ~ -5.0
	2. 계약이행 성실도	① 품질하자 ② 납품지연 ③ 부정당업자 제재 ④ 식품위생법 및 축산물위생관리법 위반 ⑤ 경고장(급식류) ⑥ 보안사고 발생			
IV. 결격사유	당해물품 납품이행 능력 결격여부	① 부도 또는 파산상태로 당해 계약이행이 어렵다고 판단되는 경우(단, 법정관리·화의 인가 결정 등 법원의 정상화 판결을 받은 경우는 제외)	-10	-10	-10
		② 생산능력 부족으로 당해 계약이행이 어렵다고 판단되는 경우	-10	-10	-10

나. 납품이행능력 평가

1) 납품실적 평가

가) 계약목적물과 '동등이상 물품'이란 성능, 품질, 생산공정 등이 당해 입찰대상 물품과 동일하거나 그 이상인 것이고, '유사물품'이란 당해 입찰 대상물품과 동일 종류로 성능, 품질, 생산공정 등이 동등 미만인 것으로 입찰공고에서 명시한 조건에 부합된 경우에 한정하여 평가한다. 위 2개의 평가결과 중에서 업체에 유리한 것 하나만을 적용한다.

나) 납품실적은 공고문에 인정범위를 명시한다. 공공기관의 납품실적은 해당기관에서 발행한 납품실적증명서로 하며, 공공기관 이외의 납품실적은 원본 확인된 당해 물품의 계약서, 세금계산서, 거래명세서 등 증빙자료를 근거로 한다. 제조계약을 위한 적격심사의 경우 제조 납품실적만을 인정하고, 구매계약을 위한 적격심사의 경우 제조, 구매 납품실적 모두 인정한다.

다) 납품실적은 시판, 관납 등 모든 실적을 인정하고 동등이상 물품실적 적용 시 단가제의 경우에는 금액 및 수량을 평가하되 2가지 중에서 계약상대자에게 유리한 등급을 적용하며, 총액제의 경우에는 금액으로 평가한다.

라) 유사물품 실적적용은 금액으로 평가하며, 심사항목 〈표 2-5〉의 ①의 납품실적이 1% 미만이거나 심사항목 ②의 납품실적이 없는 경우에는 ②의 D등급을 적용한다. **일반경쟁 및 중소기업간 경쟁품목의 납품실적 평가 기준**은 〈표 2-5〉와 같다.

〈표 2-5〉 납품실적 (배점한도: 10점)

<table>
<tr><th>심사항목</th><th>평가요소</th><th>배점한도</th><th>등급</th><th>평점</th></tr>
<tr><td rowspan="2">① 최근 3년 내 납품실적
(계약목적물과 동등 이상 물품)</td><td>금액
(납품실적/
예정가격)</td><td rowspan="2">10.00</td><td rowspan="2">A. 100% 이상
B. 50% 이상~100% 미만
C. 10% 이상~50% 미만
D. 1% 이상~10% 미만</td><td rowspan="2">10.00
9.85
9.70
9.55</td></tr>
<tr><td>수량
(납품수량/
입찰수량)</td></tr>
<tr><td>② 최근 3년 내 납품실적
(계약목적물과 유사 물품)</td><td>금액
(납품실적/
예정가격)</td><td>9.50</td><td>A. 100% 이상
B. 50% 이상~100% 미만
C. 10% 이상~50% 미만
D. 1% 이상~10% 미만</td><td>9.50
9.35
9.20
9.05</td></tr>
</table>

마) 국외 소재업체의 납품실적도 국내 소재업체에 준하여 실적증명서를 제출하여야 한다. 다만, 공공기관 이외의 납품실적은 이를 공증하거나 해당 국가의 상공회의소 또는 해당국가에 주재하는 대한민국 공관의 확인을 받은 경우에는 세금계산서 등 증빙자료 첨부를 생략할 수 있다.

바) 평가대상은 납품완료 된 시점을 기준으로 최근 3년 이내 것으로 한다.

사) 필요한 경우 공급받는 자의 거래사실 확인서를 제출하게 할 수 있고, 실적에 대한 입증 책임은 업체에 있으며, 실적확인이 어려운 경우에는 인정하지 않는다.

2) 기술능력 평가

가) 기술인력 보유평가는 국가기술자격법에 의한 기술 및 기능분야의 기술사, 기능장, 기사, 산업기사 또는 기능사에 대해 평가하며, 이 경우 적격심사 대상자는 기술사 등(최근 12개월 이상 근무자)에 대한 자격증 사본과 당 자격자가 고용보험에 가입된 사실을 입증하는 자료를 제출해야 한다. 또한 이행능력심사 대상자가 단일기업 내 여러 가지 사업을 겸영하고 있는 경우는 해당 기술인력을 고용하고 있는 사업장에 한정하여 평가한다. 일반경쟁 및 중소기업간 경쟁품목의 기술능력 평가기준은 〈표 2-6〉과 같다.

나) 생산기술축적정도 평가는 평가요소인 공장등록 연수는 당해 입찰대상 품목의 공장등록일자를 기준으로 기산하되, 국내 소재 제조자의 경우 지방자치단체장이나 공업단지관리공단이 발행한 공장등록증명원으로 한다.

다) 기술인력 보유 심사항목 종합평점은 심사대상업체가 보유한 기술인력의 기술자격 종류별 보유 인원수를 A, B, C등급으로 구분하고 기본점수인 D등급과 해당되는 A, B, C등급을 합산하여 배점한도 내에서 평가한다. 단, 1인이 다수의 기술자격 보유 시 하나의 기술자격만 인정한다.

라) 생산기술 축적정도 평가요소인 공장등록 연수는 당해 입찰대상 업종의 공장등록일자를 기준으로 기산하되, 현 시점까지 연속하여 등록된 기간을 적용한다. 국내 소재 제조자의 경우 지방자치단체장이나 공업단지관리공단이 발행한 공장등록증명원에 의한다.

마) 기술, 품질 관련 인증 등급의 평가는 입찰공고에서 정한 계약목적물과 관련된 인증인 경우에 한하여 직접 인증을 받은 자(권리취득자 포함)를 평가한다. 이때 계약목적물과 관련성은 해당 계약목적물에 직접 적용, 활용, 포함된 경우에 한하여 인정하며, 관련성 여부에 대하여 적격심사 대상자가 제출한 주관기관의 장(위임한 경우 포함)의 확인자료 등을 기초로 판단 적용한다. 단, 벤처, 기술혁신형 중소기업지정 받

은 자는 계약목적물과 관련성 확인 없이 인정한다.

〈표 2-6〉 기술능력(배점한도: 10점)

〈제조계약에 적용〉 (단위 : 점)

<table>
<tr><th>심사항목</th><th colspan="2">평가요소</th><th>배점
한도</th><th>등 급</th><th>평점</th></tr>
<tr><td>①
기술인력
보유</td><td colspan="2">기술인력
보유정도</td><td>6</td><td>A. 기술사 또는 기능장 보유
① 2명이상
② 1명
B. 기사 또는 산업기사 보유
① 3명 이상
② 2명
③ 1명
C. 기능사 보유
① 3명 이상
② 2명
③ 1명
D. 기본점수</td><td>
3.00
2.40

3.00
2.40
1.40

2.00
1.60
0.80
3.50</td></tr>
<tr><td>②
생산기술
축적정도</td><td colspan="2">공장등록
연수</td><td>2</td><td>A. 3년 이상
B. 2년 이상 3년 미만
C. 2년 미만</td><td>2.00
1.70
1.40</td></tr>
<tr><td>③
기술관리
능력</td><td colspan="2">기술관련
인증보유</td><td>4</td><td>A. 신제품 통합인증(NEP), 신기술 통합인증(NET)
B. 중소기업청장에 의해 벤처, 기술혁신형중소 기업으로 지정받은 자
C. 미보유</td><td>4.00
3.50

3.20</td></tr>
<tr><td rowspan="2">④
품질관리
능력</td><td rowspan="2">품질관련인증보유</td><td>일반</td><td>8</td><td>A. KS 인증을 받은 자
B. 국방품질경영시스템 인증
C. 우수단체표준, 한국공인제품인정(KAS), 싱글PPM, 자가품질 보증물품 지정, 세계일류 상품인증을 받은 자
D. 미보유</td><td>8.00
7.70
7.40

6.70</td></tr>
<tr><td>급식류</td><td>4</td><td>A. 국방품질경영시스템 인증, 전통식품 품질인증, KS인증을 받은 자
B. 세계일류상품, 싱글PPM 인증을 받은 자
C. 미보유</td><td>4.00

3.70
3.30</td></tr>
<tr><td colspan="2">⑤ 안전관리능력
(급식류만 적용)</td><td colspan="2">4</td><td>A. 당해품목 HACCP 인증을 받은 자
B. 미보유</td><td>4.00
3.00</td></tr>
</table>

바) 인증등급 평가에 있어 '중소기업기술개발제품 우선구매제도운영 등에 관한 시행세칙'고시 제2006-18호('06.7.1) 시행 이전에 우수품질인증(EM), 우수환경설비인증(EEC), 정보통신우수신기술지정(IT), 한국신기술인증(NT), 신기술인정(KT), 환경신기술지정

(ET), 건설신기술지정(CT)은 이 고시에 따른 NET 또는 NEP 인증제품으로 인정한다.

사) 인증등급 평가 시 A, B, C, D 중 평가대상자에게 유리한 하나만을 적용하며, 동일 심사항목 내의 동일등급 해당인증서를 2개 이상 보유한 경우에는 하나만 정하고 유효기간 내의 것으로 평가한다. 다만, 유효기간이 정해지지 않은 경우의 유효기간은 입찰참가 등록마감일 전일부터 기산하여 2년 이내에 한하여 적용한다.

아) 안전관리능력(급식) 심사항목은 식품위생법 제48조, 축산물 위생관리법 제9조, 농수산물 품질관리법 제70조에 따른 HACCP[11]인증 여부에 따라 평가한다.

자) 인증등급 평가 시 서로 다른 물품을 한 건으로 조달 판단하여 계약물품 중 일부에만 해당될 때에는 당해 입찰 대상물품의 조달지시 금액비율만큼 적용한다.

차) 기술능력 평가는 심사종목 5개의 평가결과를 합산하여 적용한다.

3) 경영상태 평가

가) 과거에는 신용평가와 재무비율분석에 의한 평가방법을 동시 적용하였으나, **현재는 신용평가 등급에 의해서만 평가**한다.

나) 신용평가등급은 신용정보업자가 심사기준일 이전에 평가 한 것을 기준으로 유효기간 내에 있는 가장 최근의 회사채, 기업어음 또는 기업신용평가 자료로 평가한다.

다) 신용평가등급은 반드시 입찰공고일 이전에 평가받은 것이어야 한다. 신용평가등급 확인서가 확인되지 않은 경우에는 최저등급으로 평가하며, 유효기간 만료일이 입찰참가 등록마감일 전일인 경우에도 유효한 것으로 평가한다.

라) 합병한 업체에 대하여는 합병 후 새로운 신용평가등급으로 심사하며, 합병 후의 새로운 신용평가등급이 없는 경우에는 합병 대상업체 중 가장 낮은 신용평가등급을 받은 업체의 신용평가등급으로 심사한다.

마) 일반경쟁품목의 경영상태 평가 기준은 〈표 2-7〉과 같다.

바) 중소기업간 경쟁품목의 경영상태 평가 기준은 〈표 2-8〉과 같다.

11) HACCP : Hazard Analysis and Critical Control Point(안전관리인증기준)

〈표 2-7〉 일반경쟁품목의 경영상태 평가 기준표(제조 30점, 구매 40점)

회사채	기업어음	기 업 신 용 평 가	제조	구매
AA+, AA0, AA-이상	A1	회사채에 대한 신용평가등급 AA+, AA0, AA-에 준하는 등급	30.0	40.0
A+	A2+	회사채에 대한 신용평가등급 A+에 준하는 등급		
A0	A20	회사채에 대한 신용평가등급 A0에 준하는 등급	29.8	39.7
A-	A2-	회사채에 대한 신용평가등급 A-에 준하는 등급	29.6	39.4
BBB+	A3+	회사채에 대한 신용평가등급 BBB+에 준하는 등급	29.4	39.1
BBB0	A30	회사채에 대한 신용평가등급 BBB0에 준하는 등급	29.2	38.8
BBB-	A3-	회사채에 대한 신용평가등급 BBB-에 준하는 등급	29.0	38.5
BB+, BB0	B+	회사채에 대한 신용평가등급 BB+,BB0에 준하는 등급	28.8	38.2
BB-	B0	회사채에 대한 신용평가등급 BB-에 준하는 등급	28.6	37.9
B+, B0, B-	B-	회사채에 대한 신용평가등급 B+,B0,B-에 준하는 등급	28.4	37.6
CCC+ 이하	C 이하	회사채에 대한 신용평가등급 CCC+에 준하는 등급	28.2	37.3

〈표 2-8〉 경영상태 평가 기준표(배점한도: 20점)

회사채	기업어음	기 업 신 용 평 가	평점
AAA	-	회사채에 대한 신용평가등급 AAA에 준하는 등급	20.0
AA+, AA0, AA-이상	A1	회사채에 대한 신용평가등급 AA+, AA0, AA-에 준하는 등급	
A+	A2+	회사채에 대한 신용평가등급 A+에 준하는 등급	
A0	A20	회사채에 대한 신용평가등급 A0에 준하는 등급	19.8
A-	A2-	회사채에 대한 신용평가등급 A-에 준하는 등급	19.6
BBB+	A3+	회사채에 대한 신용평가등급 BBB+에 준하는 등급	19.4
BBB0	A30	회사채에 대한 신용평가등급 BBB0에 준하는 등급	19.2
BBB-	A3-	회사채에 대한 신용평가등급 BBB-에 준하는 등급	19.0
BB+, BB0	B+	회사채에 대한 신용평가등급 BB+,BB0에 준하는 등급	18.8
BB-	B0	회사채에 대한 신용평가등급 BB-에 준하는 등급	18.6
B+, B0, B-	B-	회사채에 대한 신용평가등급 B+,B0,B-에 준하는 등급	18.4
CCC+ 이하	C 이하	회사채에 대한 신용평가등급 CCC+에 준하는 등급	18.2

다. 입찰가격 평가

1) 경쟁입찰의 예정가격은 복수예비가격으로 결정한다.

2) **기초예비가격**이란 경쟁계약 시 가격조사 또는 원가계산 방식에 의해 산정된 가격을 기준으로 계약관이 결정한 가격이다.

3) 입찰공고 시 공고내용에 기초예비가격의 공개일정을 명시하며, 기초예비가격 공개 시 복수예비가격 산정범위를 포함한다.

4) 기초예비가격은 입찰등록 마감일 전일까지 공개한다. 전자입찰의 경우에는 국방전자조달시스템에 공개하고, 전자입찰이외의 경우에는 각 군 및 기관의 인터넷 또는 상담실을 통하여 공개한다.

5) **복수예비가격**이란 기초예비가격을 기준으로 ±3% 범위 내에서 산정한 15개의 가격을 말한다. 복수예비가격 산정범위의 상한과 하한은 각각 +3%와 -3%로 고정한다. 복수예비가격의 상한금액이 예산을 초과할 경우에는 예산액을 복수예비가격의 상한으로 한다.

6) **예정가격**이란 입찰 또는 계약체결 전에 낙찰자 및 계약금액의 결정기준을 삼기 위하여 미리 작성, 비치하는 가격으로 경쟁계약에서는 복수예비가격 중에서 추첨한 4개의 가격을 산술평균한 금액을 말한다. **예정가격**은 투찰 후 입찰참가자 중에서 4인을 선정하여 복수예비가격 중 각각 1개씩을 추첨토록 하며, 그 추첨된 4개의 복수예비가격을 산술평균한 가격으로 결정한다. 입찰참가자가 4인 미만인 때에는 입찰사무와 관련이 없는 공무원을 선정하여 추첨하거나 나머지 예비가격 번호에서 시스템의 난수 발생기로 생성하여 자동선택 한다.

7) 예정가격 결정시 산술평균한 가격의 1원 미만은 절사하고 단가계약은 소수점 두 자리 미만은 절사한다.

8) 계약의 투명성 확보 등을 위하여 필요하다고 인정되는 경우에는 가격개찰과 동시에 예정가격, 복수예비가격 등을 공개할 수 있다.

9) 복수예비가격이 적용되는 전자입찰의 경우에는 입찰참가자가 입찰서 제출 시 복수예비가격 번호 중에서 2개의 예비가격 번호를 반드시 추첨해야 한다. 전자입찰과 일반입찰을 병행하여 실시하는 경우에는 일반입찰자 중 직접입찰에 참여한 자가 선택한 예비가격 번호를 포함하여 예정가격을 결정한다.

10) 전자공개 소액수의계약의 경우 기초예비가격은 국방전자조달시스템에 견적서 제출

마감일 2일 전까지 공개하여야 한다.

11) **일반경쟁품목의 입찰가격 평점 산식은 다음과 같다.**

가) 평점(점) = 배점한도 - |(88/100 - 입찰가격/예정가격) × 100|

나) | |는 절대값 표시임

다) 입찰가격을 예정가격으로 나눈 결과 소수점 이하의 숫자가 있는 경우에는 소수점 다섯째 자리에서 반올림한다.

라) 입찰가격이 예정가격 이하로서 예정가격의 100분의 93 이상인 경우 평점은 제조의 경우 35점, 구매 중 피복류 및 급식류(10억 원 이상) 및 일반은 45점, 구매 중 피복류 및 급식류(10억 원 미만)는 55점으로 각각 적용한다. 일반경쟁품목의 입찰가격의 평가 기준은 〈표 2-9〉와 같다.

〈표 2-9〉 입찰가격(배점한도: 40점, 50점, 60점)

심사 항목	평가 요소	배점 한도				평점
		제조	구매			
			피복류, 급식류 10억 원 이상	피복류, 급식류 10억 원 미만	일반	
입찰가격	투찰율	40	50	60	50	계산식 참조

12) **중소기업간 경쟁품목의 입찰가격 평점 산식은 다음과 같다.**

가) 급식류의 평점(점) = 배점한도 - |(95/100 - 입찰가격/예정가격) × 100|

나) 급식류외 기타 품목

평점(점) = 배점한도 - |(93/100 - 입찰가격/예정가격) × 100|

다) | |는 절대값 표시임

라) 입찰가격을 예정가격으로 나눈 결과 소수점 이하의 숫자가 있는 경우에는 소수점 다섯째 자리에서 반올림한다.

마) 입찰가격이 예정가격 이하로서 예정가격의 100분의 98 이상인 경우 평점은 일반(10억 원 미만의 피복류 및 봉제류를 제외한 전 품목)은 45점, 10억 원 미만의 피복류 및 봉제류는 55점으로 적용한다(급식류는 제외한다). 중소기업간 경쟁품목의 입찰가격의 평가 기준은 〈표 2-10〉과 같다.

〈표 2-10〉 입찰가격(배점한도: 50점, 60점)

심사 항목	평가 요소	배점 한도		평 점	
		일 반 (10억 원 미만의 피복/봉제류를 제외한 모든 물품)	10억 원 미만 피복/봉제류	급식류	급식류외 기타품목
입찰가격	투찰율	50	60	계산식 참조	

라. 신인도 평가

1) 신인도 평가는 사회적 책임 등 신뢰정도와 계약이행 성실도를 평가한다.

2) 일반경쟁품목의 배점한도는 +2.65 ~ -5.0점 이내에서 평가한다. 일반경쟁품목의 사회적 책임 등 신뢰 정도에 대한 평가 기준은 〈표 2-11〉과 같다.

〈표 2-11〉 일반경쟁품목의 사회적 책임 등 신뢰정도 평가

심사항목	평가요소		배점 한도	등 급	평점
①녹색성장	환경오염 억제와 자원절약 기여	일반	0.1	A. 고효율에너지기자재, 환경표지인증, GR마크 인증, 녹색기업(저탄소녹색성장기본법)	0.1
		급식류	0.1	A. 녹색기업(저탄소녹색성장기본법)	0.1
②전시중점 관리	중점관리 지정업체		0.2	A. 비상대비자원관리법에 따른 주무부장관이 확인해준 비상대비 중점관리 대상업체. 단, 계약대상품목이 임무고지품목과 동일한 경우에 가점	0.2
③노사관리	노사협력기여		0.1	A. 노사문화 우수기업·대상 수상기업(매년 선정, 인증기간 3년)	0.1
④납세의무	성실납세 기여		0.1	A. 훈·포장 등 정부포상과 기획재정부장관, 국세청장 이상 훈격의 표창을 받은 성실납세자	0.1
⑤장애인 기업	장애인기업 지원		0.1	A. 장애인기업(장애인 기업활동촉진법에서 정한 기업으로서 중소기업청장에 의해 확인된 경우) B. 장애인고용률이 3% 이상 또는 장애인종업원이 3인 이상인 기업	0.1 0.1
⑥여성기업	여성기업 지원		0.1	A. 여성기업(여성기업 지원에관한 법률 및 동시행령에서 정한 기업으로서 중소기업청장에 의해 확인된 경우) B. 여성고용률이 10% 이상 또는 여성종업원이 10인 이상인 기업 C. 여성고용률이 5% 이상 또는 여성종업원이 5인 이상인 기업	0.1 0.1 0.05

⑦사후관리	사후관리에 필요한 조직 및 능력	0.1	A. 정부(권한 위임된 자 포함)로부터 서비스 품질우수기업 인증을 받은 자	0.1
⑧경영관리 우수	수상경력	0.1	A. 국방품질경영상을 수상한 업체 또는 경영혁신형 중소기업으로 지정 받은 자 B. 최근2년 이내에 방산분야 상생협력 우수기업으로서 방위사업청장 훈격 이상의 표창을 받은자	0.1
⑨조달관리 우수	수상경력	0.1	A. 조달업무 우수업체로서 방위사업청장, 중소기업청장, 조달청장 훈격 이상의 표창을 받은 자	0.1
⑩기술획득 기여	기술자료 제출사실	0.1	A. 최근 3년 이내에 방위사업청에 견본(현품)에 의한 계약체결 후 규격화 승인을 받은자	0.1
⑪수출기여	수출유망 중소기업	0.1	A. 중소기업청장이 지정한 수출유망중소기업	0.1
⑫담합정황 제보	담합정황 신고	1.0	A. 최근 3년간 담합정황을 제보하여 담합관련 포상받은 실적이 있는 자	1.0
⑬보훈단체	보훈단체 지원	0.2	A. 국가보훈처에서 지정한 국가유공자 자활집단촌, 상이단체 단, 계약대상품목이 사업승인서에 승인된 품목과 동일한 경우에 한함	0.2
⑭가족친화 우수	가족친화 기업 지원	0.1	A. 정부로부터 가족친화기업 인증을 받은 자	0.1
⑮고용창출	신규고용촉진	0.15	A. 신규채용 우수기업: 전년도 6개월간 평균고용인원 대비 해당년도 최근 6개월간 평균고용인원 증가율이 기업규모에 따라 정해진 증가율 이상인 기업 • 대기업 6% 이상인 기업 5% 이상인 기업 4% 이상인 기업 • 중기업 7% 이상인 기업 6% 이상인 기업 4% 이상인 기업 • 소기업 및 소상공인 10% 이상인 기업 8% 이상인 기업 4% 이상인 기업	 0.15 0.1 0.05 0.15 0.1 0.05 0.15 0.1 0.05

3) **중소기업간 경쟁품목**의 배점한도는 일반 +2.9~ -5.0점, 피복 및 봉제류 +2.8 ~ -5.0점, 급식류 +3.1 ~ -5.0점, 김치류 +3.2점 ~ -5.0점 내에서 평가한다. 중소기업간 경쟁품목의 사회적 책임 등 신뢰 정도에 대한 평가 기준은 〈표 2-12〉와 같다.

〈표 2-12〉 중소기업간 경쟁품목의 사회적 책임 등 신뢰정도 평가

<table>
<tr><th>심사항목</th><th colspan="2">평가요소</th><th>배점
한도</th><th>등 급</th><th>평점</th></tr>
<tr><td rowspan="2">①녹색성장</td><td rowspan="2">환경오염
억제와
자원절약
기여</td><td>일반/
피복,
봉제류</td><td>0.1</td><td>A. 고효율에너지기자재, 환경표지인증, GR마크 인증, 녹색기업(저탄소녹색성장기본법)</td><td>0.1</td></tr>
<tr><td>급식류</td><td>0.1</td><td>A. 녹색기업(저탄소녹색성장기본법)</td><td>0.1</td></tr>
<tr><td>②전시중점
관리</td><td colspan="2">중점관리
지정업체</td><td>0.2</td><td>A. 비상대비자원관리법에 따른 주무부장관이 확인해준 비상대비 중점관리 대상업체. 단, 계약대상품목과 임무고지품목이 동일한 경우에 가점</td><td>0.2</td></tr>
<tr><td>③노사관리</td><td colspan="2">노사협력기여</td><td>0.1</td><td>A. 노사문화 우수기업·대상 수상기업(매년 선정, 인증기간 3년)</td><td>0.1</td></tr>
<tr><td>④납세의무</td><td colspan="2">성실납세 기여</td><td>0.1</td><td>A. 훈·포장 등 정부포상과 기획재정부장관, 국세청장 이상 훈격의 표창을 받은 성실납세자</td><td>0.1</td></tr>
<tr><td>⑤여성기업</td><td colspan="2">여성기업 지원</td><td>0.1</td><td>A. 여성기업(여성기업 지원에 관한 법률 및 동시행령에서 정한 기업으로서 중소기업청장에 의해 확인된 경우)
B. 여성고용율이 10% 이상 또는 여성종업원이 10인 이상인 기업
C. 여성고용율이 5% 이상 또는 여성종업원이 5인 이상인 기업</td><td>0.1
0.1
0.05</td></tr>
<tr><td>⑥장애인
기업</td><td colspan="2">장애인기업 지원</td><td>0.1</td><td>A. 장애인기업(장애인 기업활동촉진법에서 정한 기업으로서 중소기업청장에 의해 확인된 경우)
B. 장애인고용율이 3% 이상 또는 장애인종업원이 3인 이상인 기업</td><td>0.1
0.1</td></tr>
<tr><td>⑦사후관리</td><td colspan="2">사후관리에 필요한
조직 및 능력</td><td>0.1</td><td>A. 정부(권한 위임된 자 포함)로부터 서비스 품질우수기업 인증을 받은 자</td><td>0.1</td></tr>
<tr><td rowspan="3">⑧영세기업
지원</td><td rowspan="3">공동
수급</td><td>일반</td><td>0.3</td><td>A. 공동수급체의 구성
(조합의 경우 합산점수에 0.15점을 가산한다.)
- 공동수급체로서 분담비율이 각각 20% 이상으로 3개 업체이상 참여 시
- 공동수급체로서 분담비율이 각각 20%이상으로 2개 업체 참여 시</td><td>0.3
0.2</td></tr>
<tr><td>피복,
봉제류</td><td>0.2</td><td>A. 공동수급체의 구성
(공동수급체별 분담비율이 20% 이상
단, 5개 업체 이상 참여시는 15% 이상)
- 5개 업체 이상 참여시
- 4개 업체 참여시
- 3개 업체 참여시
- 2개 업체 참여시</td><td>0.2
0.15
0.1
0.05</td></tr>
<tr><td>급식류</td><td>0.5</td><td>A. 공동수급체의 구성
(공동수급체별 분담비율이 20% 이상
단, 5개 업체 이상 참여시는 15% 이상)</td><td></td></tr>
</table>

			- 4개 업체 이상 참여시 - 3개 업체 참여시 - 2개 업체 참여시 단, 회사채에 의한 신용평가 등급 B+, B0, B- 이하 업체 및 계약이행 성실도 항목에서 감점을 부과 받은 업체는 구성수에서 제외(가점 미부여)	0.5 0.4 0.3
	소기업, 소상공인 참여	0.1	A. 소기업, 소상공인 참여	0.1
⑨경영관리 우수	수상경력	0.1	A. 국방품질경영상을 수상한 업체 또는 경영혁신형 중소기업으로 지정 받은 자 B. 최근2년 이내에 방산분야 상생협력 우수기업으로서 방위사업청장 훈격 이상의 표창을 받은 자	0.1
⑩조달관리 우수	수상경력	0.1	A.조달업무 우수업체로서 방위사업청장, 중소기업청장, 조달청장 훈격 이상의 표창을 받은 자	0.1
⑪기술획득 기여	기술자료 제출사실	0.1	A. 최근 3년 이내에 방위사업청에 견본(현품)에 의한 계약체결 후 규격화 승인을 받은 자	0.1
⑫수출기여	수출유망 중소기업	0.1	A. 중소기업청장이 지정한 수출유망중소기업	0.1
⑬담합정황 제보	담합정황 신고	1.0	A. 최근 3년간 담합정황을 제보하여 담합관련 포상받은 실적이 있는 자	1.0
⑭보훈단체	보훈단체 지원	0.2	A. 국가보훈처에서 지정한 국가유공자 자활 집단촌, 상이단체. 단, 계약대상품목이 사업승인서에 승인된 품목과 동일한 경우에 한함	0.2
⑮가족친화 우수	가족친화 기업 지원	0.1	A. 정부로부터 가족친화기업 인증을 받은 자	0.1
⑯접경지역 지원 (김치류)	접경지역 소재기업 지원	0.1	A. 접경지역에 당해물품 제조공장이 소재하고 접경지역 부대 김치류 입찰에 참여하는 자	0.1

4) 일반경쟁품목 및 중소기업간 경쟁품목의 사회적 책임 등 신뢰정도 평가

가) 일반경쟁품목의 사회적 책임 등 신뢰정도 평가는 제조계약만 적용한다.

나) 사회적 책임 등 신뢰정도는 중소기업제품 공공구매 종합정보망에서 확인이 곤란한 경우 주관기관의 장(위임한 경우 포함)의 확인을 받아 제출된 것으로 확인할 수 있으며, 영세기업지원은 심사대상자가 입찰참가 등록마감일 전일까지 제출한 서류로 확인한다.

다) 사회적 책임 등 신뢰정도는 계약목적물 여부와 관계없이 인증을 받은 자(권리취득자 포함)에 해당되는 경우에 평가하며, 적격심사 대상자가 동일 심사항목에 2개 이상 보유한 경우에는 하나만 인정하고 반드시 유효기간 내의 것으로 평가한다. 단, 유효기간이 정해지지 않은 경우의 유효기간은 입찰참가 등록마감일 전일부터 기산하여

2년 이내의 것만 적용한다.

라) 전시중점관리대상 업체에 대한 평가는 임무고지품목과 계약대상품목이 동일한 경우(여러 품목을 한 건으로 묶음판단 시 전시임무고지 품목이 일부 포함된 경우에는 전시임무고지 품목과 동일한 대상품목의 조달요구 금액 비율만큼 적용)에만 적용하며 행정안전부장관이 발행한 비상대비 중점관리대상업체 확인서(임무고지서 사본포함)를 제출하여야 한다.

마) 여성기업 및 장애인기업 고용사실의 평가는 입찰참가 등록마감일 전월을 기준으로 하여 고용사실을 입증할 수 있는 고용보험, 국민건강보험, 국민연금, 산재보험 자료를 제출하거나 고용노동부 지방고용노동청 고용센터에서 확인한 증명서를 제출하여야 한다.

바) 최근 3개월간 여성 또는 장애인 종업원 수 및 여성 또는 장애인 종업원 비율이 포함된 자료를 제출하되 최근 3개월 평균값을 적용한다. 입찰참가 등록마감일 전월을 기준 최근 3개월을 평균하여 요건을 충족하는 경우에만 평가하며 3개월 평균 실적에 해당되지 않은 경우는 평가대상에서 제외한다.

사) 조달관리 우수업체 평가는 방위사업청장 또는 조달청장의 조달업무 우수업체 표창 및 중소기업청장의 제품분야 발전, 품질경영의 우수중소기업으로 표창된 경우에 적용한다.

아) 기술획득기여는 방위사업법 제3조에서 정하는 군수품의 수리부속으로써 기술자료를 제출한 품목과 동일한 업종에 해당하는 입찰 건에 한하여 적용하되, 최근 3년 이내에 방위사업청과 견본(현품)에 의한 계약 체결 후 기술자료를 제출하지 않은 사실이 없는 자로서 방위사업청으로부터 견본(현품)에 의한 계약품목의 견본품 규격화 확인서를 발급 받은 경우 견본(현품)에 의한 계약품목의 규격화 승인일로부터 3년간 적용한다. 가점부여는 2010년도 이후 계약품목부터 적용하며 견본품 규격화확인서는 규격부서 검토 후 규격화 승인된 경우에 발급한다.

자) 담합정황 제보는 '12.1.1. 이후부터 방위사업청 발주사업(중앙조달)을 대상으로 방위사업청 감사실에 제보하여 포상 받은 자가 신고 당시 소속되어 있던 당해업체에 대하여 적용하되 신고자가 퇴사한 경우 및 내부자 고발에 의한 경우에는 그 해당업체는 가점부여에서 제외한다. 담합정황 제보 가점을 원하는 업체는 제보자의 동의서를 첨부하여 신청해야 하고 계약담당 공무원은 비공개로 사실 여부를 확인하여야 한다.

차) 고용창출 평가는 심사기준일 전월부터 기산하여 설립된 지 1년 6개월 이상인 기업의 신규채용 우수기업 평가는 다음에 따른다.

① 해당년도 심사기준일 전월을 기준으로 평가기간에 해당하는 고용사실을 증명할 수 있는 서류에 따라 평가한다.

② 해당년도 최근 6개월간 평균 고용인원은 심사기준일 전월을 기준으로 최근 6개월간의 고용인원을 합산하여 평균하고, 직전년도 6개월간 평균고용인원은 해당년도 고용인원 산출 시작시점부터 그 직전년도 동기간의 고용인원을 합산하여 평균한다. 대표자는 고용인원에서 제외한다.

③ 해당년도 심사기준일 전월까지의 신규고용인원 증가율은 해당 연도 최근 6개월간 평균 고용인원을 직전년도 같은 기간 평균 고용인원으로 나누어 계산한다.

④ 기업구분에 따른 평가 시 중기업, 소기업·소상공인 확인은 중소기업제품 공공구매 종합정보망에 등재된 자료로 평가하되, 기업 확인이 되지 않는 경우에는 소기업 및 소상공인 기준으로 평가한다.

⑤ 심사기준일 전월부터 기산하여 설립된 지 1년6개월 미만인 신설 기업의 경우에는 총 고용인원(대표자 제외)이 6인 이상인 경우에는 0.075점, 3~5인인 경우에는 0.05점으로 평가한다.

⑥ 고용인원 계산결과의 소수점 처리는 소수 첫째 자리에서 올림을 하고, 고용비율 계산결과 소수점 처리는 소수점 다섯째 자리에서 반올림한다.

카) 일반경쟁품목의 사회적 책임 등 신뢰정도는 심사항목인 녹색성장, 전시중점관리 등 15건을 합산하여 적용하며, **중소기업간 경쟁품목**은 심사항목 16건을 합산하여 평가한다.

타) **중소기업간 경쟁품목** 영세기업지원의 공동수급체 평가는 공동계약방식의 입찰로 입찰 공고한 경우에만 평가하며, 소기업 또는 소상공인의 확인은 중소기업청장이 확인한 증명서를 제출해야 한다. 영세기업지원은 업체에 가장 유리한 평가결과 1개만 적용한다.

> * 신용평가 등급에 따른 급식류 공동수급 가점 부여 방법(예)
> A업체(BB+), B업체(A-), C업체(B+)가 공동수급으로 입찰참가 시 3개 업체 참여로 +0.2점 가점 부여해야 하나, C업체가 신용등급 B+이하에 해당되므로 2개 업체 가점인 +0.1점 부여

파) 동일 인물이 여성기업, 장애인기업, 고용창출 평가에 중복되는 경우에는 그 중 높은 평점 한 가지만 평가한다.

하) **중소기업간 경쟁품목**의 접경지역지원은 김치류 입찰에 한하며, 접경지역 소재 기업이 수요군에서 정한 접경지역 부대에 납품하는 경우에 한하여 인정한다.

5) 일반 및 중소기업간 경쟁품목의 계약이행 성실도 평가

가) 품질하자평가 시 하자발생유무와 감액유무는 합산하여 평가하며, 평가 시 하자발생일은 검사기관으로부터 하자로 판정되어 업체에 통보한 날짜를 기준으로 한다.

나) 감액발생일은 면제 승인된 후 품질 보증기관의 납품조서발행일을 기준으로 한다. 계약이행 성실도 평가 기준은 〈표 2-13〉과 같다.

〈표 2-13〉 계약이행 성실도

심사 항목	평가 요소	배점 한도	등 급	평점
①품질하자	하자발생 유무	-2.0 , 급식류 -3.0	• 방위사업청에 납품한 당해물품 중에서 최근 2년 이내 아래와 같은 하자 발생 사실이 있는 자 (계약건별 합산하여 적용) A. 계약금액의 5% 이상 B. 계약금액의 3% 이상 ~ 5% 미만 C. 계약금액의 1% 이상 ~ 3% 미만 D. 계약금액의 0.1% 이상 ~ 1% 미만 E. 계약금액의 0.1% 미만 하자 1건당(급식류만 적용)	-0.6 -0.5 -0.4 -0.3 -0.2
	감액유무		• 방위사업청에 납품한 당해물품 중에서 최근 2년 이내 아래와 같은 감액 사실이 있는 자(계약건별 합산하여 적용) A. 계약금액의 20% 이상 B. 계약금액의 10% 이상 ~ 20% 미만 C. 계약금액의 1% 이상 ~ 10% 미만 D. 계약금액의 0.1% 이상 ~ 1% 미만	-0.6 -0.5 -0.4 -0.3
②납품지연	지체상금	-2.0	• 방위사업청과 계약한 전 물품 중에서 최근 2년 이내 아래와 같이 지체상금을 부과 받은 사실이 있는 자 (계약건별 합산하여 적용) A. 계약금액의 7% 이상 B. 계약금액의 5% 이상 ~ 7%미만 C. 계약금액의 3% 이상 ~ 5%미만 D. 계약금액의 1% 이상 ~ 3%미만 E. 계약금액의 0.1%이상 ~ 1%미만	-0.6 -0.5 -0.4 -0.3 -0.2
			• 방위사업청과 계약 후 최근 2년 이내에 상기 감점대상 지체발생 계약 건이 2건 이상 발생한 업체는 계약건수별 합산한 점수에 -0.6점을 추가하여 감점한다.	-0.6점 추가
③경고장 (급식류)	경고장을 발부받은 사실이 있는 자	-2.0	• 방위사업청에 납품한 당해물품 중에서 최근2년 이내 하자발생 및 계약조건 위반으로 기품원, 수요군으로부터 경고장을 발부받은 사실이 있는 자 A. 기품원, 수요군 경고장 1회당	-0.1
④부정당 업자	부정당업자 제재 받은	-3.0	• 최근 2년 이내 부정당업자 제재로 입찰참가자격 제한처분을 아래와 같이 받은 사실이 있는 자(부정당업자 제재건별 합산)	

<table>
<tr>
<td rowspan="2">제재</td>
<td rowspan="2">사실이
있는 자</td>
<td rowspan="2"></td>
<td>A. 1년 초과
B. 9개월 초과 1년 이하
C. 6개월 초과 9개월 이하
D. 3개월 초과 6개월 이하
E. 3개월 이하
단, 최근 2년 이내 2회 이상 입찰참가자격제한처분을 받은 업체는 최대감점(-3점)평가함</td>
<td>-3.0
-2.5
-2.0
-1.5
-1.0</td>
</tr>
<tr>
<td>• 최근 2년 이내 부정당업자 제재로 입찰참가자격 제한처분 또는 과징금 부과를 아래와 같이 받은 사실이 있는 자 (부정당업자 제재건별 합산)
<table>
<tr><th>구분</th><th>입찰참가자격제한</th><th>계약금액기준
과징금부과율</th></tr>
<tr><td>A</td><td>1년 초과</td><td>15% 초과</td></tr>
<tr><td>B</td><td>9개월 초과 1년 이하</td><td>13.5%초과 15%이하</td></tr>
<tr><td>C</td><td>6개월 초과 9개월 이하</td><td>9%초과 13.5% 이하</td></tr>
<tr><td>D</td><td>3개월 초과 6개월 이하</td><td>4.5%초과 9% 이하</td></tr>
<tr><td>E</td><td>3개월 이하</td><td>4.5% 이하</td></tr>
</table>
단, 최근 2년 이내 2회 이상 입찰참가자격제한 또는 과징금 부과처분을 받은 업체는 최대감점(-3점) 평가함</td>
<td>A : -3.0
B : -2.5
C : -2.0
D : -1.5
E : -1.0</td>
</tr>
<tr>
<td>⑤식품위생법 및 축산물 위생관리법 위반</td>
<td>식품위생법 및 축산물 위생관리법 행정처분</td>
<td>-5.0</td>
<td>• 최근 3년 내 식품위생법 또는 축산물위생관리법 위반으로 아래와 같은 행정처분을 받은 사실이 있는 자
A. 최근 2개년 연속 영업정지
B. 영업정지 1회 당
C. 품목제조 정지 1회 당
D. 과태료 부과 1회 당
※ 행정처분의 전체를 합산하여 적용
※ 감점이 5점을 초과하는 경우에는 결격 처리</td>
<td>-5
-1.5
-1.0
-0.2</td>
</tr>
<tr>
<td>⑥보안사고</td>
<td>보안사고 발생</td>
<td>-3.0</td>
<td>• 최근 1년 이내 보안사고 발생 사실이 있는자
A. 형사처벌
B. 기소유예 처분</td>
<td>-3.0
-1.5</td>
</tr>
</table>

다) 하자금액은 품질검사기관에서 통보된 하자 발생 내역별로 산정한다. 하자발생 유무 평가에 있어 A/S기간이 경과된 경우에는 적용하지 않는다.

라) 하자발생 평가는 0.1% 이상 하자발생 평가에 추가하여 급식류는 0.1% 미만의 당해 물품 하자발생의 경우에도 0.2점을 감점하되, 중복하여 발생하는 경우에는 합산하여 0.1% 이상 하자발생 평가에 추가하여 감점한다.

> * 급식류 하자발생으로 인한 감점 적용방법(예시) [하자발생 횟수 당]
> - 최근 2년간 동일품목 1건 발생시: 0.2점 감점
> - 최근 2년간 동일품목 하자 5건 발생시: -(0.2+0.2+0.2+0.2+0.2) = -1.0점

마) 납품지연 평가는 최근 2년 이내에 발생한 지체발생 계약 건에 해당하는 감점을 합산하여 평가하되, 지체발생 계약 건이 2건 이상 발생한 업체는 계약건수별 감점합계에 0.6점을 추가하여 감점한다.

> * 지체발생 계약 건 2건 이상 발생시(예시)
> D등급(-0.3점) 1건, E등급(-0.2점) 1건의 경우
> → D등급(-0.3점) + E등급(-0.2점) + 중복추가가점(-0.6점) = -1.1점

바) 부정당업자 제재와 관련한 입찰참가자격 제한기간의 감점적용은 입찰참가 등록마감일 전일부터 과거 2년 내에 입찰참가자격 제한기간 만료일이 포함된 건수를 기준으로 적용한다.

사) 식품위생법 위반 및 축산물위생관리법 위반에 따른 감점은 급식분야만 적용하며, 과징금으로 납부한 경우 사전 통지된 처분사항을 적용하고, 사전 통지된 처분사항별로 해당되는 감점을 합산하여 평가하되, 5점 이하의 경우에는 감점처리 하고 5점 초과인 경우에는 결격 처리한다.

> ① 품목제조 정지 1회, 과태료 부과 3회인 경우(예시)
> → 1.0 + 0.2 + 0.2 + 0.2 = -1.6점
> - 영업정지 평가 적용범위: 전 품목
> - 품목제조 정지 평가 적용범위: 해당품목
> - 과태료 부과 평가 적용범위: 해당품목에 한하여 적용하되, 업체 공통사항인 위생상태, 종업원 위생진단 미실시 등에 대해서는 전 품목 적용
>
> ② 심사대상 업체는 식품위생법 및 축산물위생관리법 위반사실에 대한 관할 지방자치단체의 확인을 받아 제출하여야 한다.

아) 보안사고 발생은 심사기준일로 부터 최근 1년 이내 방위산업보안업무 훈령에 따라 보안사고자가 처벌을 받은 경우에 적용한다. 처벌을 받은 경우는 군사기밀보호법 위반으로 기소유예 처분이나 형벌이 확정된 경우를 말하여, 확정된 일자를 기준으로 한다.

자) 계약이행성실도 ①~⑥ 각 평가항목(하자발생, 중복발생, 감액유무, 지체상금 부과, 중복 지체상금 부과, 부정당업자 제재, 중복 부정당업자 제재, 식품위생법 및 축산물위생관리법 위반, 경고장, 보안사고)의 점수를 합산하여 계산하되 배점한도(-5.0점) 범위 내에서 적용한다.

단, 식품위생법 및 축산물위생관리법 위반 점수가 5점을 초과하는 경우에는 결격 처리한다.

마. 결격사유 평가

1) 심사대상자가 부도·파산상태인 경우에는 결격사유로 평가한다.

2) 부도·파산의 우려가 있어 계약이행이 어렵다고 판단되는 경우에는 적격(이행능력)심사위원회의 심사결과에 따라 결격여부를 결정한다.

3) 공동수급체의 대표자가 부도·파산상태인 경우에는 해당 공동수급체의 결격사유로 평가한다.

4) 대표자 이외의 구성원 중에서 부도·파산상태인 업체가 있지만, 잔여 구성원만으로 계약이행이 가능한 경우에는 적격심사를 할 수 있다. 이러한 경우에 계약담당 공무원은 공동수급협정 내용을 변경하도록 할 수 있다.

5) 중소기업협동조합법에 의한 중소기업협동조합이 적격조합으로 물품의 제조 또는 구매에 관한 경쟁입찰에 참가하는 경우에 배정 받을 조합원은 당해 입찰참가자격조건을 구비하여야 한다. 적격조합이 확정한 계약이행 업체는 부도, 파산 등 특별한 사유로 당해업체의 계약이행이 불가능한 경우 외에는 계약 이행완료시까지 다른 조합원으로 변경할 수 없다.

6) 저가입찰 또는 생산능력 부족으로 배점한도 최고점(신인도점수 포함)을 적용하여도 95점이 미달될 때에는 적격심사 또는 이행능력 심사서류 접수를 생략하고 부적격 처리할 수 있다.

바. 인증서 등 주관기관: 인증주관기관의 관계법령에 의거 위임되거나, 인증기관이 변경된 경우에는 관계법령에 따라 변경된 인증기관의 인증서로 평가한다. 인증서 주관기관은 다음과 같다.

구 분	인증/수상/표창	주무부/기관	구 분	인증/수상/표창	주무부/기관
기술관리	NEP	산업통상자원부 (기술표준원)	녹색성장	고효율에너지 기자재	에너지관리공단
	NET	산업통상자원부 (기술표준원)		환경마크	친환경상품 진흥원
	기술혁신형기업	중소기업청		GR마크	산업통상자원부 (기술표준원)
	벤처기업			녹색기업	환경부
품질관리	싱글PPM	대한상공회의소	전시중점 관리	중점관리지정	안전행정부 등
	전통식품 품질인증	한국식품연구원	노사관리	노사협력기여	고용노동부
			납세의무	성실납세기여	기재부, 국세청
	KS	한국표준협회	여성기업	여성기업	중소기업청
				여성고용	고용노동부
	국방품질경영 시스템	기술품질원	장애인기업	장애인기업	중소기업청
				장애인고용	고용노동부
	세계일류상품	산업통상자원부 (한국산업기술재단)	사후관리	서비스품질우수	산업통상자원부 (기술표준원)
	납세의무	성실납세기여	기획재정부, 국세청	소기업, 소상공인	중소기업청
				적격조합	중소기업청
	우수단체표준	산업통상자원부 (기술표준원)	경영관리 우수	국방품질경영상	국방기술품질원
				경영혁신형기업	중소기업청
	KAS	산업통상자원부 (기술표준원)	기술획득 기여	기술자료제공	방위사업청
	자가품질보증 물품 지정	조달청품질관리단 (권한 위임된 자 포함)	수출기여	수출유망 중소기업	중소기업청
			보훈단체	국가유공자 자활 집단촌, 상이단체	국가보훈처
안전 관리	HACCP	식품의약품안전처 농림축산식품부	가족친화 우수	가족친화기업 인증	여성가족부

4. 업체 생산(정비)능력 확인

가. 목적 및 대상품목

1) 물품의 품질유지 또는 안정적 조달물량 확보가 요구되는 품목에 대하여 국방기술품질원에 업체생산능력 확인을 요청할 수 있다.

2) 방위사업청은 당해 연도에 적용할 생산능력 확인 대상품목과 기준서를 당해 연도 1월 말까지 국방전자조달 인터넷 홈페이지에 게재한다.

3) 입찰공고 시에는 업체 생산능력 확인 대상품목임을 명시하여 공고한다. 생산능력 확인대상은 입찰결과 예정가격 이내의 입찰업체에 한하여 적용한다.

4) 생산능력 확인 대상품목
  가) 군 특수규격품으로 성능보장이 필수적이거나 전투긴요 품목
  나) 계약불이행, 납품지체 또는 하자발생, 수의계약에서 경쟁계약으로 전환, 신규 조달 등에 해당되는 품목 중 업체생산능력이 필요한 품목
  다) 기타 방위사업청에서 필요하다고 판단한 품목

5) 업체 생산능력 확인면제 대상
  가) 입찰등록 마감일 기준 최근 3년 내 방위사업청에 당해 품목의 제조(정비)납품실적이 있는 업체
  나) 업체 생산능력 확인결과 합격한 업체는 당해 연도 및 다음 연도에 한하여 업체 생산능력 확인을 면제한다.

나. 생산능력 확인 대상품목 물품입찰 시 제출 서류

1) 생산(정비)능력 보유 현황

2) 업체 생산(정비)능력 확인 기준서에 명시된 제조(정비)·검사시설, 기술인력, 특수조건 등 업체 생산능력 보유현황을 증명하는 서류

3) 임차로 보유한 경우에는 임대차계약서 등 임차 증빙서류

5. 국방품질경영시스템 인증업무

가. 목적 및 대상

1) 국방품질경영시스템 인증업무는 업체의 품질경영능력 및 군수품의 품질향상을 유도하기 위하여 수행한다. 국방품질경영시스템 인증업무 절차는 〈그림 2-2〉와 같다.

〈그림 2-2〉 국방품질경영시스템 인증업무 절차

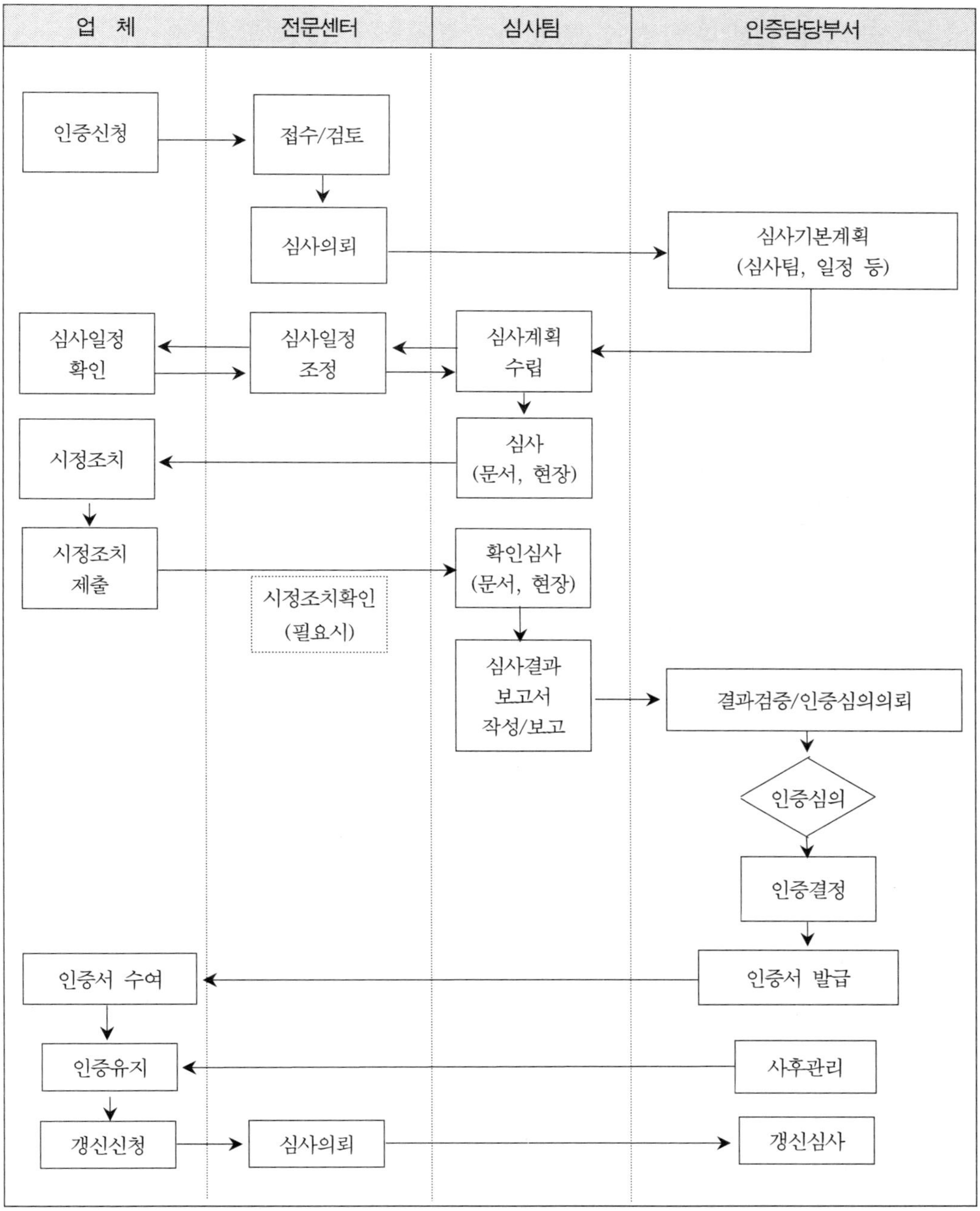

2) 대상 업체

가) 군수품을 생산 및 납품한 실적이 있는 업체 또는 관련 하도급업체

나) 군납참여를 희망하는 업체로서 기존 중앙조달 품목과 동일하거나 동등이상의 품목을 생산 및 판매한 실적이 있는 업체 또는 관련 하도급업체

다) 위의 가) 또는 나)항에 해당되는 업체로서 국방품질경영시스템 규격에 부합하는 품질경영시스템을 구축하여 6개월 이상의 실행기간이 경과하고, 내부 심사 및 경영검토를 1회 이상 실시한 업체

나. 인증신청 및 심사기준

1) 인증 신청

가) 인증을 받고자 하는 업체는 기품원에 언제나 신청이 가능하다.

나) 인증은 단위공장별로 신청하는 것을 원칙으로 한다.

다) 제출서류는 다음과 같다.

① 인증신청서

② 품질시스템 문서(매뉴얼, 프로세스, 절차서 등 전자매체)

③ 인증신청품목 생산실적 현황

④ 품질경영시스템 연계표 A, B

⑤ 기타 증빙자료(사업자등록증, 공장등록증, 타 기관 인증서 사본, 해당되는 경우 동등 이상의 품목 증빙자료 등)

2) 국방품질경영시스템 인증을 위한 심사기준은 KDS 0050-9000(품질경영시스템 요구서)으로 한다.

다. 최초심사

1) 기품원은 업체로부터 신청서를 접수 및 검토하여 미흡사항이 있을 경우에는 신청업체에 보완을 요구할 수 있다.

2) 심사는 문서심사와 현장심사로 구분하여 실시한다.

가) 문서심사

① 신청업체의 품질매뉴얼과 품질경영시스템 관련 문서에 대하여 국방규격 요건과의 적합성을 확인한다.

② 문서심사는 업체현장에서 실시하는 것을 원칙으로 한다.

③ 심사결과 부적합사항에 대한 보완조치는 문서심사 종료일 기준 3개월을 초과할 수

없고, 초과될 경우에는 부적격업체로 판정 및 통보한다.

나) 현장심사

① 현장심사는 문서심사결과 부적합사항이 없을 경우에 실시한다.

② 문서심사 결과 부적합사항이 발견되어 업체로부터 부적합 사항에 대한 보완결과가 접수된 다음, 문서 심사원의 확인결과 적합할 때 실시한다.

♣ 해설 및 팁 2-8: 국방품질경영시스템 인증의 장점

• 국가를 당사자로 하는 계약에 관한 법률 시행령 제42조

① ~ 경쟁입찰에 있어서는 예정가격 이하로써 최저가격으로 입찰한 자의 순으로 당해계약 이행능력을 심사하여 낙찰자를 결정한다.

⑤ ~ **적격여부를 심사**하며, 그 심사결과 적격하다고 인정되는 경우 낙찰자로 결정한다.

• 방위사업청 지침(2011-53, 2011. 12.30.)에는 ~계약이행능력의 심사기준의 배점한도는 다음과 같다.

심사항목	평가요소		배점한도	등급	평점
④ **품질관리 능 력**	품질관련 인증보유	일반	4.00	B. 국방품질경영시스템 인증	3.80
		급식류	2.00	A. 국방품질경영시스템 인증	2.00

라. 인증심사 결과에 대한 조치

1) 다음의 사유에 해당하는 업체는 부적격업체로 판정한다.

가) 품질경영시스템이 전반적으로 부실하여 인증이 불가한 경우

나) 특별한 사유 없이 요구기한 내 시정조치를 하지 않은 경우

다) 기타 특별한 사유로 심의회에서 부적격업체로 의결한 경우

2) 부적격으로 판정된 업체는 통보일로부터 3개월 이내에 재신청할 수 없다.

마. 사후관리, 변경 및 갱신심사

1) 인증을 받은 업체가 인증을 유지하기 위해서는 사후관리 심사, 갱신 심사를 받아야 한다.

2) 사후관리 심사

가) 정기사후관리는 1년 단위로 실시한다.

나) 특별사후관리는 다음과 같은 경우에 수시로 실시한다.

① 품질경영시스템에 대한 중대한 부적합이나 신뢰성 저하가 우려되는 사항이 발견된 경우

② 인증업체가 품질경영시스템에 중대한 변경(공장이전, 주요공정 및 시설변경 등)이 발생한 경우,

③ 하자 다발업체로 선정되어 기품원에서 특별 사후관리심사가 필요하다고 판단된 경우

④ 윤리경영이나 비리 등의 문제로 수사 진행 중 또는 언론에 보도되어 사회적 물의를 일으킨 경우

3) 변경 및 갱신 심사

가) 기품원 인증담당 부서의 계획에 의거 변경심사와 갱신 심사를 실시한다.

나) 변경심사는 인증기간 동안 인증범위나 인증품목을 변경하고자 할 때에 신청한다. 인증범위 변경을 희망하는 경우에는 당해 연도 사후관리심사 1개월 전까지 기품원에 신청해야 한다.

다) 갱신 심사

① 갱신 심사는 인증 유효기간 종료 이전에 갱신 신청을 하여 심사를 받아야 한다. 인증 유효기간은 3년이다.

② 갱신 대상 업체가 타당한 사유에 의해 유효기간 이후로 심사 연기를 요청할 경우에는 3개월 이내에서 연기가 가능하다. 이 경우 인증 유효기간 종료시점부터 갱신 심사 완료 후 인증서 재발부일까지 인증의 효력은 정지된다.

바. 인증서 발급

1) 기품원은 인증적격심의를 통해 최종 확정된 업체에게 인증서를 발급한다.

2) 갱신 심사결과 적합한 업체는 이전 인증서의 유효기간 만료일부터 3년간 연장된다.

6. 국방품질경영상 심사

가. 국방품질경영상 수상 장점 및 기본 방침

1) 기품원은 국방품질경영상 수상업체에 대하여는 국방품질경영시스템 인증 사후관리 심사 2회 면제 등을 부여할 수 있다.

2) 기본 방침

가) 국방품질경영상 선정은 3년을 주기로 실시한다.

나) 국방품질경영상 시상계획은 해당 연초에 공고하며, 시상은 당해 연도 내에 실시함을 원칙으로 한다.

다) 국방품질경영상은 대기업 부문, 중소기업 부문으로 나누어 수여한다.

라) 국방품질경영상은 시상기준을 충족하는 업체 중에서 선정하여 수여하며, 충족하는 업체가 없을 때는 수여하지 않을 수 있다.

나. 응모자격

1) 최근 3년간 방위사업청 또는 각 군과 계약실적이 있는 업체 또는 업체의 해당 사업장 단위로 한다.

2) 국방품질경영상 심사기준에 따라 업체자체 평가결과 500점 이상인 업체로 한다.

3) 국방전력에 차질 또는 사회적 물의를 일으켜 방위사업청 등의 관련기관에서 이의를 제기하는 업체는 응모대상에서 제외한다.

4) 국방품질경영상 **수상을 희망하는 군수업체는** 국방품질경영상 신청서를 공고된 일정 내에 기품원에 신청하여야 한다.

다. 심사 및 추천

1) 문서심사와 현장심사를 실시한다.

2) 심사위원들의 문서심사 결과를 종합하여 평균점수가 500점 이상인 업체 중에서 최대 시상업체 2배수 내외를 현장심사 대상 업체로 선정한다.

3) 현장실사는 2일 이내에 실시함을 원칙으로 한다.

4) 국방품질경영상 추천은 심사결과 총점 1,000점 기준으로 대기업 700점, 중소기업 600점 이상인 기업 중 대기업과 중소기업 부문에서 각 최대 3개 이내의 업체를 추천한다.

제4절 ‖ 보훈·복지단체 수의계약

보훈복지단체 수의계약은 군수물자의 품질과 안정성 확보가 보장되는 범위 내에서 국가유공자에 대한 보훈, 사회적 약자 보호 등의 국가정책을 실현하는데 있다.

1. 보훈·복지단체의 정의 및 수의계약 기본원칙

가. 보훈·복지단체의 정의

1) 보훈복지단체라 함은 '국가를 당사자로 하는 계약에 관한 법률 시행령' 및 부칙에 의하여 수의계약 할 수 있는 자격을 갖춘 단체를 말한다.

2) 수의계약 대상단체 및 법적근거

<table>
<tr><th colspan="2">단 체 명</th><th>설 립 근 거</th><th>단체지정/품목승인</th></tr>
<tr><td rowspan="2">보훈단체</td><td>국가유공자
자활집단촌</td><td>국가유공자
자활용사촌 지원규정</td><td>국가보훈처</td></tr>
<tr><td>상이단체</td><td>국가유공자 등 단체
설립에 관한 법률</td><td>국가보훈처</td></tr>
<tr><td rowspan="2">복지단체</td><td>중증장애인
생산품 생산시설</td><td>중증장애인생산품
우선구매 특별법</td><td>보건복지부</td></tr>
<tr><td>사회복지법인</td><td>사회복지사업법</td><td>지방자치단체
(보건복지부)</td></tr>
<tr><td rowspan="2">특별법인</td><td>새마을공장</td><td>농어촌 정비법</td><td rowspan="2">소관부처장관</td></tr>
<tr><td>특별법인</td><td>특별법에 의한 법인</td></tr>
</table>

나. 단체 수의계약의 기본원칙

1) 방위사업청과 수의계약을 체결하는 단체는 당해 단체의 공장에서 직접생산을 하여야 하며, 직접생산 관련 기준을 충족해야 한다.

2) 단체 수의계약은 국방조달의 특성을 감안하여 보훈단체, 중증장애인 생산품생산시설을 대상으로 하는 것을 원칙으로 한다.

3) 단체의 중앙회가 존재할 경우에는 중앙회와 수의계약을 체결하는 것을 원칙으로 한다. 중앙회 예하의 타 사업소에서 수의계약 대상단체 취소에 해당하는 문제 발생 시 대상단체 선정을 취소한다.

4) 단체에 의한 시험급식 물품이 수요군으로부터 기본급식으로 결정되면 수의계약을 체결할 수 있으며, 수의계약 기간은 5년 이내로 한다.

5) 동일물품에 대해 일반경쟁과 단체수의계약을 병행하는 경우에는 경쟁계약에 의하여 낙찰되는 가격으로 예정가격을 결정하며, 동일 회계연도에 2회 이상 일반경쟁하는 경우에는 경쟁계약에 의하여 낙찰되는 가격의 평균으로 예정가격을 결정한다.

♣ 해설 및 팁 2-9: 보훈·복지단체 수의계약 근거 및 변천

- 국가를 당사자로 하는 계약에 관한 법률 시행령 제26조
  - * 국가유공자 또는 장애인 등에게 일자리나 보훈·복지서비스 등을 제공하기 위한 목적으로 설립된 단체 등과 물품의 제조·구매 또는 용역계약을 체결하거나 그 단체 등에 직접 물건을 매각·임대하는 경우에는 수의계약을 체결할 수 있다.

- 변천 과정
  - * 보훈·복지단체 수의계약은 1965년에 영세 중소기업의 보호육성과 농어촌의 유휴 노동력 활용을 목적으로 조합단체와 새마을 공장이 생산하는 물품을 수의계약하기 시작하였다. 2006년에 피복조합, 침낭조합 등 조합과의 수의계약이 폐지되면서 2007년부터는 보훈·복지단체의 수의계약 요청이 급증하였고, 시설투자 및 기술능력이 가장 적게 요구되는 피복, 물자 및 급식류 품목에 많은 단체들이 몰리게 되었다. 그 후 2010년에 새마을 공장 및 특별법인에 대한 수의계약 제도를 단계적으로 폐지하는 것으로 결정하였으며, 이들 업체는 2008~2010년 연평균 계약금액을 기준으로 2014년에는 80%, 2015년에는 50% 범위 내에서 수의계약을 체결하고, 2016년도에는 완전 폐지하는 것으로 변경되었다.

2. 물량배정에 의한 수의계약

가. 물량배정 대상물품

1) 물량배정 대상물품은 군에서 사용하는 주요물자 중 조달의 안정성이 필요하여 수의계약으로 조달할 필요가 있는 물품을 대상으로 하며, 다음의 요건을 충족하여야 한다.

가) 전년도에 단체 수의계약한 실적이 있는 물품

나) '중증장애인생산품 우선구매 특별법'에 해당하는 중증장애인 생산품

다) 중소기업자간 경쟁제품(중소기업청 고시)

라) 물품은 독립된 완성품으로 독자 기능을 가진 제품을 말하며 재고번호를 기준으로 구분하되, 수리부속류 등은 수 개의 재고번호로 1개의 물품을 구성할 수 있다. 대상 물품을 추가할 필요가 있는 경우에는 방위사업청 군수조달실무위원회의 심의를 통하여 결정한다.

2) 국방부 또는 수요군이 관련문서에 의해 조달원을 명시하여 조달 요구하는 계획생산 품목은 물량배정에 의한 수의계약에서 제외한다.

나. 단체별 물량배정 대상물품 수 제한

1) 단체에 배정하는 대상물품 수는 3개를 초과할 수 없다. 여기에는 취소된 물품을 포함한다. 기존단체에 대하여는 기존 수의계약 물품 수를 인정한다.

2) 신규단체에 대한 물량배정대상 물품 수는 단체별 3개 물품 내에서 연도별 1개 물품을 배정할 수 있다.

3) 단체별 수의계약 대상물품의 변경 및 교체 요청은 인정하지 않는다. 다만, 단체 간 협의에 의한 물품교체 요청 등 계약관이 필요하다고 인정하는 경우에는 방위사업청 군수조달실무위원회의 심의에 따라 변경할 수 있다.

4) 수요군이 보급기준 변경으로 대체품 조달을 요청할 경우에는 심의를 거쳐 물품을 대체하여 수의계약 할 수 있으나, 대체품 조달 요청이 없는 경우에는 타 물품으로 배정하지 않는다.

5) 수요군이 조달기관 변경 등으로 방위사업청에 조달요구를 하지 않은 물품은 타 물품으로 대체 배정하지 않는다.

다. 신규 수의계약요청서 접수

1) 매년 12월 1일부터 다음 연도 1월 31일까지 신규 수의계약요청서를 접수할 수 있다.

2) 수의계약요청서에는 다음의 수의계약 자격을 입증하는 서류를 첨부하여야 한다.

가) 단체설립 허가증 또는 국가유공자 자활용사촌 지정서

나) 법인등기부등본(계약관이 직접 확인으로 대체)

다) 관할세무서 발행 사업자등록증

라) 법인 정관. 단, 국가유공자 자활용사촌은 자활용사촌 운영규약 및 공동투자내역서 등 '국가유공자 자활용사촌 지원규정'에 적합하게 공동투자·공동분배를 하고 있음을 입증하는 서류

마) 단체설립 허가기관에서 발행한 수익사업(물품제조를 말한다) 승인서 또는 관보게재 근거. 단, 수익사업 승인대상이 아닌 단체의 경우에는 당해 단체의 수익사업을 확인할 수 있는 서류

바) 중증장애인생산품 생산시설의 경우에는 보건복지부장관이 '중증장애인생산품 우선구매 특별법 시행령'에 따라 발급한 '중증장애인생산품 생산시설 지정서'

사) 중소기업청 또는 단체설립 허가기관이 발행한 직접생산 확인(증명)서. 단, 수의계약 자격요건 확인서류(보건복지부장관이 발급한 서류에 한한다)를 제출한 경우에는 직접생산 증명서를 제출한 것으로 본다.

아) 공장등록증명서(임차인 경우 인감증명원이 첨부된 임대차계약서 및 소유자의 등기부등본), 생산시설·장비보유현황(공장 및 시설을 확인할 수 있는 사진 첨부), 생산(기술)인력 및 임직원 현황. 여기서 공장보유 여부는 접수일 기준으로 최근 1개월 이내에 발급한 공장등록증명서에 의하여 확인하며, 임차공장의 경우 부분임차는 인정하지 않는다.

자) 공공기관(중소기업제품 구매촉진 및 판로지원에 관한법률)의 장이 발급한 납품실적증명서, 계약서 사본. 여기서 납품실적증명서는 수의계약요청서 접수마감일로부터 2년 이내에 공공기관에 1건당 1천만 원 이상 납품 완료한 3건 이상의 요청품목 납품실적증명서(요청하는 품목에 해당되는 실적)를 말하며, 이중 1건은 수의계약요청서 접수마감일로부터 1년 이전에 납품 완료한 실적이 포함되어야 한다.

차) 납품실적증명서 상의 물품을 생산하는데 투입된 자재의 구입대장 사본 및 세금계산서(주요자재) 사본.

카) 수의계약요청서 접수마감일 1년 전부터 생산에 참여한 인력의 명단(임금지급대장 사본 및 직장건강보험 납입증명서 첨부), 법인통장사본, 거래은행과의 통장거래실적

3) 신규 수의계약요청서가 다음의 어느 하나에 해당되는 경우에는 신규단체 수의계약 대상에서 제외한다.

가) 수의계약대상 물품 수가 3개 물품(취소, 포기 물품 포함) 이상인 기존단체가 타 물품에 대하여 신규 수의계약요청서를 제출하는 경우

나) 1개 물품을 60억 원 이상 수의계약 하는 기존단체

다) 수의계약요청 물품이 '가'항의 물량배정 대상물품에 해당하는 물품이 아닌 경우

라) 제출된 서류가 위 2)의 수의계약 자격 입증 요건을 갖추지 못한 경우

마) 신규 수의계약요청서 접수기간이 아닌 경우

4) 수의계약을 요청한 단체의 직접생산 확인서는 발행기관 및 공장등록증 등에 의하여 사실 확인이 가능하여야 하며, 사실 확인이 곤란한(생산시설 및 제조 인력 미흡으로 직접생산 곤란)경우에 계약관은 직접생산 여부를 관련기관에 의뢰하여 확인할 수 있다.

가) (신규)수의계약을 요청한 단체에 대해 직접생산증명서 등 관련서류를 검토하고 관계 기관에 직접생산여부 등을 조회 및 현장실사를 통하여 직접생산 여부를 확인한다.

나) 계약관은 중증장애인생산품 생산시설에 대하여는 '중증장애인생산품 우선구매 특별법 시행령'에 따라 다음의 수의계약 자격요건을 모두 충족하고 있는지를 확인한다.

① 중증장애인 생산품의 직접생산에 참여하는 장애인이 10인 이상 여부

② 중증장애인 생산품의 직접생산에 참여하는 장애인이 상시적으로 전체 근로자의 100분의 70 이상이고, 장애인중 중증장애인이 100분의 60 이상 여부

③ 중증장애인 생산품의 직접생산 과정에 걸리는 총 근로시간 중 장애인의 근로시간이 차지하는 비율이 상시적으로 100분의 50 이상 여부

④ 근로 장애인 참여 근로시간은 [(장애인근로자 근로시간 ÷ 전체근로자 근로시간) × 100%]이며, 일용직 근로자도 근로시간에 포함하되 일용직 근로자의 업무내용, 근로시간, 급여지급 내용 등 관련 증빙서류를 반드시 확인하고 관련 자료 미제출시에는 부적합으로 처리한다.

라. 물량배정 기준

1) 계약관은 방위사업청 군수조달실무위원회 심의를 거쳐 단체별 물량을 배정 한다. 배정된 물량은 단체의 연간생산능력 이내로 한다.

2) 신규단체의 물량배정은 다음과 같다.

가) 신규단체에 배정할 수 있는 물량은 당해 물품의 연간 조달계획물량의 100분의 5에 해당하는 금액 이하로 한다.

나) 동일물품에 대해 2개 이상의 신규단체가 물량배정 요구 시 연간 조달계획물량의 100분의 10에 해당하는 금액 이하로 한다.

다) 위 가)에 의하여 배정된 물량은 기존단체의 배정물량에서 기 배정비율과 동일한 비율로 삭감한다. 당해물품 물량배정비율이 100분의 10 이하인 기존단체의 물량은 삭감하지 않는다.

3) **자활용사촌 및 중증장애인생산품생산시설 물량배정 고려요소**

가) 매년 국가보훈처에서 산정하는 월 평균 배당액, 보훈급여금(연금, 수당 등) 등을 근거로 물량배정 규모를 결정한다.

① 월 평균 배당액 = (배당액 ÷ 총가구수) ÷ 12개월

a. 배당액: 신규사업을 위한 재투자금액을 미 고려한 전체 이익금

b. 이익금: 총 계약금액 중에서 인건비, 경비 등을 제외한 순이익

c. 총가구수: 자활용사촌을 구성하는 1급~5급 상이용사와 미망인 가구수

② 연금(보상금)은 100~200만 원 선, 간호수당은 60(2급)~200만 원(1급) 지급

나) 자활용사촌은 상이등급 1급의 회원과 그 미망인을 포함한 인원이 20인 이상인 경우에 한하여 물량을 배정하고, 2016년 이후부터 인원기준을 충족하지 못하는 용사촌은 물량배정 규모를 단계적으로 감축한다.

4) **기존단체의 물량배정은 다음과 같다.**

가) 기존단체 물량배정은 전년도 배정비율을 기초로 하며, 단체 간 합의가 있거나 계약관이 필요하다고 인정하는 경우 배정비율을 조정할 수 있다.

나) 기존단체 간 물량배정 비율에 분쟁이 있는 경우 심의를 거쳐 물량을 배정하며, 이에 불복하여 정상적인 계약업무 추진이 어려운 경우에는 분쟁하고 있는 기존단체를 대상으로 지명경쟁입찰에 의한 방법으로 집행한다.

다) 기존단체에 추가하여 새로운 물품을 배정할 경우에는 신규단체의 물량배정 기준을 적용한다.

라) 수요군으로부터 추가 조달요청이 있을 경우에는 기존단체별 물량배정비율에 의하여 조정한다.

5) 수요군에서 수의계약사유서를 첨부하여 특정한 단체와 수의계약을 요청할 경우 군수조달실무위원회 심의를 거쳐 해당 단체와 수의계약 할 수 있다.

6) 삭감된 물량을 보충하기 위해 타 물품을 추가로 배정할 수 없다.

7) 계약이행 성실도에 따른 물량 감소 기준은 다음과 같다.

가) 하자유무 평가 시 하자발생일은 검사기관으로부터 하자로 판정되어 업체에 통보한 날짜를 기준으로 하고 하자금액은 품질검사기관에서 통보된 하자발생 내역별로 산정한다.

나) 하자유무 평가 시 급식류는 0.1% 이상 하자발생 평가에 추가하여, 0.1% 미만 하자발생의 경우에 하자 횟수 당 2% 물량 감소 및 수요군에서 발행한 경고장 접수 시 1회 당 1% 물량을 감소하고, 중복하여 발생하는 경우에는 합산하여 물량을 감소한다. 급식류의 0.1% 미만 하자발생으로 인한 물량배정 적용 예문은 다음 〈표〉와 같다.

① 최근 1년간 동일품목 1건 발생시: 2% 감소

② 최근 1년간 동일품목 5건 발생시: 2%+2%+2%+2%+2% = 10% 감소

<table>
<tr><th>구 분</th><th>내 용</th><th>감소 비율</th></tr>
<tr><td rowspan="2">①하자유무</td><td>• 방위사업청에 납품한 당해물품 중에서 최근 1년 이내 아래와 같은 하자 발생 사실이 있는 단체(계약건별 합산하여 적용)
A. 계약금액의 5% 이상
B. 계약금액의 3% 이상 ~ 5% 미만
C. 계약금액의 1% 이상 ~ 3% 미만
D. 계약금액의 0.1% 이상 ~ 1% 미만</td><td>

20%
15%
10%
5%</td></tr>
<tr><td>• 급식류는 당해물품이 아래사항 발생 시 추가 적용
A. 계약금액의 0.1% 미만의 하자 발생 1건당
B. 수요군 경고장 접수 1회당</td><td>
2%
1%</td></tr>
<tr><td>②감액유무</td><td>• 방위사업청에 납품한 당해물품 중에서 최근 1년 이내 아래와 같은 감액 사실이 있는 단체(계약건별 합산하여 적용)
A. 계약금액의 20% 이상
B. 계약금액의 10% 이상 ~ 20% 미만
C. 계약금액의 1% 이상 ~ 10% 미만
D. 계약금액의 0.1% 이상 ~ 1% 미만</td><td>

20%
15%
10%
5%</td></tr>
<tr><td>③지체상금</td><td>• 방위사업청과 계약한 전 물품 중에서 최근 1년 이내 아래와 같이 지체상금을 부과 받은 사실이 있는 단체(계약건별 합산하여 적용)
A. 계약금액의 7% 이상
B. 계약금액의 5% 이상 ~ 7% 미만
C. 계약금액의 3% 이상 ~ 5% 미만
D. 계약금액의 1% 이상 ~ 3% 미만
E. 계약금액의 0.1% 이상 ~ 1% 미만</td><td>

25%
20%
15%
10%
5%</td></tr>
<tr><td>④식품위생법 및 축산물 위생관리법행정처분의 사실 유무</td><td>• 최근 2년 내 식품위생법 및 축산물위생관리법 위반으로 아래와 같은 행정처분을 받은 사실이 있는 단체
A. 최근 2개년 연속 영업정지
B. 영업정지 1회 당
C. 품목제조 정지 1회 당
D. 과태료 부과 1회 당
※ 행정처분의 전체를 합산하여 적용</td><td>

일반경쟁
15%
10%
5%</td></tr>
</table>

다) 감액유무 평가 시 감액발생일은 면제 승인된 후 품질 보증기관의 납품조서 발행일을 기준으로 한다.

라) 지체상금 평가는 최근 1년 이내에 발생한 지체발생 계약 건별 해당하는 감소비율을 합산한다.

마) 식품위생법 위반 및 축산물위생관리법 위반에 따른 감소비율은 급식분야만 적용하며, 과징금으로 납부한 경우 사전 통지된 처분사항을 적용하고, 사전 통지된 처분사항별로 해당되는 감소비율을 합산한다.

바) 계약이행 성실도는 전체 감소비율을 합산하여 적용하며, 당해 연도 물량을 배정받기를 희망하는 모든 단체는 매년 1월 31일까지 계약이행 성실도 관련 자료를 계약관에게 제출하여야 한다.

3. 사후관리

가. 수의계약 대상단체 선정취소

1) 수의계약 대상단체가 다음에 해당될 경우에는 심의를 거쳐 대상단체를 취소할 수 있다.

가) 수의계약대상 단체 자격이 없는 것이 확인된 경우

나) 단체의 성격이 변질되어 시정 요구한 이후 이행하지 않은 경우

다) 단체가 조세범처벌법의 조세포탈 등의 불법행위를 한 경우

라) 중소기업청, 당해 단체 설립허가기관 또는 기타 관련기관 계약담당관 등의 직접생산 현장실사에 의해 직접생산 위반(명의대여, 불법 하청생산 등)으로 확인된 경우

마) 부정당업자 제재를 받은 경우

2) 선정 취소된 단체에 배정된 물량은 경쟁계약 전환을 원칙으로 한다.

3) 수의계약 대상 단체에서 취소된 단체는 취소일로부터 2년 이내에는 수의계약에 참여할 수 없으며, 기간경과 후에는 신규단체 자격으로 수의계약에 참여할 수 있다.

나. 수의계약 대상물품 선정취소

1) 수의계약 대상단체가 다음에 해당될 경우에는 **대상물품을 취소**할 수 있다.

가) 수의계약 대상물품을 포기한 경우

나) 지체상금이 계약보증금을 초과하는 경우

다) 하자처리기간 내 하자처리를 이행하지 못하는 경우

라) 생산시설의 일부를 부분임차 하거나, 단일주소 내(아파트형 공장일 경우 동일호수) 부분임차를 한 경우. 시정요구일로부터 6개월 이내에 시정을 완료하지 않은 경우

마) 기타 수의계약대상물품 선정을 취소할 만한 사유가 있는 경우

2) 다음에 해당하는 사유가 발생한 경우에는 **배정물량을 감소**할 수 있다.

가) 당해물품의 지체 또는 하자 등이 발생하는 경우

나) 계약담당 공무원에게 공갈·협박·위협적인 행위를 하거나, 다수인이 사무실 내에서

집단행동을 함으로써 정상적인 공무수행을 어렵게 한 경우

다) 단체 운영실태 확인을 위한 자료 제출을 거부하거나 소홀히 한 경우

라) 기타 검찰기소 등 물량배정 감소가 필요하다고 인정되는 경우

마) 물량배정 감소비율은 최초 발생 시 100분의 50으로 하며, 사유에 대한 시정조치 요구 이후 1개월 이내에 시정이 완료되지 않았을 경우에는 전체를 삭감한다.

다. 수의계약 단체 관리 및 계약해제

1) 계약관은 방위사업청과 수의계약을 체결하는 단체운영 실태를 매년 확인한다.

2) 방위사업청은 매년 4월 말을 기준으로 수의계약 자격을 입증하는 서류 및 단체별 수익금 사용내역, 결산보고서 등 필요한 서류 제출을 요구할 수 있다.

3) 계약관은 매년 우수 군수품 조달 및 성실한 계약이행 등을 유도하기 위하여 우수단체를 선정하여 표창하고 적격심사 시 가점을 받도록 하는 등 인센티브를 부여할 수 있다.

라. 수의계약 품목의 경쟁 전환

1) 다음 품목은 2016년부터 아래의 기준에 따라 계약방법을 결정한다. 다만, 조달환경, 단체경영여건, 기타 정책적인 판단에 따라 재검토할 수 있다.

가) 전투복, 방상내·외피, 정복, 근무복, 퀼팅원단, 계급장류, 부대표지류 등 관급원단이 제공되거나, 민간기피 품목 또는 주요 관심품목은 전량 수의계약을 한다. 다만, 부정당업자 제재 등으로 필요한 경우에는 경쟁계약과 수의계약의 방법을 병행한다.

나) 방한양말 등 경쟁으로 전환되거나 경쟁단가 적용이 필요한 품목은 수의계약과 경쟁계약의 방법을 병행한다.

다) 소량의 운동복류, 모장갑, 천막류, 커버류 등의 품목은 경쟁계약의 방법에 의한다.

2) 기존에 수의계약을 체결할 수 있는 법인 중 '특수임무수행자 지원 및 단체설립에 관한 법률'에 따라 설립된 대한민국특수임무수행자회에 대해서는 2015년 12월 31일까지 일정비율에 해당하는 수의계약 금액의 감축 없이 종전의 규정에 따라 수의계약을 체결할 수 있다.

제5절 계약체결 및 사후관리

계약체결은 경쟁입찰 또는 수의협상 등의 절차를 거쳐 판매자와 구매자 간의 계약조건 및 가격에 대한 합의사항을 성문화하기 위하여 문서로 작성하는 법률행위이다. 사후관리는 계약이행 및 품질에 대한 요구사항들이 충족되도록 보장하는 제반 활동을 말한다.

1. 계약체결

가. 계약체결의 절차

1) 계약체결 절차는 계약서류 접수 및 검토 → 계약서 초안 작성 및 교부 → 업체제출 서류 접수 및 검토 → 계약체결 → 계약서 교부 순으로 실시된다.

2) 계약체결은 낙찰 일(수의협상 일)로부터 10일 이내에 이루어진다.

3) 보증금 납부방법은 국방전자조달시스템 상에서 전자결재하거나 은행이나 보증기관의 증서를 발급받아 방위사업청 계약담당자에게 제출하면 된다.

〈표 2-14〉 계약보증금 납부방법

구 분	구 비 서 류
보험증권	보증금납부서 + 보험증권('예' 서울보증보험)
은행지급보증서	보증금납부서 + 정부보관 유가증권 수령증서 + (은행발급)지급보증서
현 금	보증금납부서 + 정부보관금수령증서 + (은행발급)정부보관금 입금확인증
예금증서	보증금납부서 + 정부보관 유가증권 수령증서 + (은행발급)예금증서 보관확인서 + 질권설정 승낙 및 해제서
유가증권(주식, 채권 등)	보증금납부서 + 정부보관 유가증권 불입 통지서 + 질권설정 동의서 + 주식발행 증명서(양도증서 등) + 인감증명

〈출처: 정보보관금 취급규칙, 정부 유가증권 취급규칙〉

가) 계약보증금 납부는 업체에서 계약보증금 납부서를 작성하여 보증서(원본)와 함께 제출한다.

나) 보증금은 보증서, 유가증권, 현금, 정기예금증서, 전자결재 등으로 납부할 수 있다. 세부내용은 〈표 2-14〉와 같다.

다) 납부서류는 회계팀 보증금담당자에게 작성하여 제출하면 된다.

나. 계약체결 시 업체 제출서류

1) 산출내역서(총액제는 총액으로, 단가제는 단가로 산출한다)

2) 생산납품공정 계획표 5부

3) 계약보증금

가) 계약보증금은 계약금액의 100분의 10 이상으로 한다.

① 총액제 계약의 경우에는 본조 + 국고채 금액을 기준으로 한다.

② 단가제 계약의 경우에는 본조 또는 국고채 금액 중 큰 금액으로 한다.

나) 계약보험 기간은 보증기간 설정을 계약기간의 종료일 이후로 한다. 예를 들면, 계약기간 +1일 등으로 기재한다.

다) 계약보증서는 신청서 1부, 보험증권의 원본과 복사본 각 1부를 제출한다.

4) 수입인지(전자결재)

- 10억 초과: 35만 원
- 10억 이하~1억 초과: 15만 원
- 1억 이하~5천 초과: 7만 원
- 5천 이하~3천 초과: 4만 원
- 3천 이하~1천 초과: 2만 원
- 1천 이하생략(인지세법 제3조, '05.1.1)

5) 인감증명서는 최근 30일 이내 발급한 것으로 2부

6) 사용인감계 신고서 5부

7) 사용인감(도장), 회사명판 지참(공동계약 시 공동업체 포함)

8) 공동계약 시에는 계약서 3부, 물량배정서(납품통지서 접수 후)

♣ 해설 및 팁 2-10: 수의계약업체 추가 준비서류

- **수의계약업체**
  1. 사업자등록증명(사본) 1부
  2. 공장등록증명서 1부(3개월 이내 발급 해당 관서장)

- **보훈용사촌, 복지법인 등 특별법인단체**
  1. 당해 연도 수익사업승인 및 직접생산 확인서 1부 (복지부, 보훈처 등 해당 관서장 발행)
  2. 법인설립허가증 1부(복지부, 보훈처 등 해당 관서장)
  3. 사업자등록증명 1부(3개월 이내 발급, 해당 세무서장)
  4. 공장등록증명서 1부(3개월 이내 발급, 해당 관서장)
  5. 특별법인은 정관 1부

2. 납품통지 및 대금지급

가. 납품통지

1) 납품통지란 업체에게 계약된 물품을 제조 또는 구매하여 지정한 기한까지 지정된 장소로 납품하도록 통지하는 것을 말한다.

2) 납품통지가 되면 업체에서는 수량, 요구 납기, 납지, 기타 조건 등을 확인하여야 한다.

♣ 해설 및 팁 2-11: 계약서 검토 미흡 사례

- M48A3전차에 필요한 육각형 너트의 품목 단위는 1포장에 50개로 되어 있으나, 이를 제대로 알지 못하고 생산 완료 후 납품하였으나 검사과정에서 단위수량이 부족하여 추가 생산 및 납품한 사례가 있었음.
- 업체는 계약서를 확인하는 과정에서 의문이 생기면, 관련 사업부서에 문의하여 정확한 내용을 확인할 필요가 있다.

나. 대금지급

1) 대금지급은 청구일로부터 3~5일 정도 소요된다.

2) 공동계약 체결 후 대가지급은 공동수급체 구성원별로 구분 기재 된 신청서를 공동수급체 대표자가 제출하며, 선금·대가 등의 지급 신청도 구성원 각자에게 지급한다. 선금은 공동이행방식에 의한 공동계약일 경우에는 공동수급체 대표자에게 지급한다.

3. 공동수급체 구성 및 계약이행

가. 공동수급체 구성

1) 공동수급체는 제조설비를 구비한 2개 이상의 업체가 구성한 협의체로서 공동수급체로 입찰에 참여하여 낙찰시 공동으로 계약을 이행하는 것을 말한다.

2) 공동수급체가 입찰에 참여하기 위해서는 공동수급체 대표자를 자체 선정하여 참여업체 간 출자 또는 분담비율을 명시한 공동수급협정서를 입찰등록 시 제출해야 한다.

3) 입찰보증금은 공동수급체 구성원이 공동수급협정서에서 정한 구성원의 출자비율 또는 분담내용에 따라 분할 납부해야 한다.

4) 공동이행방식에 의한 공동계약일 경우의 입찰보증금은 공동수급체 대표자 또는 공동수급체 구성원 중 1인이 일괄 납부할 수 있다.

나. 공동수급체 계약이행

1) 공동계약을 체결한 후에는 공동수급체 구성원의 출자비율 또는 분담내용을 변경할 수 없다.

2) 계약내용의 변경이나 파산, 해산, 부도 등의 사유로 인하여 당초 협정서의 내용대로 계약이행이 곤란한 구성원이 발생하여 공동수급체 구성원 연명으로 출자비율 또는 분담내용의 변경을 요청한 경우에는 조정이 가능하다.

3) 공동수급체 구성원이 동일 입찰 건에 대하여 공동수급체를 중복으로 결성하여 입찰에 참가할 수 없다.

4) 공동수급체의 구성원이 **5인을 초과**하거나 구성원별 계약참여 **최소지분율을** 10% 미만으로 공동수급체를 구성하여 입찰에 참여할 경우에는 무효입찰에 해당된다.

4. 사후관리

가. 계약의 해제 및 해지

1) 지체상금이 계약보증금의 상당 금액에 도달하는 경우, 업체의 사정으로 인하여 계약을 수행할 가능성이 없다고 인정될 때는 계약을 해제 및 해지한다.

2) 지체상금이 당해 계약의 계약보증금 상당액에 도달한 경우라도 전력화시기, 계약이행상황, 업체의 계약이행의사 등을 종합하여 계약해제(해지)를 하지 않을 수 있다.

3) 계약해제권을 가진 채권자가 **계약해제의 의사표시**를 하고 이러한 의사표시가 상대방에게 도달하면, 상대방의 의사와 관계없이 해제의 의사표시의 효력으로 바로 계약이 해제된다. 이때 계약 상대방으로부터 동의서, 포기서 등을 받지 않더라도 해제권 행사가 가능하다.

4) 계약만료가 되면 업체는 정부보관금 환급 및 이자 지급청구서를 방위사업청 상담실로 제출하여 보증금을 수령할 수 있다.

나. 수정계약 체결

1) 수정계약은 수요기관의 요청에 의하거나 업체의 계약변경 요청 시 귀책사유, 계약변경의 필요성 및 수용 가능성을 종합하여 체결한다.

2) 수정계약 체결 시 수량, 납품장소, 납품기한의 변경, 계약금액의 조정 등이 변동되었을 때는 원가가 변동된다.

3) 경쟁품목의 경우 수량변경 시 10% 범위 내에서 물량이 조정되는 경우에는 원가가 변동되지 않는다.

4) 납기연장의 사유는 수요군의 요구, 천재지변 등이 발생하여 그 사유가 심의위원회에서 인정되었을 때만 수정계약이 가능하다.

5) 다음과 같은 경우에는 수정계약을 하지 않을 수 있다.

가) 계약서상 오탈자, 경미한 변경사항이 발생하였을 경우에는 업체의 서면동의가 있을 때는 수정계약을 하지 않을 수 있다.

나) 계약상대자의 법적 동일성 유지 범위 내에서 상호, 대표자(법인의 경우) 주소 등을 변경할 때

다. 계약 이후 추가조달

1) 계약 수량의 10% 이내에서는 수정계약을 할 수 있다.

2) 계약 수량의 10%를 초과할 경우에는 신규조달로 판단을 한다.

3) 계약담당 공무원이 당해물품의 수급상황 등을 고려하여 부득이 하다고 판단하는 경우 업체의 동의를 얻어 계약수량을 증가할 수 있다.

4) 조달요구수량의 10%를 초과할 경우에는 수급상황을 고려하여 집행방법을 판단한다.

가) 납기가 촉박하거나 유찰수의계약 품목인 경우, 수의계약 품목 등의 경우에는 업체의 동의하에 수정계약을 실시할 수 있다.

나) 납기가 충분하거나 경쟁계약을 해도 수급이 가능한 품목은 신규조달로 판단하여 계약을 추진한다.

라. 지체상금

1) **지체상금 처리**는 계약상대자가 계약상의 의무를 기한 내 이행하지 못하고 지체한 때에는 손해배상의 성격으로 지체상금을 징수한다. 단, 계약상대자에게 책임이 없는 사유로 지체된 경우에는 그 지체일수에 해당하는 지체상금은 부과하지 않는다.

2) 계약업체가 수요군에서 요구하는 납기를 준수하기 어렵다고 판단되는 경우에는 방위사업청 통보해야 하며, 방위사업청은 수요군의 납기일 연장 가능여부, 분납 가능여부를 확인하여 업체에 통보한다.

3) 계약조건이나 법규에서 허용하는 경우가 아니면, 수요군에서 납기일을 연장해주거나 분할납품을 허용하더라도 지체상금은 면제되지는 않는다.

마. 물품제조계약에 있어서 일부 규격을 변경할 사유가 발생한 경우

1) 계약체결 당시에는 예상하지 못했던 불가항력적인 상황발생으로 당초 계약물품의 규격을 변경하여야 할 사유가 발생한 경우에 업체는 발주기관의 승인을 득하여야 한다.

2) 발주기관의 승인이 있은 후에는 설계(규격) 변경 및 이로 인한 계약금액을 조정할 수 있다.

♣ 해설 및 팁 2-12: 계약보증금 납부방법

- 위의 '마'항의 1)과 같은 상황이 발생된 경우, 업체에서 제시한 내용이 설계(규격)변경 사유에 해당되는지 여부는 당초 계약조건, 계약이행 상황, 관계규정 등을 고려하여 발주기관에서 판단한다.
- 당초 계약조건, 계약이행 상황, 관계규정 등을 고려할 때, 발주기관의 잘못이 아니라고 판단될 경우에는 규격을 수정하거나 조정하기 어렵다.
- 위와 같은 상황이 발생되면 문제를 해결하는데 장기간이 소요될 것으로 예상되며, 계약이 해지될 가능성이 많다.

바. 생산납품공정계획표 이행여부 확인

1) 방위사업청에서는 신규업체 또는 문제가 있는 품목의 경우 생산납품공정계획표 이행여부를 확인하며, 방위사업청에서 기품원으로 생산납품공정계획표에 의한 생산 진도를 문의한다.

2) 생산납품공정계획표의 계획을 미 이행할 경우에 방위사업청은 이행촉구 및 품질보증활동 강화 공문을 업체와 기품원으로 발송한다.

3) 업체가 선금을 수령했는지 여부를 확인하며, 선금의 사용내역 확인을 한다. 선금 사용내역 확인은 선금 지급일로부터 120일 이내 업체에서 방위사업청으로 제출하도록 하며,

미 이행시 이자를 포함하여 원금을 반환 조치토록 한다. 미 이행여부는 세금계산서, 은행 입금확인서 등을 통하여 확인한다.

4) 고의적으로 생산납품공정계획표 미 이행 시 선금반환 조치 및 계약해제를 할 수 있다.

사. 하자처리 및 부정당업자 제재

1) 하자처리는 계약상대자가 납품한 품목의 규격과 품질이 계약 내용과 동일하여야 하나, 미흡 또는 불량품인 경우에 대체납품 또는 당해 물품대금의 상당액을 반환해야 한다.

2) 공동계약 체결 후 1개 구성원의 제재 사유가 발생한 경우에는 공동수급체 구성원은 계약상의 제조, 용역 등 의무이행에 대하여 연대책임을 진다. 그러나 부정당업자 제재 사유가 발생한 경우에는 사유를 발생시킨 업체에 대해서만 적용한다.

아. 하도급

1) 업체에서 계약물품의 일부·전부에 대하여 제3자에게 완제품을 제조하게 하는 것은 원칙적으로 제한되며, 필요한 경우에 방위사업청의 하도급 승인을 받아야 한다.

2) 하도급과 관련하여 기품원의 사전 승인을 득해야 하는 경우는 다음과 같다.

가) 완제품 임가공: 계약자가 계약품목의 생산과정에서 공정의 일부 또는 부분품을 제3자에게 위탁생산 또는 구입하고자 할 경우

나) 제조계약의 완제품 하도급

3) 하도급 계약 시에는 하도급법과 표준하도급계약의 계약조건을 준수해야 한다.

4) 하도급계약 시에는 계약서를 교부하고, 하도급 대금의 직접지급을 요청한 때에는 해당 수급사업자에게 직접 지급한다.

제6절 ‖ 2단계 경쟁입찰, 협상에 의한 계약, 장기계속계약

1. 2단계 경쟁입찰계약

가. 개념

1) 물품의 제조·구매 또는 용역계약(단순한 노무에 의한 용역은 제외)에 있어서 미리 적절한 규격 등의 작성이 곤란하거나 기타 계약의 특성상 필요한 경우에는 먼저 규격 또는 기술입찰을 실시한 후 가격입찰을 하는 제도이다.

2) 일정한 성능과 규격, 기술 등을 갖춘 제품을 선택한 후에 가격으로 경쟁시키기 위한 것으로 제조업 제품의 성능향상과 기술개발을 촉진시키기 위한 제도이다. 2단계 경쟁입찰은 먼저 규격 또는 기술입찰을 개찰하여 적격자로 확정된 자에 한하여 가격입찰에 참가할 수 있는 자격을 부여한다.

나. 적용 대상

1) 소프트웨어 및 소프트웨어 설계용역

2) 정보통신기기, 계측기, 시험장비, 보안·감시장비

3) 특수선박, 하수처리장비 등 기타 적절한 규격 등의 작성이 곤란하거나 계약의 특성상 필요하다고 인정되는 물품의 제조·구매 또는 용역

다. 입찰방식

1) 규격(기술)입찰을 먼저 실시하여 적격자를 선정한 후에 적격자를 대상으로 가격입찰을 실시한다.

2) 입찰은 각 단계별 2인 이상인 경우에 유효한 입찰이 된다.

3) 낙찰자 결정은 최저가 낙찰자로 한다.

라. 계약체결 시 입찰공고에 포함될 내용

1) 당해 물품의 제조·구매 또는 용역은 2단계 경쟁입찰에 의한다는 내용 및 규격·기술 등의 요건 및 표시서(제안서)에 관한 사항

2) 당해 물품의 제조·구매 또는 용역에 대한 규격·기술 등의 평가요소, 평가요소별 배점기준, 평가방법 등에 관한 사항

3) 입찰자를 식별할 수 있는 표기 금지

4) 기타 입찰에 필요한 사항

마. 예정가격 결정방법은 경쟁입찰 예정가격 절차와 동일하다.

바. 제안서 평가위원회의 구성

1) 규격서(기술서) 또는 제안서를 평가하기 위하여 필요한 경우에는 관계 전문가로 구성된 평가위원회를 둘 수 있다.

2) 규격서(기술서) 또는 제안서 평가에 필요한 세부평가요소, 배점기준, 평가방법 등을 정하되, 필요한 경우 평가위원회의 자문을 받을 수 있으며 배점기준을 정함에 있어 신기술을 우대할 수 있도록 한다.

3) 2단계 경쟁입찰에서 규격 또는 기술입찰서 평가는 평가위원별로 독립적으로 평가한 후 그 결과를 산술 평균하여 입찰공고 시 제시한 조건을 충족한 업체를 규격 또는 기술 적격자로 선정한다.

사. 경쟁입찰 절차 및 내용

1) 2단계 경쟁입찰을 실시하고자 할 때에는 입찰 전에 평가기준 및 절차 등을 미리 정하여 입찰에 참가하고자 하는 자가 이를 열람할 수 있도록 해야 한다.

2) 먼저 규격 또는 기술입찰을 실시하며, 규격 또는 기술입찰을 개찰한 결과 적격자로 확정된 자에 한하여 가격입찰에 참가할 수 있는 자격을 부여한다.

3) 계약목적물의 특성 등에 따라 필요하다고 인정되는 경우에는 규격 또는 기술과 가격입찰을 동시에 실시할 수 있으며, 이 경우 규격 또는 기술입찰을 개찰한 결과 적격자로 확정된 자에 한하여 가격입찰을 개찰한다.

4) 가격입찰서를 개찰한 결과 낙찰자를 결정할 수 없는 경우에는 규격 또는 기술적격자에게 가격입찰서를 다시 제출하게 한다.

아. 낙찰자 결정

1) 2단계 경쟁입찰에 있어서 규격 또는 기술입찰의 경우에는 규격 또는 기술입찰서 평가결과 입찰공고 시 제시한 조건 이상자를 규격 또는 기술 적격자로 결정한다.

2) 가격입찰의 경우에는 예정가격 이하로서 최저가격으로 입찰한 자를 낙찰자로 결정한다. 다만, 낙찰자가 될 동일 가격의 입찰자가 2인 이상 있을 때에는 규격 또는 기술 우위자를 낙찰자로 결정한다.

3) 규격 또는 기술과 가격을 동시에 입찰에 부치는 경우에는 2인 이상의 유효한 입찰로 성립한 규격 또는 기술입찰의 개찰결과 규격 또는 기술적격자로 확정된 자가 1인인 경우에도 가격입찰서를 개봉하여 입찰금액이 예정가격 이하인 경우 낙찰자로 결정할 수 있다.

2. 협상에 의한 계약

가. 성격 및 목적

물품·용역계약에 있어서 계약이행의 전문성·기술성·긴급성, 공공시설물의 안전성 및 그 밖에 국가안보 목적 등의 이유로 필요한 경우에는 다수의 공급자들로부터 제안서를 제출받아 평가한 후 협상절차를 통하여 국가에 가장 유리하다고 인정되는 업체와 계약을 체결하는 제도이다.

나. 계약체결 절차와 평가기준

1) 입찰공고 시 협상에 의한 계약이라는 것을 명시해야 한다. 공고는 제안서 제출마감일 40일 전에 한다.

2) 협상에 의한 계약에 참가하고자 하는 자에게 제안요청서 등 필요한 서류를 교부하거나 제안요청서 등 필요한 서류를 전자조달시스템에 게재해야 한다.

3) 계약담당 공무원은 계약을 체결하려는 경우에 그 계약의 성질·규모 등을 고려하여 필요한 경우에는 제안요청서 등에 대하여 설명할 수 있으며, 설명에 참가한 자에 한하여 계약에 참가하게 할 수 있다.

4) 계약담당 공무원은 협상에 의한 계약을 체결하려는 경우에는 해당계약을 체결하려는 자의 이행실적, 기술능력, 사업수행계획, 재무상태 및 입찰가격 등을 종합적으로 고려하여 계약체결기준 및 협상절차를 정하고, 계약을 체결하려는 자가 그 기준을 열람할 수 있도록 하여야 한다.

5) 계약담당 공무원은 제안서를 평가하는 경우에는 제안서평가위원회의 심의를 거쳐야 한다.

♣ 해설 및 팁 2-13: 2단계 경쟁입찰과 협상에 의한 계약의 차이점

- 대부분의 계약방법이 가격 위주로 업체를 선정하는데 비해, 협상에 의한 계약은 가격의 영향력을 낮추어 기술 우위업체가 선정될 수 있도록 함으로써 기술우위 업체를 보호·육성함은 물론 효율적이고 경제적인 사업추진 여건을 보장하는데 그 취지가 있다. 복수의 업체로부터 제안서를 제출받아 평가한 후 협상대상자를 선정하여 기술 및 가격협상을 거쳐 낙찰자를 결정하는 것이 협상에 의한 계약이다.
- 2단계 경쟁입찰은 입찰자가 제출한 제안서를 평가하여 적격자로서 최저가격을 입찰한 자를 낙찰자로 결정하는 계약방식이다. 낙찰자를 결정하는 과정에서 기술적 요구사항에 대해 제안서평가를 실시한다는 점은 협상에 의한 계약과 유사하나, 우선 협상대상자와 직접적인 협상을 통해 낙찰자를 결정하는 방식이 협상에 의한 계약과 다르다고 할 수 있다.

다. 협상에 의한 계약체결 시 공고에 포함되는 내용

1) 사업명, 사업내용, 사업기간, 예산액

2) 해당 계약이 협상에 의한 계약이라는 사실

3) 제안요청서의 요청기한과 요청에 필요한 서류

4) 제안요청서의 교부대상자 제한 시, 그 근거와 절차·내용(제안요청서 등에 대한 설명을 실시하는 경우에는 그 장소·일시 및 참가의무여부에 관한 사항)

5) 협상에 의한 계약체결에 필요한 기준과 절차

6) 제안서의 제출기간 및 내용

7) 제안서의 평가요소와 평가방법 등

8) 입찰자를 식별할 수 있는 표기 금지

9) 기타 입찰에 필요한 사항

라. 제안서 평가위원회의 구성

1) 협상에 의한 계약을 체결하고자 하는 경우에는 제안서평가위원회를 구성한다.

2) 위원회는 위원장 1인과 위원 4인 이상으로 구성하며, 위원은 평가항목을 고려하여 발주부대(기관)의 소속 공무원, 계약에 관한 학식과 경험이 풍부한 자, 해당분야의 전문가 등으로 한다.

3. 장기계속계약

가. 성격 및 목적

1) 임차, 운송, 보관, 전기, 가스, 수도의 공급, 그 밖에 그 성질상 수년간 계속하여 존속할 필요가 있거나 이행에 수년을 요하는 계약은 장기계속계약을 체결할 수 있다. 이러한 경우에는 각 회계연도 예산의 범위에서 해당 계약을 이행하여야 한다.

2) 장기계속계약은 국가의 국채감소정책에 따라 군에서 확대되고 있다.

나. 계약체결 및 이행

1) 장기계속계약은 총계약금액을 기재하고, 당해 연도의 예산의 범위 안에서 제1차 집행을 실시한다. 제2차 계약이행은 기재된 총 계약금액에서 이미 집행한 금액을 공제하고 남은 금액의 범위 안에서 계약을 이행한다.

2) 제1차 및 제2차 이후의 계약금액은 계약단가에 의하여 이행된다.

다. 장기계속계약의 특징

1) 장기계속계약은 다음연도 예산을 미리 당겨서 계약을 한 후, 집행은 다음 연도에 실시한다.

2) 기존의 국채예산은 다음 회계연도 전반기 내에 집행 완료하는데 비해, 장기계속계약 예산은 다음 회계연도 내에서 집행하면 된다.

3) 다음 연도 예산을 미리 전년도에 계약을 체결하기 때문에 수요기관은 다음 연도에 필요한 물품을 조기에 확보할 수 있다. 특히 계약과 관련하여 행정소요 기간이 많이 소요되는 품목에 이 제도를 적용하면 효과적이다.

4) 업체의 경우에는 다음 연도 계약을 1년 전에 미리 체결한 것이므로, 연간 생산계획을

수립하여 생산 및 납품할 수 있는 장점이 있다.

♣ 해설 및 팁 2-14: 장기계속계약의 사례

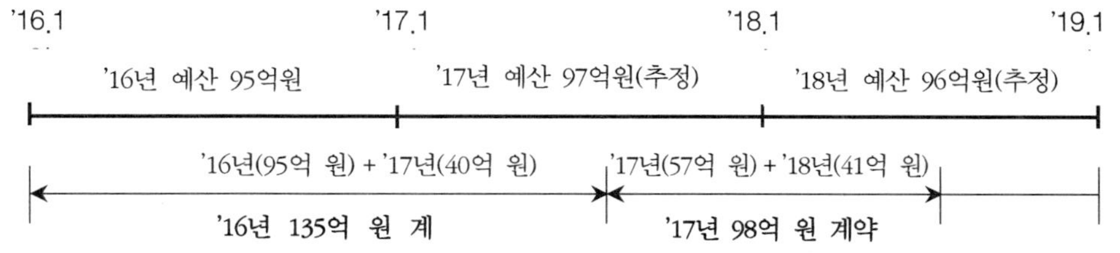

- '16년도 계약은 '16년 예산 95억 원과 '17년도 추정예산 중에서 소요에 필요한 40억 원을 당겨서 총 135억 원을 계약할 수 있다. 135억 원 중에서 '16년도에는 95억 원만 집행할 수 있으며, '17년도 예산인 40억 원은 '17년에 집행할 수 있다.
- '17년도 계약은 '16년 예산 97억 원 중 '16년에 계약한 40억 원을 제외한 57억 원과 '18년도 추정예산 중에서 소요에 필요한 41억 원을 당겨서 총 98억 원을 계약할 수 있다.

제7절 ‖ 방위산업체 및 방위산업물자 지정 절차

방위산업물자는 무기체계로 분류된 물자 중에서 안정적인 조달원(업체) 확보 및 엄격한 품질보증 등을 하기 위하여 지정 및 운영한다. 방산물자의 지정 목적은 자주국방의 기반을 마련하기 위한 방위력 개선과 방위산업의 육성을 통하여 방위산업에 대한 경쟁력 강화 및 선진강군을 육성하는 것이다.

1. 방산업체 및 방산물자 지정

가. 방산업체의 지정 대상

1) 방산물자를 생산하고자 하는 자는 대통령령이 정하는 시설기준과 보안요건 등을 갖추어 산업통상자원부장관으로부터 방산업체의 지정을 받아야 한다.

2) 산업통상자원부장관은 방산업체를 **주요 방산업체와 일반 방산업체**로 구분하여 지정한다.

3) 아래에 해당하는 방산물자를 생산하는 업체에 대하여는 주요 방산업체로 지정하며, 그 외의 방산물자를 생산하는 업체는 일반 방산업체로 지정한다.

- 총포류 그 밖의 화력장비
- 유도무기
- 항공기
- 함정
- 탄약
- 전차·장갑차 그 밖의 전투기동장비
- 전투공병장비
- 야간투시경 그 밖의 광학·열상장비
- 화생방장비
- 지휘 및 통제장비
- 레이더·피아식별기 그 밖의 통신·전자장비
- 그 밖에 방위사업청장이 군사전략 또는 전술운용에서 중요하다고 인정하여 지정하는 물자

4) 군사전략 또는 전술운용상 중요하다고 인정하여 **주요 방산물자로 지정**하는 경우에는 다음과 같은 품목을 대상으로 한다.

가) 민수분야와의 호환성이 적고 개발 및 생산에 대규모의 설비투자가 필요하거나 군의 수요만으로는 경제적인 생산규모에 미치지 못하는 품목

나) 군사전략상 외부에 노출되어서는 안 되는 품목

다) 외국에서의 수입이 제한되어 획득이 어려운 품목 또는 국가 정책적으로 국내에서 개발 및 보호육성이 필요한 품목

5) 위 4)항의 가), 나) 다)에 해당되는 품목은 무기체계 중 완성장비의 주요부품으로서 개발 및 생산에 전문적인 기술이 요구되고, 생산의 보호·육성이 필요한 품목이어야 한다.

나. 방산물자로 지정할 수 있는 물자

1) 군사전략상 긴요한 소량·다종의 품목 또는 군전용 암호장비로서 경제성이 낮아 방산업체 등이 생산을 기피하는 물자

2) 무기체계로 분류되지 않은 것으로써 사람의 생명에 직접 관련되어 엄격한 품질보증이 요구되는 물자

3) 무기체계로 분류된 물자의 주요부품 또는 방산물자의 주요부품으로서 연구개발이 진행 중이거나 완료된 물자

4) 생산·조달의 중단이 예정되는 장비로서 그 수리부속품이 장기간 계속 필요한 물자

5) 연구개발하여 생산한 물자는 아니나, 군사전략상 주요물자로서 정비·재생·개량 또는 개조 등이 필요한 물자

♣ 해설 및 팁 2-15: 방산물자 지정

- 방산물자는 위에서 언급한 물자를 지정하여 운영하며, 여기에는 주요 전투장비에 소요되는 필수적인 수리부속류가 주요 대상품목이다.
- 물자류는 방위사업청장이 군사전략 또는 전술운용에서 중요하다고 인정하는 물자를 방산물자로 지정할 수 있으나, 대부분의 물자류는 일반적으로 2개 이상의 업체에서 조달이 가능한 경우가 다수를 차지하고 있어, 특정 품목을 제외하고는 방산물자로 지정하여 운영하지 않는다.

다. 방산물자 및 방산업체의 지정 절차

1) 방위사업청장은 경영능력과 생산기술이 우수한 업체가 방산업체로 지정될 수 있도록 산업통상자원부장관에게 추천할 수 있다.

2) 위 '나'의 1)항에 해당하는 군수품을 생산하고 있거나 생산하려고 하는 자와 방위사업청 사업관리본부장, 계약관리본부장 및 KHP사업단장은 방위사업청 방산진흥국장에게 방산물자의 지정을 요청을 할 수 있다.

3) 방위사업청 방산진흥국장은 방산물자 지정 요청을 받은 경우에 관련기관에 방산물자 지정의 적합성 검토를 요청할 수 있으며, 검토 의뢰 전에 법무검토를 통하여 판단할 수 있다.

4) 법무검토 결과 방산물자가 법령상 지정대상에 해당 되지 않는다고 판단되면, 관련기관의 검토 의뢰 없이 지정 불가로 통보할 수 있다. 방산물자의 지정 및 취소 절차는 〈그림 2-3〉과 같다.

〈그림 2-3〉 방산물자 지정 및 취소 절차

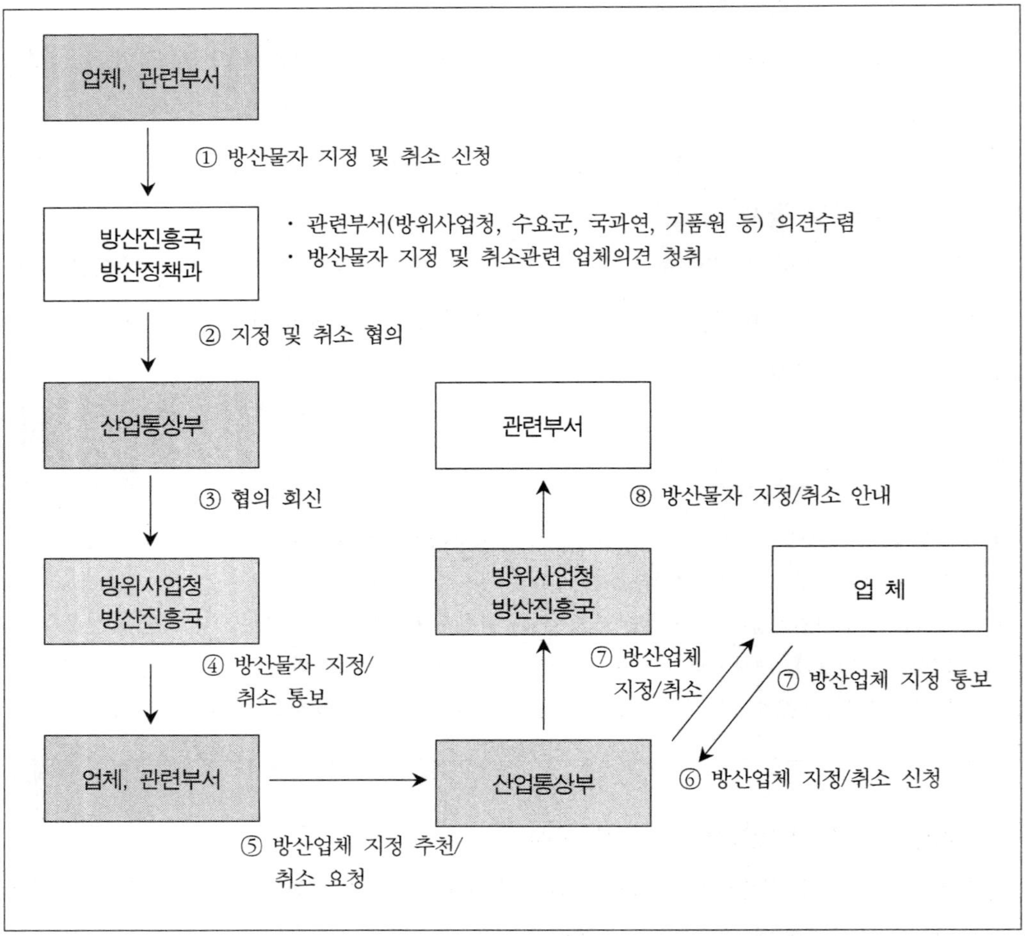

라. 방산물자의 지정 시기 및 제한

1) 방산물자의 지정 시기

가) 무기체계 및 전력지원체계 **연구개발의 경우에는 체계개발 단계**에서 운용시험평가 결과 '전투용 적합' 판정 후에 방산물자로 지정할 수 있다.

나) 핵심기술 연구개발의 경우, 시험개발단계의 개발시험평가 결과 '기준 충족' 및 '무기체계 적용가능 판정' 후에 지정 적합성을 검토하여 방산물자로 지정할 수 있다.

다) 업체 자체 연구개발로 개발·생산한 물자의 경우 **규격화 및 목록화가 완료된 후**에 방산물자로 지정할 수 있으며, 사업일정상 필요한 경우에는 운용시험평가 결과 '군사용 적합' 판정 후에도 지정할 수 있다.

라) 기술협력생산의 경우, 선정된 국내업체가 제출한 기술협력생산계획서를 확정한 이후에 방산물자로 지정할 수 있다.

마) 방산진흥국장은 업체의 국산화 신청에 의해서 정부가 승인하여 국산화와 관련한 연구개발 확인서를 발급받은 물자는 방산물자로 우선 지정을 고려할 수 있다.

2) 지정 제한

가) 지정 요청한 물자의 국산화율 및 국산화 계획 검토 결과, 방산물자로서 적합하지 않다고 판단되는 경우에는 지정하지 않을 수 있다.

나) 국산화율 및 국산화 계획의 적합성 판단 기준은 **매 3년마다** 방위사업청장(방산지원과장)이 정한다.

마. 방산물자 지정 취소 및 추가 지정

1) 방산물자 지정 취소

가) 정기검토는 3년 주기로 하며, 정기검토 예정 연도 이전에 관련기관에 지정 취소 검토요청 등의 절차 준비를 할 수 있다.

나) 방산진흥국장은 필요한 경우 수시로 방산물자의 지정 취소를 검토할 수 있다.

다) 관련기관은 방산물자로 지정된 물자 중 다음에 해당되는 경우는 **지정 취소 검토를 방산진흥국장에게 의뢰**할 수 있다.

① 방산업체의 대표 및 임원이 청렴서약서의 내용을 위반한 때

② 규정에 의한 시설기준 및 보안요건에 미달하게 된 때

② 정당한 사유 없이 정부에 대한 방산물자의 공급계약을 거부 또는 기피하거나 이행하지 아니한 때

④ 규정에 의한 이행명령을 이행하지 아니한 때[12)]

⑤ 거짓 또는 부정한 방법으로 자금융자를 받거나 융자받은 자금을 그 용도 외에 사용한 때

⑥ 거짓 또는 부정한 방법으로 규정에 의한 보조금을 지급받거나 지급받은 보조금을 그 용도 외에 사용한 때

⑦ 규정에 의한 승인을 얻지 아니하고 재산을 처분한 때

⑧ 규정을 위반하여 국유재산이나 물품을 용도 외에 사용한 때

⑨ 규정에 의한 시설의 개체·보완·확장 또는 이전에 필요한 조치명령을 이행하지 아니한 때

⑩ 허위 그 밖에 부정한 내용의 원가자료를 정부에 제출하여 공급계약을 체결한 때

⑪ 방산업체가 부도·파산 그 밖의 불가피한 경영상의 사유로 정상적인 영업이 불가능한 경우에 관련서류를 첨부하여 산업통상자원부장관에게 방산업체 지정의 취소를 요청한 때

라) 방위사업청장은 방산물자가 다음의 어느 하나에 해당하게 된 때에는 산업통상자원부장관과 협의하여 **그 지정을 취소**할 수 있다.

① 2개 이상의 업체에서 조달이 용이하고 품질보증을 할 수 있다고 인정된 때

② 군의 소요가 없거나 편제 장비가 삭제된 때

③ 비밀등급이 저하되어 군사기밀이 요구되지 않는 경우

④ 연구개발 또는 구매의 계획변경·취소 등으로 방산물자 지정 취소가 필요하거나 방산물자 지정을 계속 유지할 필요가 없을 때

마) 분석시험평가국장(표준기획과장)은 방산물자의 규격이 상용규격으로 전환된 경우에는 이를 방산진흥국장에게 통보하여야 하며, 방산진흥국장은 통보된 물자의 방산물자 지정 취소여부를 검토한다.

2) 방산업체의 추가 지정 절차

가) 산업통상자원부장관은 이미 지정된 방산업체가 있는 방산물자에 대해서 지정된 방산업체 이외의 다른 업체가 방산업체 지정 신청을 하는 경우 방위사업청장(방산진흥국장)에게 생산능력판단서 초안 작성, 국방규격 공개, 현장실사, 보안측정 요청 및

12) 방위사업청장이 다음의 내용을 권고하였음에도 정당한 사유 없이 권고사항을 이행하지 아니하는 경우에는 그 내용을 공표하고, 공표 후 3개월이 경과하여도 권고사항을 이행하지 아니하는 경우에는 당해 대기업자 또는 방산업체에 그 이행을 명할 수 있다.
1. 대기업자에 대하여 사업의 인수·개시 또는 확장의 시기를 3년 이하의 기간을 정하여 연기하거나 생산품목·생산수량 또는 생산시설 등의 축소
2. 방산업체에 대하여 투자의 시기 또는 규모를 조정하거나 중복 투자의 제한

방산업체 추가지정에 대한 협의를 요청할 수 있다.

나) 위 가)항의 산업통상자원부장관의 요청이 있는 경우 방위사업청은 기품원에 생산능력판단서 초안 작성을 요청할 수 있고 기품원은 초안을 작성하여 방위사업청에 송부한다.

다) 산업통상자원부장관의 요청이 있을 경우, 방위사업청에서는 방산업체 지정을 신청한 업체에게 해당 **방산물자의 국방규격을 공개**할 수 있다. 그러나 보안상 우려가 있다고 판단되는 경우 방산진흥국장은 국방규격의 열람요청을 거부할 수 있다.

라) 방산진흥국장은 국가 안보에 미치는 영향을 고려하여 일반적으로 공개가 가능한 품목에 한하여 청 홈페이지, 관보 등을 통하여 방산물자 목록을 공개할 수 있다.

마) 방산진흥국장은 현장실사 결과 당해 업체가 방산물자의 생산능력이 있다고 판단되는 경우에는 방산업체 추가 지정을 검토한 후 산업통상자원부장관에게 그 결과를 통보하며, 다음에 해당되는 경우에는 방산업체로 추가 지정할 수 있다.

① 군사전략상 방산업체의 지역적 분산이 필요한 경우

② 전시에 다량의 물량이 필요한 물자로서 지정된 방산업체가 그 물량을 전량 공급할 수 없다고 예상되는 경우

③ 지정된 방산업체가 지정 취소 사유에 해당되어 해당 방산물자 생산에 부적절한 경우

④ 지정된 방산업체의 가격 저항 등으로 인해서 해당 방산물자의 적기 전력화에 차질이 발생한 사례가 있거나 예상되는 경우

⑤ 국방중기계획상 해당 방산물자의 소요가 많아 지정된 방산업체가 모두 생산할 수 없는 경우

⑥ 기타 군사전략, 후속 군수지원 및 방산물자의 가격·품질 경쟁력 강화 등의 필요에 따라 방산업체의 추가 지정이 필요한 경우

2. 방산업체의 특례

가. 방산업체의 보호 육성

1) 방산업체는 정부로부터 방산물자의 생산 및 조달에 관한 보장을 받는다.

2) 방위사업청, 각 군, 국방과학연구소, 국방기술품질원 및 군 정비부대는 방산물자의 연구개발 또는 생산을 위하여 방산업체(또는 전문연구기관)에 대하여 **기술 및 생산지원**을 할 수 있다.

3) 정부에서는 주요 방산물자를 생산하는 방산업체에 대하여 연구 또는 시제품생산, **자**

금융자 등을 지원한다.

가) 방산시설의 설치·이전·보완 또는 확장에 필요한 자금
나) 원자재의 구매 및 비축에 필요한 자금
다) 방산물자 그 밖의 군수품의 국산화를 위한 개발자금
라) 방산물자와 방산물자에 준하는 물자 수출을 위한 자금
마) 핵심기술 및 부품 개발에 필요한 자금
바) 연구개발 및 유휴시설 유지를 위하여 필요한 자금
사) 그 밖에 방산업체의 운영에 필요한 자금

4) 방위산업의 육성을 위하여 필요한 경우에는 다음에 소요되는 **비용의 전부 또는 일부를 보조**할 수 있다.

가) 방위산업 전용기기의 구매 또는 설치
나) 연구개발 또는 기술도입
다) 군수품의 품질검사 또는 방산물자의 품질경영
라) 그 밖에 방위산업의 육성을 위하여 필요한 사항

나. 방산물자 등의 수출지원

1) 방위사업청장은 방산물자 등 및 국방과학기술의 수출 진흥을 위하여 방위산업의 투자촉진과 수출시장의 확대 등을 위하여 필요한 조치를 할 수 있다.

2) 수출 진흥을 위하여 필요한 경우에 다음에 해당하는 업체에 **재정적인 지원 또는 물적·인적 지원**을 할 수 있다.

가) 방산물자 등의 수출을 추진하는 업체
나) 수출 진흥을 위한 자문·지도·대외홍보·전시·연수 또는 상담 알선 등을 업으로 하는 자
다) 국내·외에서 방산물자 등과 관련한 전시장을 설치 또는 운영하거나 전시장에 방산물자 등을 출품하는 자
라) 방산물자 등의 수출을 위한 국제협력을 추진하는 자

다. 국유재산의 양도 또는 대부

1) 정부는 국유재산 중 일반재산과 물품에 대하여 수의계약으로 방산업체에 매각하거나 유상 또는 무상으로 대부할 수 있고, 국유재산의 행정재산에 대하여 **무상으로 사용을 허가**할 수 있다.

2) 방산업체(또는 전문연구기관)에 대하여 방산물자의 생산·연구·시제품 생산을 위하여 필요한 경우, 전용기기(또는 물품)를 유상 또는 무상으로 대부하거나 양도할 수 있다.

3) 방산업체가 수출을 목적으로 국가가 보유한 방산시설 또는 방산물자의 양도·대부·사용 또는 교환 등을 요청하는 경우에는 군 작전 및 전력유지에 지장이 없는 범위 안에서 유상 또는 무상으로 양도·대부하거나 사용을 허가 할 수 있다.

라. 계약의 특례

1) 방산물자와 무기체계의 운용에 필수적인 수리부속품 조달, 연구 또는 시제품생산을 하도록 하는 경우에는 단기계약·장기계약·확정계약 또는 개산계약을 체결할 수 있다.

2) 위 1)항에 의거 계약을 체결하는 경우에는 필요시 당해 연도 예상된 범위 내에서 착수금 및 중도금을 지급할 수 있다. 업체는 지급된 착수금 및 중도금에 대하여 당해 계약의 수행을 위한 용도 이외에는 사용할 수 없다.

3) 장기계약을 체결한 경우에 지급된 착수금 및 중도금에 대하여는 계약물품을 최종 납품할 때까지 정산을 유예할 수 있다.

4) 방위사업청장은 국방부 및 그 직할부대·직할기관과 각 군이 필요로 하는 전력지원체계를 구매·공급하기 위하여 필요한 경우에는 품질·성능 등이 같거나 비슷한 물품을 공급하는 2인 이상의 다수자를 계약상대자로 하는 단가계약을 체결할 수 있다.

5) **방산물자의 수의계약 조건**은 다음과 같다.

가) 방산물자로 지정된 품목의 경우 방산수의계약체결 규정을 적용한다.

나) 방산물자 복수지정 품목의 계약방법은 지명경쟁으로 집행한다.

다) 방산물자와 일반물자를 혼합하여 묶음으로 판단하거나 조달을 집행할 수 없다.

라) 방산물자로 지정된 품목은 '방위사업법'에 의한 방산물자를 방위산업체로부터 제조, 구매하는 경우에 수의계약 대상이 된다.

제8절 ‖ 군수품 선택계약제도

군수품 선택계약제도란 방위사업청에서 품질, 성능 등이 같거나 비슷한 물품을 공급하는 2개 이상의 업체를 대상으로 단가계약을 체결해 놓으면, 수요군(사용부대)에서는 계약된 업체 중에서 업체와 물량을 선택하여 납품을 받는 계약제도이다.

1. 개념 및 대상품목

가. 개념 및 운용절차

1) 개념

가) 군수품 선택계약제도는 수요군에 소요되는 물량을 **한 개의 업체와 계약하여 납품받아 운용하는 것에 대한 문제점을 보완**하기 위하여 만든 제도이다.

나) 수요군(사용부대)에서는 다수의 업체 중에서 **업체 및 소요물량의 일부 또는 전부를 선택하여 납품** 받을 수 있다. 또한 납품 요구한 업체가 납품이행이 제한되거나 부도가 났을 때 계약된 타 업체로 납품을 요구할 수 있는 장점이 있다.

다) 이 제도는 다수의 업체와 계약을 실시하여 업체 간 경쟁을 통한 품질향상을 유도할 수 있으며, 필요한 시기에 필요한 물량을 반드시 보급해야 하는 군용품의 특성상 매우 유용한 제도라고 할 수 있다.

2) **운용절차**

가) 방위사업청에서는 품질, 성능 등이 같거나 비슷한 물품을 공급하는 **2개 이상의 업체와 단가계약을 체결**한다.

나) 수요군(사용부대)에서는 방위사업청 계약업체 중에서 업체를 선택하고, 소요물량의 일부 또는 전부를 납품 요구할 수 있다. 선택업체의 수는 1개 또는 다수가 될 수 있다.

다) 수요군(사용부대)은 납품된 물량을 사용한 다음 만족도 조사를 실시하여 그 결과를 군수사령부에 통보한다. 군수사령부에서는 사용부대에서 조사한 결과를 종합하여

방위사업청에 통보한다.

라) 방위사업청에서는 수요군의 만족도 조사결과를 계약이행실적평가 점수에 반영하며 차기연도 계약에 반영되도록 한다.

마) 방위사업청에서 차기연도 계약이 완료되면, 그 결과를 수요군(군수사)에 통보하여 납품대상 업체 및 납지별 납품수량을 결정하도록 한다.

바) 수요군(군수사)에서는 결정된 납품업체와 납지별 납품수량을 납품하도록 업체에 통보한다. 선택계약제도의 업무 흐름도는 〈그림 2-4〉와 같다.

〈그림 2-4〉 선택계약제도의 업무 흐름도

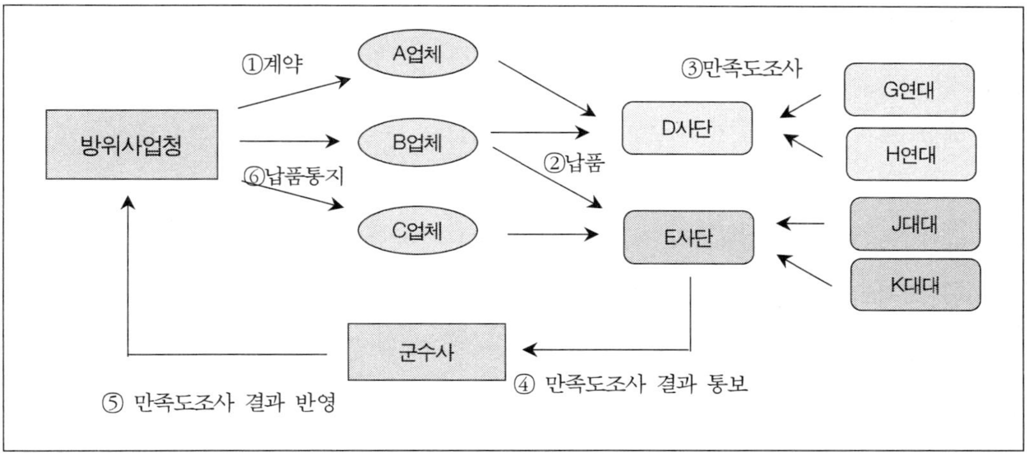

나. 대상품목

1) 규격(모델)이 확정되고 경쟁입찰이 가능한 물품

2) 수요기관의 구매요구서가 제시되어 경쟁입찰이 가능한 물품

3) 단가계약(제3자단가계약 포함)이 가능한 물품

4) 선호도에 따라 수요기관에서 선택이 가능한 물품

5) 기타 방위사업청 계약관리본부장이 필요하다고 판단하는 물품 등

2. 대상품목 및 계약이행 절차

가. 계약 및 이행절차

1) 군수품 선택계약에 참여하기 위해서는 국가종합전자조달시스템(조달청 나라장터)에 업체 등록을 하고, 국방전자조달시스템(www.d2b.go.kr)에 사용자 등록 및 추가정보 등록을 하

여야 한다. 중소기업자간 경쟁품목은 참가자격을 중소기업자 등으로 제한할 수 있다.

2) 방위사업청 계약담당 공무원은 필요한 경우에 업체의 생산능력 확인을 할 수 있도록 입찰공고 조건에 명시할 수 있다.

3) 업체 결정은 방위사업청장이 정한 '물품적격심사 기준' 또는 '중소기업자간 경쟁제품 중 물품의 구매에 관한 계약이행능력심사 세부기준' 등을 적용하며, 낙찰자 결정방법에 따라 예정가격 이하로써 **최저가 입찰자순으로 심사**를 진행하여 심사결과 종합평점이 95점 이상인 다수의 업체를 결정한다.

4) 계약업체가 2개 이상 되어야 군수품 선택계약제도로 적용할 수 있다.

5) 계약목적물이 여러 차례로 분할하여 계약을 이행하는 경우의 계약보증금은 분할납품 물량 중에서 최대량에 계약단가를 곱한 금액의 100분의 10이상을 납부한다.

6) 계약이 완료되면, 방위사업청에서는 그 결과를 수요군(군수사)에 통보하여 납품대상 업체 및 납지별 납품수량을 결정하도록 한다.

7) 차기계약 체결이 지연되어 수요기관의 적기보급에 차질이 발생하는 경우에는 계약서에 정한 회계연도 내에서 계약관의 승인을 받아 차기계약 체결 시까지 기간을 연장할 수 있으며, 납품통지서 발급일은 계약서에 기재된 계약종료일 이전에 발행해야 한다.

나. 계약배제 및 부정당업자 제재

1) 계약건명 및 입찰등록일 전일을 기준으로 최근 2년간 군수품 선택계약을 연속적으로 체결하였으나, 최소 납품보장 물량 외에 수요기관의 선택을 받지 못하거나, 계약이행실적 평가에서 2회 이상 연속 총점기준으로 '미흡'을 받은 업체의 경우에는 차기 공고일로부터 **1년간 차기계약에서 배제**할 수 있다.

2) 업체가 계약과정에서 계약관련 서류의 허위, 위조, 변조 또는 기타 부정한 방법으로 제출한 경우에는 부정당업자로 제재를 가할 수 있으며, 이러한 행위로 부당이득이 발생한 경우에는 **부당이득금을 환수**할 수 있다. 또한 계약상대자로 결정된 업체가 정당한 이유 없이 계약을 체결하지 않은 경우에도 부정당업자로 제재를 가한다.

다. 계약이행실적 평가 및 등급화 운영

1) 방위사업청은 군수품 선택계약 납품실적이 있는 업체를 대상으로 계약이행실적을 연 1회(1월) 평가한다. 평가기간은 평가 전월부터 최근 1년간 계약기간 동안의 이행실적을

평가한다.

2) 방위사업청에서는 4개의 평가항목에 대하여 8개의 평가지표를 평가한다.

3) 수요기관 만족도(30점)는 2개 이상의 수요기관이 평가한 경우, 수요기관 평균 평가점수를 반영한다.

4) 평가항목 및 평가지표의 배점은 〈표 2-15〉와 같으며, 100점 만점으로 평가한다. 평가등급 간 점수구간 설정은 〈표 2-16〉과 같다.

〈표 2-15〉 계약이행실적 평가

평가항목	평가지표	정의	등 급	점수	배점
계	-	-	-	-	100점
기본점수	-	-	-	-	10점
납기 (20점)	납기 준수율	납품금액 대비 지체 납품된 금액 비율	- 해당없음(0.1%미만 포함) - 납품금액의 0.1% 이상 ~ 1% 미만 - 납품금액의 1% 이상 ~ 3% 미만 - 납품금액의 3% 이상 ~ 5% 미만 - 납품금액의 5% 이상 ~ 7% 미만 - 납품금액의 7% 이상 ~ 10% 미만 - 납품금액의 10% 이상 ~ 15% 미만 - 납품금액의 15% 이상	20 18 16 14 12 10 8 6	20점
품질 (20점)	하자 발생 유무	납품금액 대비 하자 비율	- 해당없음 - 납품금액의 0.1% 미만 - 납품금액의 0.1% 이상 ~ 1% 미만 - 납품금액의 1% 이상 ~ 3% 미만 - 납품금액의 3% 이상 ~ 5% 미만 - 납품금액의 5% 이상	10 8 6 4 2 0	10점
		급식류만 적용	- 기품원, 수요군 경고장 1회당 - 1점 감점		
	감액 유무	납품금액 대비 감액 비율	- 해당없음 - 납품금액의 0.1%이상 ~ 1%미만 - 납품금액의 1%이상 ~ 10%미만 - 납품금액의 10%이상 ~ 20%미만 - 납품금액의 20%이상	10 8 6 4 0	10점
계약 이행 성실도 (20점)	부정당 업자 제재 기간	최근 1년 이내 부정당업자 제재 받은 사실이 있는 자 (평가전월 기준)	- 해당없음 - 3개월 이하 - 3개월 초과 ~ 6개월 이하 - 6개월 초과 ~ 9개월 이하 - 9개월 초과 ~ 1년 이하 - 1년 초과	10 8 6 4 2 0	10점

			단, 2회 이상 입찰참가자격제한처분을 받은 업체는 최저점수(0점) 평가함		
	과징금 부과	최근 1년 이내 부정당업자 제재 대신 과징금부과 (평가전월 기준)	납품금액기준 과징금 부과율 - 해당없음 - 4.5% 이하 - 4.5% 초과 ~ 9% 이하 - 9% 초과 ~ 13.5% 이하 - 13.5% 초과 ~ 15% 이하 - 15% 초과 단, 2회 이상 입찰참가자격제한처분 또는 과징금 부과처분을 받은 업체는 최저점수(0점) 평가함	10 8 6 4 2 0	10점
수요 기관 만족도 (30점)	품질 만족도	수요기관의 담당자가 평가한 품질 만족도	- 95% 이상 (매우만족) - 85% ~ 95% (우수) - 80% ~ 85% (보통) - 70% ~ 80% (미흡) 70% 미만 (불만족)	10 8 6 4 2	10점
	가격 만족도	수요기관의 담당자가 평가한 가격 만족도	- 95% 이상 (매우만족) - 85% ~ 95% (우수) - 80% ~ 85% (보통) - 70% ~ 80% (미흡) 70% 미만 (불만족)	10 8 6 4 2	10점
	종합 만족도	수요기관의 담당자가 평가한 종합 만족도	- 95% 이상 (매우만족) - 85% ~ 95% (우수) - 80% ~ 85% (보통) - 70% ~ 80% (미흡) 70% 미만 (불만족)	10 8 6 4 2	10점

〈표 2-16〉 평가등급 간 점수구간 설정

최우수(Blue)	우수(Green)	보통(Orange)	미흡(Red)
90점 이상	85점 이상~90점 미만	75점 이상~85점 미만	75점 미만

5) 계약담당 공무원은 계약이행실적평가 결과를 수요기관 및 계약업체가 열람할 수 있도록 국방전자조달시스템에 게시한다.

3. 수요기관 평가 및 납품업체 선정

가. 수요기관 만족도 평가

1) 수요기관의 만족도 평가는 품질, 가격, 종합만족도에 대하여 실시한다.

2) 수요기관의 만족도 평가는 방위사업청의 계약이행실적평가 1개월 전(**전년도 12월**)**까지** 완료하여 방위사업청에 통보한다.

3) 수요기관 만족도는 사용부대에 설문을 통하여 평가한다.

♣ 해설 및 팁 2-16: 수요기관의 만족도 평가 중점

- 수요기관의 만족도 평가는 사용부대의 만족도 조사결과를 중점적으로 반영한다. 〈표 2-15〉에서는 '수요기관 담당자가 평가한 만족도'라고 되어 있지만 물품을 실질적으로 사용하는 부대의 의견이 가장 중요하게 평가에 반영될 것이다. 또한 사용자 불만사항 등이 접수될 경우에는 평가에 부정적인 요소로 반영된다.

나. 납품대상 업체 선정 및 물량 배정

1) 방위사업청에서 업체계약이 완료되어 수요군(군수사)에 통보하면, 수요군에서는 납품대상 업체 및 납지별 납품수량을 결정하게 된다.

2) 군수품 선택계약과 관련된 주요 사안에 대한 결정은 **수요기관 심의위원회에 안건을 상정하여 의결**한다.

3) 납품업체로 선정된 각 업체에게는 총 계약금액의 **100분의 10 이상의 최소 납품 물량이 보장**되도록 한다.

4) 군수품 선택계약을 최초로 적용하는 품목에 대해서는 계약된 전 업체를 납품업체로 결정할 수 있으며, 최초로 적용하는 품목은 각 업체별로 납품요구량을 차등 또는 동일 비율로 분배할 수 있다.

5) 군수품 선택계약이 적용되는 동일한 품목에 대하여 납품실적이 있는 업체와 최초로 계약에 참여하는 업체가 있는 경우에 납품대상 업체 및 납품수량 결정은 심의위원회에서 결정할 수 있다.

제3장

조달청 조달

제1절 ‖ 조달청 업무등록 절차

조달청을 통하여 납품을 하기 위해서는 가장 먼저 공인인증기관의 인증서를 발급받아 국가종합전자 조달시스템에 이용자 등록을 해야 한다. 또한 국가종합전자조달시스템에 등록된 자기정보는 수시로 확인하여 이상이 없는가를 확인하여야 한다.

1. 신규 및 변경등록 절차

가. 신규등록 절차

1) **공인인증서 설치:** 경쟁입찰에 참여하기 위해서는 가장 먼저 공인인증기관의 인증서를 발급 받아 이를 설치하여야 입찰참가자격 등록신청이 가능하다. 지정된 공인인증 기관은 다음과 같다.

공인인증기관	인터넷 주소 / 전화번호
코스콤(주)	www.signkorea.com / 1577-7337
한국정보인증(주)	www.signgate.com / 1577-8787
한국전자인증(주)	www.crosscert.com / 1566-0566
(주)한국무역정보통신	www.tradesign.net / 1566-2119

2) **등록신청**

가) 등록은 연중 언제라도 등록이 가능하며, 당해 입찰에 참여하기 위해서는 입찰일 전날까지 확정등록이 되어야 한다.

나) 입찰에 참여를 희망하는 업체는 국가종합전자조달시스템(www.g2b.go.kr)에 접속하여 경쟁입찰 참가신청서에 물품, 공사, 용역, 외자의 해당부분을 입력하여 전송한다.

다) 참가신청서를 입력한 다음, 시행문과 증빙서류를 출력하여 참가신청서를 전송한 해당 조달청에 우편으로 발송하거나 방문하여 제출한다.

라) 물품업체의 신규등록 시 제출 증빙서류는 다음과 같다.

- 인감증명서 원본
- 공장등록증(제조업체만 해당) 사본
- 공장 증명서류(공장등록증이 없는 경우): 건축물관리대장 사본
- 창업·벤처기업의 경우 해당기관에서 발급한 관련 증빙서류 사본
- 형식승인을 받은 경우 해당기관에서 발급한 관련 증빙서류 사본

* 각 증명서류 사본에는 반드시 증명인감으로 "사실과 다름없음"을 날인하여야 한다.

마) 등록은 조달청 본청 및 각 지방조달청 중 등록신청자가 지정한 장소에서 할 수 있다. 조달청 등록절차는 〈그림 3-1〉과 같다.

〈그림 3-1〉 조달청 등록절차

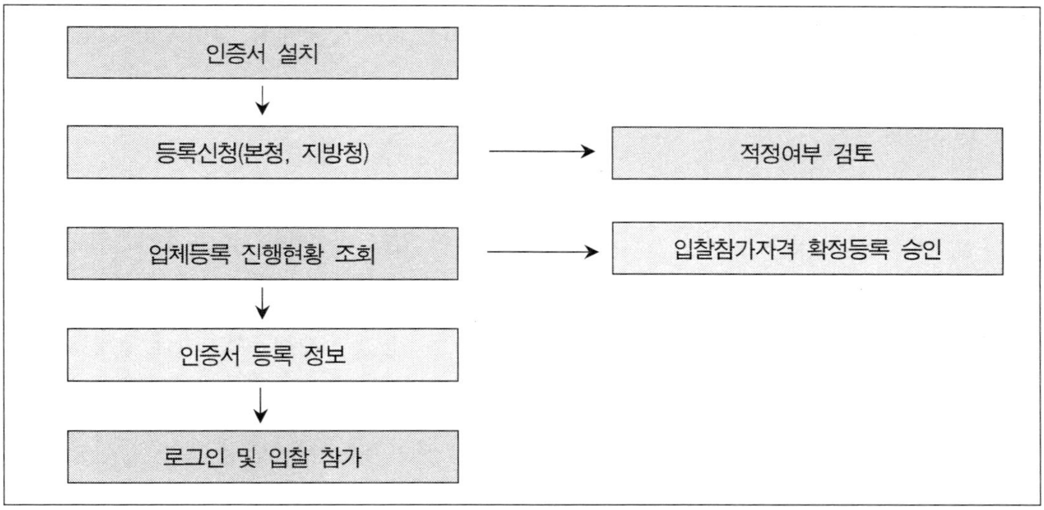

3) 적정여부 검토

가) 등록신청서를 작성하여 전송한 해당 조달청에 증빙서류를 제출하여야만 등록이 가능하다.

나) 등록 담당자가 업체의 경쟁입찰 참가자격 등록신청서 내용과 구비 서류를 확인하여 등록 요건에 맞으면 확정하여 등록한다.

다) 증빙서류에 '사실과 다름없음'을 날인하는 도장은 인감증명서상의 도장으로 날인하여야 한다.

라) 한번 등록된 업체는 이중 등록이 제한되며, 이미 등록되어 있는 업체일 경우에는 기존등록 화면에서 변경등록 신청을 해야 한다.

4) 입찰참가자격 확정등록

가) 신청내용과 증빙서류가 모두 일치하는 경우에는 조달청 담당자가 확정등록 승인을 하게 된다.

나) 신청 내용과 증빙서류가 부분적으로 일치되는 경우에는 일치되는 부분에 대하여는 확정등록하고, 미흡한 부분에 대하여는 차후 보완하여 변경등록 하도록 업체에 통보한다.

5) **업체 등록현황 조회는** 국가종합전자조달시스템(www.g2b.go.kr)에 접속하여 진행상태(대기, 승인, 보류, 반려)를 확인할 수 있다.

6) **인증서 정보 등록:** 경쟁입찰 참가자격 등록이 완료되면 국가종합전자조달시스템에 접속하여 **사용자 정보**를 등록하여야만 입찰에 참여할 수 있다.

7) 국가종합전자조달시스템에 로그인하여 수요기관(군수사 등)에서 집행하는 입찰에 참여한다.

8) 등록유효기간

가) 별도로 정해진 등록 유효기간은 없다.

나) 허가, 인가, 면허, 등록, 신고 등에 유효기간이 있는 경우에는 그 유효기간의 만료일에 등록의 효력을 상실한다.

다) 조달청은 필요한 경우 일제 갱신등록을 할 수 있으며, 갱신등록기간에 등록하지 않으면 기존 등록은 말소된다.

9) 등록된 사항은 변경·갱신 등의 사유가 발행할 때 그에 따른 변경 또는 갱신등록 신청을 함으로써 계속 등록의 효력을 유지할 수 있다.

♣ 해설 및 팁 3-1: 조달청 본청 및 지방조달청 주소

구 분	주 소	전화 번호
본 청	대전광역시 서구 청사로 189(둔산동) 조달청 고객지원센터	070-4056-7066 070-4056-7481 070-4056-7163
서울지방청	서울특별시 서초구 반포대로217(반포동) 서울지방조달청 고객지원센터	070-4056-8811 070-4056-8822 070-4056-8833 070-4056-8844 070-4056-8600

부산지방청	부산광역시 북구 금곡대로 506-17 (금곡동)	070-4056-6528 070-4056-6555
인천지방청	인천광역시 중구 아암대로 90 (신흥동 3가)	070-4056-7735 070-4056-7736
대구지방청	대구광역시 달서구 이곡공원로 54 (이곡동)	070-4056-7937
광주지방청	광주광역시 북구 첨단과기로 208번길 43 (오룡동)	070-4056-8229 070-4056-8230
대전지방청	대전광역시 서구 배재로 123 (도마동)	070-4056-8332
강원지방청	강원도 춘천시 칠전동길 28(칠전동)	070-4056-8417
충북지방청	충청북도 청주시 흥덕구 가로수로 1257(복대동)	070-4056-8530
전북지방청	전라북도 전주시 덕진구 백제대로 709 (인후동2가)	070-4056-8927
경남지방청	경상남도 창원시 의창구 상남로 231(신월동)	070-4056-6731
제주지방청	제주특별자치도 제주시 청사로 59 (도남동)	070-4056-6927

나. 변경등록 절차

1) 변경등록 신청은 국가종합전자조달시스템(www.g2b.go.kr)에 접속하여 경쟁입찰 참가변경신청서에 물품, 공사, 용역의 해당부문의 변경사항을 입력하여 전송한다.

2) 변경신청서를 입력한 다음, 시행문과 증빙서류를 출력하여 참가신청서를 전송한 해당 조달청에 우편으로 발송하거나 방문하여 제출한다.

3) 업체 자기정보 수정 항목은 업체에서 수정할 책임이 있다.

가) 기본정보 수정화면에서 수정할 수 있는 것은 전화번호, 팩스번호, 종업원 수, 공급물품 등이다.

나) 상호, 대표자, 주소지는 조달청 등록담당자가 정보이용체계를 통하여 확인하며 별도 증빙서류를 제출할 필요가 없다.

다) 증빙서류를 제출하여 확인한 다음 변경이 가능한 항목은 각 항목별로 변경신청서에 변경사항을 수정하여 전송하고, 증빙서류를 별도 제출하여야만 변경이 가능하다. 증빙서류는 다음과 같다.

- 제조물품: 증빙서류사본 제출
- 형식승인 및 창업·벤처: 증빙서류사본 제출
- 등록수첩 및 등록증: 각 증빙서류사본 제출
- 시공능력 평가액: 해당 협회 비회원사만 등록수첩사본 제출, 입찰대리인 임직원은 확인할 수 있는 재직증명서 제출

* 각 협회 회원사의 시공능력평가액이 변경되면 해당 협회자료를 조달청에서 일괄 변경

4) **개인에서 법인 또는 법인에서 개인으로 변경할 경우**

가) 공인인증서를 다시 설치하고 신규로 등록한다.

나) 사업자등록번호가 변경되므로 종전 등록은 말소등록을 요청해야 한다.

5) 갱신등록 시에는 신규등록과 같은 절차로 등록신청을 하면 된다.

다. 국가종합전자조달시스템에서 조달업체가 이용 가능한 서비스

1) 입찰정보의 확인 및 전자입찰의 참가

2) 목록조회, 목록화 요청 등 목록시스템 이용

3) 견적서 제출, 판매 등

4) 전자계약, 대금 지불, 업체정보, 가격정보 등 전자조달 처리 기능

2. 전자입찰 시 유의사항

가. 업체등록

1) 전자입찰에 참가하고자 하는 업체는 전자입찰서 제출마감일 전날까지 조달청에 입찰참가자격 등록을 해야 한다.

2) 계약담당자가 등록을 받아 전자입찰서 제출마감일 전일까지 전자조달시스템에 등록사항을 올리면 등록된 것이다.

나. 전자입찰의 참가방법

1) 전자입찰업체는 지문보안토큰에 저장된 지문정보와 지정공인인증기관에서 발급 받은 사업자인증서를 이용하여 전자조달시스템에 접속하여 안내에 따라 진행한다.

2) 안전 입찰서비스[13]가 적용되는 입찰공고에 참가하고자 하는 경우에는 미리 안전 입찰서비스를 설치한 후에 입찰에 참가해야 한다.

3) 전자입찰업체는 복수 예비가격이 적용되는 전자입찰의 경우에는 복수예비가격 번호 중에서 2개의 예비가격번호를 반드시 추첨해야 한다.

4) 전자입찰서의 제출은 전자조달시스템에 의하여 입찰서를 송신함으로써 완료되며, 입

---

13) "안전 입찰서비스"란 조달업체 PC의 안전성을 확보하기 위해 조달청에서 제공하여 조달업체 PC에 설치된 프로그램으로서 가상의 운영체제 등을 설치하여 안전한 입찰서 제출 업무를 처리하는 소프트웨어를 말한다.

찰자는 입찰 후 보낸 문서함에서 입찰서가 이상 없이 제출되었음을 확인하여야 한다.

5) 동일사항에 대하여 동일 IP(Internet Protocol)주소에서는 1통의 입찰서만 제출할 수 있다.

6) 복수예비가격이 적용되는 입찰(조달청 입찰에 한함)의 경우 전자입찰자는 산정 가능한 최대 복수예비가격(국가계약법이 적용되는 입찰은 기초금액의 102%, 지방계약법이 적용되는 입찰은 기초금액의 103%) 미만으로 입찰서를 제출해야 한다.

7) 지문인식 신원확인 입찰이 적용되는 공고에 참가하고자 하는 전자입찰업체는 반드시 사전에 지문보안토큰에 지문정보를 등록해야 전자입찰에 참여할 수 있다.

8) 지문이 등록된 지문보안토큰이 장애, 인식 오류 등으로 지문정보에 의한 입찰자의 신원확인이 곤란한 경우에는 예외적으로 기존 인증서(개인인증서와 사업자인증서)를 이용하여 전자입찰서를 제출할 수 있다.

9) 공동수급체를 구성하여 전자입찰에 참가하는 경우 입찰자는 해당 공동수급체 대표자이어야 한다. 이때에 공동수급체 구성원은 전자입찰에 관한 일체의 권한을 공동수급체 대표자에게 위임한 것으로 본다.

10) 전자내역입찰의 경우 전자입찰자는 산출내역서 등을 전자조달시스템의 안내에 따라 첨부파일로 제출하여야 한다.

11) 전자입찰의 공고 및 결과에 대한 정보는 국가종합전자조달시스템에서 확인할 수 있다.

12) 은행 인터넷뱅킹서비스 장애 시 타 은행 계좌를 통해 입찰참가수수료를 납부할 수 있도록 입찰참가수수료 납부용으로 두 개 이상 계좌를 보유하는 것이 좋다.

다. 전자입찰의 개찰

1) 전자입찰의 개찰은 입찰공고에 명시된 입찰 장소에서 지정된 일시에 전자입찰집행자가 집행하며, 전자입찰자 또는 그 대리인은 개찰에 참관할 수 있다.

2) 전자입찰집행자는 개찰에 참관하고자 하는 자에게 신분증 및 입찰참가등록증의 제시를 요구할 수 있다.

3) 전자입찰의 개찰은 전자입찰집행자가 개찰용 컴퓨터를 통해 지정공인인증기관에서 발급한 전자인증서로 전자조달시스템에 접속하여 집행한다.

4) 전자입찰과 일반입찰을 병행하여 실시하는 경우에는 전자입찰과 일반입찰을 동시에

개찰한다.

라. 전자입찰의 예정가격의 결정

1) 복수예비가격을 작성하여 전자조달시스템에서 예정가격을 결정할 경우에는 전자입찰업체가 선택한 예비가격번호 중 가장 많이 추첨된 번호 순으로 4개를 선정하여, 해당 각 번호의 예비가격을 산술 평균하여 예정가격을 결정한다.

2) 전자입찰과 일반입찰을 병행하여 실시하는 경우에는 일반입찰자중 직접입찰에 참여한 업체가 선택한 예비가격번호를 포함하여 예정가격을 결정한다.

3) 예정가격을 결정할 때 동일한 빈도로 추첨된 예비가격번호가 2개 이상인 경우에는 그 중에서 낮은 번호부터 선택한다.

4) 추첨된 예비가격번호가 4개 미만인 경우에는 추첨되지 않은 예비가격번호 중에서 국가종합전자조달시스템의 난수발생기로 선택한다.

3. 보증금

가. 입찰보증금

1) 입찰보증금은 신용거래 불량자와 계약담당관이 입찰보증금 납부가 필요하다고 결정한 경우를 제외하고는 입찰금액에 관계없이 입찰보증금 납부를 면제하고 지급각서 제출로 대체한다.

2) 입찰보증증서의 보증기간

가) 개시일은 입찰서 제출 마감일 이전이다.

나) 종료일은 입찰서 제출마감일 +30일 이상이다.

3) **납부금액은 입찰에 참가하려는 금액의 5/100 이상**이어야 하며, 현금 또는 다음의 보증서로 납부한다.

가) 금융기관 및 은행법에 의한 외국금융기관이 발행한 지급보증서

① 은행법 제3조의 규정에 의한 금융기관(단, 외국금융기관 제외)

② 한국산업은행

③ 한국수출은행

④ 장기신용법에 의한 장기신용은행

⑤ 금융기관 및 외국금융기관과 체신관서가 발행한 정기예금증서

나) 증권거래법시행령에 규정된 유가증권 또는 증권거래법시행령에 규정된 보증금으로 대신 수납할 수 있는 상장 유가증권의 종류

① 국가 또는 지방자치단체가 발행한 국채 및 지방채 증권

② 특별법에 의하여 설립된 법인이 발행한 채권 및 출자 증권

③ 주권 또는 신주인수권을 표시하는 증서

④ 상장 유가증권의 대신납부가액은 증권거래소가 정하는 대용가격

다) 보험업법에 의한 보험사업자가 발행한 보증보험증권

라) 법령에 의하여 설립된 공제조합 또는 보증기금에서 발행한 보증서

전문건설공제조합, 전기공사공제조합, 신용보증기금, 기술신용보증기금, 정보통신공제조합, 엔지니어링공제조합, 공업발전법에 의한 공제사업단체, 소프트웨어공제조합, 한국전력기술인협회, 한국기계공업진흥회 (환경설비대상)

마) 신탁업법에 의한 신탁회사가 발행하는 수익증권

바) 증권투자신탁업법에 의하여 투자신탁회사가 발행하는 수익증권

4) **납부방법**

가) 보증보험증권: 증권을 조달청 운영지원팀 또는 각 지방청 고객 상담실에 제출하며, 동 증권의 피보험자는 조달청장이 된다.

나) 정기예금증서 및 수익증권은 정기예금증서 및 수익증권과 인감증명서 및 사용인감계, 질권 설정 동의서, 질권 설정 동의신청서, 질권 설정 승낙의뢰서 2부, 정부보유 유가증권불입필통지서 2부를 제출하며, 정부보관 유가증권불입서의 서식은 은행에 비치되어 있다.

3) 주식은 해당 주식, 정부보관 유가증권불입필통지서 2부, 정부보관 유가증권불입서, 양도증서(양수인의 성명과 양도 일자를 기재하지 않은 것, 양도인의 인감에 여러 종류의 주식을 제출할 때에는 주식발행회사별 주식 양도증서일 것)를 조달청 기업회계담당관실 또는 각 지방청 고객 상담실에 제출한다.

4) 현금은 조달청 운영지원팀 또는 각 지방청 고객 상담실에 납부한다.

나. 선금의 지급보증금

1) 납부금액은 선금액 + 보험기간에 해당하는 약정이자 상당액(지방은행을 제외한 일반은행의 어음대출금액 수준에 의하여 산출한 금액: 7%)을 가산한 금액 이상이다.

2) 납부형태는 입찰보증금에 준한다.

3) 보증(보험)기간의 개시일은 선금지급일 이전이어야 하며, 종료일은 이행기간의 종료일로부터 60일 이상이 되어야 한다.

4) 납부방법은 '계약보증금'과 같다.

다. 계약보증금

1) 3천만 원 이하 소액물품계약 시 계약보증금을 면제하고 지급각서 제출로 대체한다.

2) 납부금액은 계약금액의 **100분의 10이상을 납부**하여야 한다.

3) 납부형태는 입찰보증금에 준한다.

4) 보증기간은 계약기간 +60일 이상이다.

5) 납부방법

가) 보증보험증권, 공제조합보증서, 은행지급보증서 등은 계약부서 담당자에게 직접 제출한다.

나) 현금, 유가증권(국·공채, 주식, 정기예금증서 등)은 조달청 운영지원과 또는 각 지방청 고객 상담실에 제출한다.

제2절 ‖ 우수제품 제도 운영

조달청 우수제품 제도는 조달물자의 품질향상을 위하여 중소기업이 생산한 제품 중 기술 및 품질이 우수한 제품을 대상으로 평가를 통해 우수제품으로 지정하는 제도이다. 우수제품으로 지정된 제품에 대해서는 국가계약법령에 따라 계약을 체결하여 각급 수요기관에 조달한다.

1. 우수제품 제도

가. 장점 및 지정기간

1) 우수제품으로 지정된 제품에 대해서는 국가계약법령에 따라 수의계약이 가능하다.

2) 제3자단가계약 또는 총액계약을 체결하여 수요기관에 공급한다.

3) 조달청에서 전시회 개최, 카탈로그 발간, 조달청 인터넷 홈페이지 게재 등의 홍보를 지원한다.

4) 우수제품을 우선 구매하도록 관련기관, 지방자치단체, 정부투자기관 등에 협조를 요청하며, 수요기관에 설계 시부터 분리하여 발주할 수 있도록 권유한다.

5) 우수제품 지정기간

가) 지정기간은 지정일로부터 3년이다.

나) 업체에서 연장 요청할 경우에는 제품의 품질 및 기술인증, 납품실적, 수의계약 가능 여부, 수출실적 등을 고려하여 최대 3년간 연장할 수 있다.

나. 우수제품 지정대상

1) 중소·벤처기업이 생산한 것으로써 물품과 소프트웨어를 대상으로 기술인증 및 품질인증을 획득한 제품을 지정한다.

2) 지정대상 기술인증 및 품질인증은 다음과 같다.

가) 기술인증

① 신제품(NEP)은 인증은 지식경제부 소관이며, 인증서로 단독 신청이 가능하다.

② 신기술(NET) 적용 제품이 종류 및 소관기관은 NET(교과부, 국토부, 환경부), 전력신기술(지경부), 건설신기술(국토부), 교통신기술(국토부), 보건신기술(보건복지부), 환경신기술(환경부), 자연재해저감신기술(소방방재청)이다. 신기술을 적용하여 생산한 제품으로 품질인증을 반드시 1개 이상 득해야만 단독신청이 가능하다. 신제품, 신기술제품은 최초 인증일로부터 2년 이내만 적용되고 종합평가서가 필요하다.

③ 특허·실용신안 제품은 특허청에 등록된 국내 특허에 한하여 적용한다. 특허 또는 실용신안 기술을 적용한 제품으로 품질인증을 반드시 1개 이상 득해야만 단독으로 신청이 가능하다.

a. 특허제품은 등록 후 5년 이내에 한하며, 특허등록원부 및 등록공보가 필요하다.

b. 실용신안제품은 등록 후 3년 이내만 적용되며, 실용 신안 등록원부 및 등록공보가 필요하다.

c. 국제(해외)특허, 출원 중인 특허실용신안은 심사대상에서 제외한다.

④ 녹색기술 인증제품은 녹색인증 사무국의 녹색기술 인증제품으로 기술인증(특허)과 품질인증 1개 이상을 득해야만 단독 신청이 가능하다.

나) 품질인증

성능인증(중소기업청), GR마크(기술 표준원), GS마크(한국산업기술 시험원), 환경마크(한국환경 산업기술원), 고효율에너지 기자재인증(에너지관리공단), K마크(한국산업 기술시험원), 자가품질보증(조달청), 지능형 로봇 품질인증(한국로봇산업진흥원), 보건제품 품질인증(보건산업진흥원), 신뢰성인증(산업통상자원부)

2. 우수제품 심사신청 및 방법

가. 심사신청 방법

1) 우수제품 지정신청을 하고자 하는 업체는 신청 기한 내에 (사)정부조달우수제품협회 및 협회 대전사무소, 각 지방조달청에 우수제품 신청서를 접수하면 된다.

2) 우수제품 신청서 양식은 조달청 홈페이지에서 다운로드 받을 수 있다

3) 직접 제출 또는 우편으로도 보낼 수 있다.

나. 우수제품 심사절차 및 방법

1) 우수제품 심사는 2단계로 이루어지며, 1차 심사에서는 대학교수, 특허 심사관, 변리사, 산업계인사 등으로 구성된 우수제품 지정기술심의회가 제품에 대한 기술·품질에 대한 평가를 실시한다.

2) 1차 심사에서 일정 점수 이상의 평점을 얻은 제품을 대상으로 조달청 계약심사 협의회에서 2차 심사를 실시하여 최종 지정한다.

3) 우수제품으로 지정된 제품에 대해서는 '조달청 우수제품 지정증서'를 교부한다.

제3절 ‖ 다수공급자계약 제도

다수공급자계약이란 각 수요기관에서 공통적으로 필요로 하는 수요물자를 구매함에 있어 수요기관의 다양한 수요를 충족하기 위하여 필요하다고 인정되는 경우, 품질·성능 또는 효율 등이 같거나 비슷한 종류의 수요물자를 수요기관이 선택할 수 있도록 2인 이상을 계약상대자로 하는 공급계약을 말한다.

1. 다수공급자계약

가. 특징

1) 이 제도는 조달청에서 품질, 성능, 효율 등에서 동등하거나 유사한 종류의 물품을 2개 업체 이상과 계약을 체결하여 나라장터 종합쇼핑몰에 등록해 놓으면, 수요기관이 쇼핑몰에서 자유롭게 물품을 선택할 수 있는 제도이다.

2) 조달청은 일정기준의 자격이 있는 업체를 선정하기 위해 납품실적, 경영상태 등을 심사하여 협상을 통해 계약을 체결한다.

3) 다수공급자계약은 일반경쟁방법이 업체 간 과다경쟁으로 저단가 계약 등을 함으로써 제품의 질이 계속 떨어지는 사례를 방지하기 위하여 다수의 공급자를 선정하여 합리적인 가격을 제시하고, 품질경쟁을 유도하기 위해 도입된 제도이다.

4) 수요기관이 일정 부분 선택권을 가질 수 있다.

나. 다수공급자 대상품목이 되기 위한 조건

1) 규격(모델)이 확정되고 상용화된 물품

2) 연간 납품실적이 3천만 원 이상인 업체가 3개 이상일 것

3) 업체공통의 상용규격 및 시험기준이 존재할 것

4) 단가계약(제3자단가계약 포함)이 가능한 물품

5) 기타 조달청장이 필요하다고 판단하는 물품 등

다. 다수공급자 단계별 업무 절차

1) 조달청에서 시장조사를 통하여 품질, 성능, 효율 등에서 동등하거나 유사한 물품을 공급하는 업체들을 대상으로 구매계획을 수립하고, 구매공고를 한다.

2) 계약에 참여하기를 희망하는 기업 중 입찰참가자격 충족 여부 및 협상 대상품목 결정을 위하여 **적격성 평가를 실시**한다.

3) 다수공급자계약 업무처리규정에서 정한 결격사유에 해당사항이 없고 입찰참자자격 등이 충족된 업체는 규격서와 시험성적서 등을 제출하여 적격판정을 받은 품목에 대하여 가격 자료를 제출한다.

4) 조달청은 자체적으로 가격을 조사하여 협상 기준가격을 책정한다.

〈표 3-1〉 단계별 업무절차

순서	수행자	업 무 명	내 용
1	조달청	구매계획 수립	- 시장조사 등을 통하여 계획수립
2	조달청	구매결의 및 구매공고	- 나라장터에 구매공고 게시 ※ 세부 규격이 아닌 물품명으로 공고
3	업 체	적격성평가 신청	- 다수공급자계약 업무처리규정에 따른 결격사유 여부 확인 및 입찰참가자격 충족 여부 등을 확인(자가 심사)하고 계약하고자 하는 품목에 대한 규격서 및 시험성적서 제출
4	조달청	적격성 평가결과 통보	- MAS협회에서 접수·평가 후 해당 계약부서에서 적격성 평가하여 협상품목 승인 처리 - 나라장터를 통하여 평가결과 확인 가능
5	업 체 조달청	가격자료 제출	- 승인된 품목의 가격 총괄표를 작성하여 조달청으로 송부(온라인 처리) - 거래처별 거래내역, 세금계산서 첨부
6	조달청	협상기준가격 작성	- 조달업체가 제출한 가격 총괄표를 근거로 협상기준 가격 생성
7	업 체 조달청	가격협상	- 온라인 또는 오프라인으로 품목별 가격협상
8	업 체 조달청	계약체결	- 낙찰된 금액으로 계약서 생성 후 나라장터 종합쇼핑몰에 등재
9	업 체	상품정보 등록요청	- 계약체결 전 또는 체결 후 품목(G2B식별번호)별로 상품 상세 정보 및 유의어 등록을 요청하고 조달청 담당자가 승인 시 나라장터 쇼핑몰에 반영

5) 조사, 책정된 가격을 기준으로 가격 협상을 실시하며, 가격담합, 덤핑 등으로 가격협상이 어려운 경우에는 외부위원이 참여하는 가격심의회를 개최하여 최종적으로 가격을 결정한다.

6) 가격협상이 완료되면 품목별로 다수의 공급자와 계약을 체결한다. 예를 들면, 냉장고의 경우 A업체는 100만 원, B업체는 103만 원, C업체는 99만 원 등과 같이 한다.

7) 품목별로 다수 공급자의 제품을 나라장터 종합쇼핑몰에 등록하면 수요기관은 선호하는 업체의 제품을 선택하여 구매할 수 있다.

8) 다수공급자계약의 계약기간은 3년이 원칙이며, 계약기간 중이라도 성능이 향상된 신제품으로 대체가 가능하지만, 조달청과 사전협의가 필요하다.

9) 해당품목에 대한 가격인하는 계약자의 요청에 의하여 가능하다.

라. 쇼핑몰 다수공급자 계약시스템 등록방법

1) 업체는 조달청의 종합쇼핑몰에서 공고조회를 확인하여, 적격성 평가를 한다.

2) 적격성평가의 자가 심사표 작업요령은 다수공급구매공고를 통해 세부품명을 선택하여 적격성평가를 신청한다.

3) 협상품목에 대한 등록은 자가 심사표를 작성한 후에 〈협상품목〉 버튼을 클릭하여 등록할 수 있다.

4) 가격자료 제출은 협상품목 승인결과 화면에서 〈가격자료 제출〉 버튼을 클릭하여 가격자료를 작성하면 된다.

5) 가격협상은 협상가격 제출 메뉴에서 미 협상 건을 선택하여 협상한다.

가) 오프라인 협상인 경우에는 계약관이 지정한 협상일자에 해당 부서로 방문하여 가격협상을 진행한다.

나) 온라인 협상인 경우에는 계약관이 미리 지정해 놓은 조달청 협상기준 가격(조회 안됨)보다 가격이 높을 경우 협상여부가 N(no)으로 처리되고, 가격이 같거나 낮을 경우 Y(Yes)로 처리되며, 주어진 3회동안 모든 규격이 Y로 통과되어야만 협상이 완료된다.

다) 온라인 또는 오프라인으로 가격협상이 성립된 이후 계약체결이 되며, 3개 업체 이상 계약체결이 완료되면 계약된 품목은 나라장터 종합쇼핑몰에 등재된다.

6) 가격협상이 완료되면, 상품정보등록 요청을 한다.

7) 제품인증은 GS, NET, 우수제품 등 총 20가지를 등록할 수 있으며, 인증기관명, 유효

기간(유효기간이 존재하는 경우)을 입력해야 한다.

8) 위 절차에 의한 내용 작성이 완료되면, 저장버튼을 눌러 저장 후에 조달청 계약담당자에게 전송한다. 등록내용을 조달청 담당자가 승인하면 종합쇼핑몰에 반영된다.

9) 상기 내용은 매년 환경변화에 따라 변동될 수 있다.

2. 다수공급자계약 및 적격성 평가

가. 참가자격 및 적격성 평가자료 제출

1) 참가자격

가) 국가종합전자조달시스템 입찰참가자격 등록규정에 의하여 등록된 자는 다수공급자계약에 참가할 수 있다.

나) 조달청은 중소기업 지원이나 건전한 조달시장 육성 등을 위하여 필요한 경우에는 다수공급자계약의 참가자격을 중소기업자나 제조업체 등으로 제한할 수 있다.

2) 적격성 평가자료 제출

가) 적격성 평가 신청서

나) 적격성 자가 심사표

다) 적격성 평가를 신청하는 자가 조합인 경우에는 '조합원사 적격확인서'

라) 규격서

마) 시험성적서

바) 구매입찰공고에서 별도로 규정한 서류 등

3) 다음에 해당되는 경우에는 시험성적서 제출을 면제할 수 있다.

가) 최근 1년 이내에 해당 세부품명에 대하여 공인기관(조달청 조달품질원 포함)에서 실시한 납품검사 또는 품질점검에 합격한 사실이 있고, 납품검사 또는 품질점검에서 불합격 받은 사실이 없는 경우

나) 수요물자의 특성상 시험검사를 할 수 없는 경우

다) 법정의무인증, 법정임의인증, 단체표준인증을 입찰참가자격 또는 계약의 의무조건으로 제출하여야 하는 경우(다만, 적격성 평가 신청일 기준 최근 1년 이내의 품질검사 또는 품질점검 결과 불합격이 확정 통보된 품목은 제외)

4) 조달청 담당관은 제출된 서류가 불명확하여 인지할 수 없는 경우에는 기한을 정하여 보완을 요구할 수 있으며, 보완 요구기한까지 서류가 제출되지 않거나 보완되지 않을 경

우에는 가격협상 대상에서 제외한다.

5) 조달청장은 다수공급자계약에 참가하려는 업체가 적격성 평가 신청서 제출일 기준으로 규정한 결격사유가 없고, 구매입찰공고의 입찰참가자격 요건을 충족하는 경우에는 적격자로 선정한다.

6) 종합쇼핑몰에서 제공하는 다수공급자계약 기본교육을 이수하지 않은 자는 적격자에서 제외한다.

7) 조달청장은 적격자가 제출한 서류를 검토하여 가격협상 대상품목을 선정할 수 있으며, 시험 성적서가 규격서의 기준에 미달 시에는 가격협상 대상에서 제외한다.

8) 가격협상 대상품목을 결정함에 있어, 다음에 해당하는 품목은 **협상대상에서 제외**할 수 있다.

가) 특허관련 분쟁이 있는 경우

나) 가격, 규격 또는 공급지역 등이 다른 적격자 또는 계약상대자의 수요물자와 크게 상이하여 다수공급자계약이 체결되더라도 타 수요물자와의 경쟁이 성립되기 어려운 경우

다) 최근 2년간 다수공급자계약을 체결한 적이 없는 신규등록 품목 중 적격성 평가 신청일 기준 최근 3년 이내 납품실적이 3건 미만인 경우. 단, 다음에 해당하는 경우에는 예외로 한다.

① 창업 2년 이내 중소기업이 제조 또는 서비스한 품목

② 창업 2년 초과 5년 이내 중소기업, 사회적기업, 중증장애인생산품목, 장애인기업 및 장애인표준사업장의 경우. 이 경우에는 최근 3년 이내 납품실적이 2건 미만인 경우 협상대상에서 제외할 수 있다.

라) 최근 2년간 다수공급자계약을 체결한 적이 없는 신규등록 품목 중 적격성 평가 신청일 기준 최근 3년 이내 납품실적이 3건 미만인 경우라도 수요물자의 특성상 납품실적이 필요하지 않은 경우에는 계약을 체결할 수 있다. 이 경우에는 사전에 공고서상에 이를 명시한다.

나. 가격협상 및 계약 체결

1) 가격자료 제출

가) 적격자로 선정된 업체는 전자세금계산서를 조달청에 제출해야 한다. 전자세금계산서를 조달청에 제출하는 이유는 다수공급자계약의 허위 가격자료 제출을 사전에 차

단하고 적정한 가격을 관리하기 위해서다.

① 자료제출에 관한 '동의' 시기: 계약업체는 안내문에 명시된 기한까지이며, 계약이 진행 중인 업체는 협상품목 승인 다음 일부터 계약체결일 전일까지이다.

② 계약업체가 제출하는 방법은 자료제출 '동의'를 하는 것으로 대체하며, 계약진행중인 업체는 e-세로에서 엑셀 다운로드 후 종합쇼핑몰에 업로드 해야 한다. 과거에 다수공급자 계약을 체결한 사실이 있어 '동의' 상태가 유지되고 있는 경우는 제외한다.

③ 계약업체가 팝업창 등 안내문에 명시된 기한까지 미 동의할 경우에는 거래정지가 되며, 계약진행 중인 업체는 계약체결 전일까지 미 동의할 경우에는 종합쇼핑몰에 등재되지 않는다.

④ 전자세금계산서 수정발급 시에는 가격관리시스템(종합쇼핑몰 → 업체 로그인 → 마이페이지 → 전자세금계산서 관리)에 수정된 전자세금계산서 내용을 입력(당초 승인번호를 반드시 입력)한다. 계약담당 부서의 요청이 있는 경우에는 사유서와 증빙서류를 제출해야 한다.

⑤ 식별번호를 누락한 경우에는 가격관리시스템에서 해당 자료를 조회하여 식별번호를 입력한다.

⑥ 자료제출 '동의'를 철회하는 방법은 철회 희망일 7일 전까지 계약담당 부서에 요청하며, 계약담당자가 관리자 프로그램에 입력한다.

나) 전자세금계산서만으로 가격협상이 어렵다고 판단되는 경우에는 적격자로 하여금 지정된 기간 내에 가격자료 제출을 요구할 수 있다.

다) 가격자료는 적격성 평가 결과 통보일 전월을 기준하여 2개월간의 거래자료를 규격(모델)별로 제출하는 것을 원칙으로 하며, 수요물자의 수명주기가 짧거나 거래빈도가 낮은 수요물자 등의 거래 자료는 기간을 조정하여 제출할 수 있다.

라) 제출된 가격자료가 불명확하거나 불충분하여 협상기준가격 작성이 곤란하다고 판단하는 경우에는 적격자를 대상으로 가격조사를 할 수 있다.

2) 협상기준가격 결정

가) 협상기준가격은 적격자별로 가중평균가격, 최빈가격 중 낮은 가격을 기준으로 결정한다. 다만, 동 협상기준가격이 거래(구매)실례가격이나 타 업체 가격보다 현저히 높은 경우, 거래(구매)실례가격이 없는 경우, 유통구조상 계약상대자의 거래실례가격으로 협상이 어렵다고 판단되는 경우에는 합리적인 구매를 위해 구매실례가격, 원가계산가격, 업체제시가격, 유사 거래(구매)실례가격 등을 참고하여 협상기준가격을 정할 수 있다.

나) 재계약시 우대가격 유지의무에 해당하는 경우에는 당해 기준을 적용한 가격을 협상 기준가격으로 정한다.

3) 가격협상

가) 적격자가 제출한 가격제안서에 따라 규격(모델)별로 가격협상을 하는 것을 원칙으로 하되, 수요물자의 특성에 따라 규격(모델)별 단가총액으로 가격협상을 할 수 있다.

나) 가격협상을 할 경우 적격자는 계약하고자 하는 규격(모델)별 수량을 제시하여야 한다.

4) 계약체결

가) 조달청장은 입찰 공고된 물자의 계약상대자가 기존에 종합쇼핑몰에 등록된 계약상대자를 포함하여 세부품명 기준으로 3인 이상이 되는 경우에 가격협상이 성립된 수요물자를 종합쇼핑몰에 등록한다.

나) 참여 가능한 업체가 2개뿐인 경우에는 '구매업무심의회' 심의를 거쳐 등록할 수 있다.

다) 종합쇼핑몰에 등록된 계약상대자가 세부품명 기준으로 3인 이상이었으나 계약해지 등으로 2인만 남는 경우에는 종합쇼핑몰 등록을 유지하며, 1인만 남는 경우에는 종합쇼핑몰을 통한 거래를 정지한다.

라) 본체 이외의 추가적인 예비품이나 부속품, 운반거리에 따르는 운반비, 특수한 조건하의 설치비, 기타 부대비용 등 특수한 사항에 대하여 본 계약에 추가하여 옵션계약을 체결할 수 있다.

다. 계약금액 조정 및 우대가격 유지 의무

1) 계약금액 조정

가) 조달청장은 계약단가를 조정할 수 있으며, 업체가 가격인하를 요청하는 경우에도 계약단가를 인하할 수 있다.

나) 업체가 종합쇼핑몰에 등록된 최초 계약가격 기준 100분의 15 이내로 가격인하를 요청하는 경우에는 조달청장의 승인 없이 종합쇼핑몰에 반영한다.

다) 다수공급자계약 수요물자가 중소기업자간 경쟁제품인 경우 최초 계약가격을 기준으로 100분의 15를 초과해서 인하할 수 없다. 다만, 가격경쟁이 공정하게 이루어지기 어려운 경우로써 업체가 계약가격의 인하를 요청하면 최초 계약가격 기준 100분의 15를 초과하여 인하할 수 있다.

2) 조달청에 우대가격 유지의무

가) 조달청장은 업체의 다수공급자계약 물품 가격이 수요기관과 직접 계약을 체결한 가격 또는 시장에 공급한 가격(계약상대자가 가격관리가 가능한 총판 공급가격, 직영대리점 판

매가격 또는 자사 홈페이지, 카탈로그 등에 등재한 가격, 타인에게 직접 판매한 가격을 말함)보다 동일하거나 낮게 유지하도록 하여야 한다.

나) 업체가 위 가)항을 위반한 경우에는 그 사실을 수요기관과 직접 계약체결한 날 또는 시장에 공급한 날로부터 7일 이내에 조달청에 통보하도록 하여야 한다. 단, 시장공급가격이 다음의 요건을 모두 충족하는 경우에는 통보의무를 면제한다.

① 조달청 계약가격 대비 시장공급가격의 차이가 100분의 3 이내인 경우

② 시장공급가격 총 인하 기간이 15일을 초과하지 않은 경우

③ 계약기간동안 동일 규격에 대하여 시장공급가격 인하 횟수가 2회 이하인 경우

다) 조달청장은 업체로부터 가격이 낮음을 통보 받을 경우, 납품조건 등을 감안하여 계약단가를 수요기관 직접 계약체결 가격 또는 시장공급가격 이하로 인하한다.

라) 조달청장은 업체가 우대가격 유지의무를 위반하여 수요기관에 납품하거나 시장에 공급한 사실이 있는 경우 계약금액과의 차액을 납품금액에서 감액할 수 있다. 이미 대가가 지급된 경우에는 해당 다수공급자계약 또는 다른 계약대금에서 우선적으로 공제 후 지급할 수 있다. 다른 지급금액이 없을 경우에는 계약상대자가 현금으로 조달청에 납부하도록 하여야 한다.

라. 계약기간 및 할인행사

1) 계약기간

가) 다수공급자 계약기간은 3년을 원칙으로 하되, 입찰공고의 종료일을 초과할 수 없다. 필요한 품명의 경우 계약기간을 3년 미만으로 정할 수 있다.

나) 차기계약 체결이 지연되는 경우에는 해당 세부품명의 계약기간을 차기계약 체결 시까지의 기간을 고려하여 연장할 수 있다.

다) 계약기간 동안 부정당업자제재, 거래정지, 납품지연, 규격미달 사실이 없고, 해당 품목에 대해 입찰공고에서 요구한 자격을 충족하면서 가격 변동이 없다고 판단하는 경우에는 입찰공고에서 명시한 계약기간의 범위 내에서 계약기간을 연장할 수 있다.

라) 위 다)항의 계약기간 연장은 당해 공고 종료일 범위 내에서 할 수 있으며, 계약종료일이 당해 공고종료일 이전 1년 이내인 계약상대자에 대하여 해당 수요물자의 가격변동이 없고, 입찰공고에서 요구한 자격을 충족하는 경우에 당해 공고 종료일 범위 내에서 계약기간을 연장할 수 있다.

2) 계약기간 중 성능이 향상된 제품의 공급

가) 업체가 계약기간 중 계약규격(모델)보다 성능이 향상된 규격으로 대체하여 계약하고

자 할 경우에는 이에 대한 국가공인기관의 인증 또는 시험성적서 등 관련 입증서류를 첨부한 신청서를 제출해야 한다. 다만, 수요물자의 성능을 측정할 수 있는 국가공인시험기관이 국내에 없는 경우에는 제조사의 성능향상 확인서 또는 시험성적서 등으로 대체하여 제출할 수 있다.

나) 조달청장은 위 가)의 신청서를 검토한 결과, 성능이 향상된 제품으로 판단되는 경우에는 가격자료를 검토하여 수정계약을 체결할 수 있다.

3) **생산중단 규격**

가) 업체가 계약 체결된 규격(모델) 중 일부에 대해 생산중단 등을 사유로 규격 제외를 희망하는 경우에는 조달청에 사전 통보해야 한다.

나) 조달청장은 생산중단 계획을 통보받은 경우에 통보된 내용을 검토하여 수정계약을 체결할 수 있다. 다만, 공장이전 등으로 인한 일시적인 생산중단의 경우에는 종합쇼핑몰에서 일시적으로 거래를 정지할 수 있다.

다) 위 가)항의 생산중단 계획 통보에도 불구하고 수정계약 체결 이전 또는 거래정지 이전의 납품요구에 대하여는 기존의 계약조건대로 이행해야 한다.

4) 조달청장은 세부품명을 기준으로 당초 계약체결일 또는 품목추가일로부터 60일이 경과한 후 업체가 품목 추가를 요청한 경우에는 해당 품목에 대하여 가격자료와 규격서를 제출받아 가격협상을 거쳐 수정계약을 체결할 수 있다.

5) 조달청장은 계약기간이 1년을 초과하는 경우에는 구매입찰공고 게시일로부터 1년이 되는 날을 기준으로 30일 이내의 중간점검 기간을 설정하여 계약의 변동사항 및 계약가격의 적정여부를 점검할 수 있다.

6) **할인행사**

가) 업체의 요청이 있을 경우 계약기간 중 각 세부품명에 대하여 최대 7회 이내에서 1회당 7~15일까지 할인행사를 실시할 수 있다. 다만, 할인행사 요청은 할인행사 시작일 3일 이전에 이루어져야 하며, 계약기간이 1년 초과 2년 이내인 경우 최대 5회, 1년 이내인 경우에는 계약기간 중 최대 3회까지 할인행사를 실시하도록 할 수 있다.

나) 할인행사 기간이 지나거나, 할인행사 수량이 소진될 경우에는 해당 할인행사를 종료해야 하며, 종료 후 20일 이내에는 계약상대자의 동일 세부품명에 대하여 할인행사를 할 수 없다.

다) 업체가 할인행사를 신청한 후 할인행사기간 중에는 동일 세부품명에 대하여 중복하여 할인행사를 할 수 없으며, 할인행사를 취소하거나 행사내용을 변경할 수 없다.

다만, 할인행사 수량을 증가시키는 경우에는 행사내용을 변경할 수 있다.

라) 위 가)항에도 불구하고 다수공급자 계약기간 동안 세부품명별 할인행사기간의 합산일수가 다수공급자 계약기간의 6분의 1을 초과하여 할인행사를 할 수 없다.

마. 가격조사 및 차기계약

1) **가격조사**

가) 조달청장은 다수공급자계약물품의 우대가격유지, 직접생산 확인, 제출 서류의 허위 여부 등을 파악하기 위하여 가격 및 실태조사를 할 수 있다.

나) 조달청장은 제출된 전자세금계산서의 허위여부 등을 파악하기 위하여 거래내역의 진위여부를 조사, 확인할 수 있다.

2) 조달청장은 다음에 해당하는 수요물자에 대하여 조달청 조달품질원에 품질점검이나 품질검사 등 품질관리를 의뢰할 수 있다.

가) 언론 등의 보도에 따라 품질관리가 필요한 물자

나) 품질에 문제가 제기되는 물자

다) 기타 품질점검 및 검사가 필요하다고 인정되는 물자

3) 다음에 해당하는 업체와는 **차기공고일로부터 1년간 차기계약을 체결하지 않는다.**

가) 세부품명을 기준으로 계약종료일 기준 최근 2년간 다수공급자계약에 의한 종결기준 납품실적이 없는 계약상대자. 다만, 세부품명기준으로 최근 2년간 종전계약을 포함한 총 다수공급자계약 기간이 1년 미만인 계약상대자의 경우에는 예외로 한다.

나) 세부품명을 기준으로 계약종료일 기준 최근 1년간 거래정지를 2회 이상 받았거나 또는 최근 2년간 거래정지를 4회 이상 받은 계약상대자

다) 세부품명을 기준으로 계약종료일 기준 최근 2년간 누적 거래정지기간이 6개월을 초과한 계약상대자

라) 세부품명을 기준으로 계약종료일 기준 직전 계약이행실적평가에서 2회 이상 연속 총점기준으로 '미흡'등급을 받은 계약상대자

마) 우대가격 유지의무를 위반하였음에도 불구하고, 조달청의 가격인하요구에 정당한 사유 없이 계약종료 시까지 응하지 않은 계약상대자

바) 품질관리 통보의무를 위반하였음에도 불구하고, 조달청의 품질검사요구에 정당한 사유 없이 계약종료 시까지 응하지 않은 계약상대자

사) 가격 및 실태조사의 의무를 위반한 계약상대자

바. 거래정지 및 계약이행실적 평가

1) **거래정지**

가) 업체가 다수공급자계약을 체결하고 계약을 이행함에 있어 부당·부정한 행위를 하거나 기타 계약조건 등 관련 규정에 의한 계약 위반 사실이 있는 경우에는 종합쇼핑몰에서의 거래를 정지할 수 있다.

나) 거래정지기간은 최소 1개월에서 24개월로 하며 동기, 내용, 횟수 등을 감안하여 감경할 수 있다.

다) 거래정지를 할 경우에는 구매업무심의회 심의를 거쳐야 한다. 다만 다음의 경우에는 구매업무심의회를 생략할 수 있다.

① 거래정지기간이 1개월인 경우

② 특정시점까지로 거래정지기간이 조건부로 정해져 있어 별도의 심의가 필요하지 않는 경우

③ 가중 또는 감경 없이 다수공급자계약 특수조건의 제재기간을 그대로 적용하는 경우

2) 계약이행실적평가

가) 조달청장은 '다수공급자계약업체의 계약이행실적평가 및 등급화 운영기준'에 따라 종합쇼핑몰에 등록된 다수공급자계약 수요물자에 대한 업체의 계약이행실적을 평가하여 등급화할 수 있으며, 평가결과는 수요기관의 구매의사결정 지원을 위해 종합쇼핑몰을 통해 제공한다.

나) 조달청장은 업체의 계약이행실적 평가결과 및 계약관리 현황 등을 고려하여 우수업체를 선정할 수 있다.

제4절 ‖ 다수공급자 입찰참가자격 심사

1. 다수공급자 입찰참가자격 사전심사 대상

가. 사전심사 대상

1) 조달청 다수공급자계약 입찰에 적용할 입찰참가자격 사전심사는 다음에 해당하는 물품 및 용역을 우선 적용 대상으로 한다.

가) 인조 잔디, 탄성포장재, 태양광 발전장치, 미끄럼방지 바닥포장재, 공기 살균기, 공기순환기, 합성목재

나) 조경석, 교량난간, 도막형 바닥재, 가드레일, 우레탄 바닥재, 온수제조기, 정수기, 낙석방지책, 차선규제봉

다) 자연석경계석, 도로중앙분리대

라) 조달청장이 사전자격심사가 필요하다고 판단하여 공고한 물품 및 용역

2) 사전심사 대상 수요물자에 대하여 사전심사를 받고자 하는 업체는 사전에 국가종합전자조달시스템 나라장터 종합쇼핑몰에서 제공하는 다수공급자계약 기본교육을 이수해야 한다.

나. 심사기준 및 제출서류

1) 사전심사는 품명별로 실시하며, 심사항목별 심사기준일은 사전심사 신청서 제출일로 한다.

2) 사전심사자료 평가기간은 서류가 제출된 날로부터 **7일 이내에 심사**한다. 불가피한 경우에는 3일의 범위 내에서 그 기간을 연장 할 수 있다.

3) 사전심사 신청시 제출서류는 다음과 같다.

가) 사전심사 신청서 1부

나) 사전심사 자기평가 및 심사표 1부

다) 수요물자 납품(판매)실적 증명원 또는 수요물자 납품실적 확인서 각 1부

라) 신용평가사가 발급한 신용평가등급 확인서 1부

마) 기술능력(NEP, NET, 조달우수제품, 녹색기술인증, 성능인증, GS, GD, 특허실용신안, KS, K마크, Q마크, 자가품질보증 인증, 고효율기자재, 에너지절약, 신재생에너지설비, 에너지효율 1등급, 우수재활용, 환경표지) 심사 평가대상 인증별 사본 각 1부

바) 제출서류 목록표 1부

4) 신용정보 온라인 조회시스템에서 조회가 가능한 신용평가등급 확인서는 제출을 생략할 수 있다.

5) 조달청 담당관은 제출서류가 누락되었거나 제출된 서류가 불명확한 경우에는 기한을 정하여 보완을 요구할 수 있다. 보완 요구 기한까지 서류가 제출되지 않은 경우에는 기 제출된 서류만으로 심사하되, 기 제출된 서류가 불명확하여 심사하기가 어려운 경우에는 심사에서 제외한다.

6) **기간계산 등 기준일:** 납품실적, 기술능력, 경영상태, 만족도, 신인도의 사전심사에 따른 기간계산 등의 기준일은 사전심사 신청서 제출일로 한다.

7) **계산결과 소수점이하의 숫자 처리:** 비율, 평점 등을 계산한 결과 소수점 이하의 숫자가 있는 경우에는 소수점 다섯째 자리에서 반올림한다.

2. 심사항목 및 평가방법

가. 사전심사 항목 및 배점한도

1) 사전심사 항목은 10개 항목을 평가하며, 총 배점은 100점이다.

2) 기술수준 심사는 다수공급자계약을 체결하고자 하는 세부품명을 기준으로 대표 규격의 해당 인증 보유여부로 평가한다.

가) 기술수준의 일반기술인증 또는 녹색기술인증을 보유할 경우에는 각각 6점을 인정하여 모두 보유할 경우 최대 12점으로 평가한다.

나) 고도기술을 보유할 경우에는 최대 13점으로 평가한다.

3) 계약이행 신뢰수준은 조건에 따라 감점 처리한다.

4) 사전심사항목 및 배점 한도는 〈표 3-2〉와 같다.

〈표 3-2〉 사전심사항목 및 배점한도

구 분	배점	심사분야	배점	심사항목	배점
계	100	계	100	계	100
① 납품실적	20	납품실적수준	20	납품실적	20
② 기술능력	17	기술수준	13	고도기술	13
				일반인증	6
				녹색인증	6
		생산역량수준	4	기술인력 보유	2
				생산기술 축적	2
③ 경영상태	20	경영상태수준	20	신용평가등급	20
④ 만족도	40	가격만족수준	10	가격만족도	10
		품질만족수준	10	품질만족도	10
		서비스만족수준	10	서비스만족도	10
		종합만족수준	10	종합만족도	10
⑤ 신인도	3	사후관리	3	계약이행실적평가	3
		계약이행 신뢰수준	-40	평균납기 지체	-10
				부정당업자 제재	-15
				쇼핑몰 거래정지	-15

나. 납품실적

1) 계약담당 공무원은 납품실적 심사에 적용할 납품실적 심사기준을 입찰공고에 명시한다.

2) 입찰공고서에서 요구하는 수요물자란 입찰공고에서 명시한 성능, 품질 등이 조건에 부합되는 수요물자를 말하며, 납품실적 심사는 사전심사 신청일로부터 1년 이내 납품실적을 기준으로 평가한다. 납품실적 평가 기준은 〈표 3-3〉과 같다.

〈표 3-3〉 납품실적(배점한도 20점)

심사 요소	평 점	심사 기준
납품실적 (입찰공고서에서 요구하는 수요물자)	15	3건 ~ 6건 미만
	17.5	6건 이상 ~ 10건 미만
	20	10건 이상

3) 국내소재 업체의 납품실적은 **수요기관에 납품한 실적증명서**를 제출해야 한다.

가) 수요기관 이외의 납품실적은 원본 확인된 당해 수요물자의 계약서, 세금계산서, 거래명세표 등을 실적증명서에 첨부하였을 경우에 평가한다.

나) 필요한 경우에는 거래사실 확인서 제출을 요구할 수 있으며, 실적에 대한 입증책임은 업체에 있다.

다) 업체가 의무를 다하지 않아 실적 확인이 어려운 경우에는 실적을 인정하지 않는다.

4) 국외소재 업체의 납품실적은 국내소재 업체에 준하여 실적증명원을 제출해야 한다. 단, 수요기관 이외의 납품실적은 이를 공증하거나 현지 상공회의소의 확인을 받은 경우에는 세금계산서 등 증빙자료 첨부를 생략할 수 있다.

5) 특정 행정기관에서만 사용하는 수요물자로서 단가계약을 할 필요가 있는 경우에는 업체가 해당 수요물자를 제조하여 해당 행정기관 또는 위임받은 기관으로부터 받은 인증서를 납품실적으로 인정할 수 있다.

6) '중소기업제품 구매촉진 및 판로지원에 관한 법률시행령'에 따른 중소기업자간 경쟁입찰 참여자격을 갖춘 것으로 확인된 조합의 경우 적격조합 또는 조합원사의 납품실적으로 평가할 수 있다.

7) 합병 및 분할된 업체의 실적 평가는 다음과 같다.

가) 합병의 경우 존속하거나 신설된 업체의 실적은 소멸된 자의 실적을 승계한 것으로 합산하여 평가한다.

나) 분할의 경우에는 권리·의무를 승계 받은 업체의 실적으로 평가한다.

다) 합병·분할과 관련된 업체의 실적증빙서류를 포함하여 제출해야 한다.

다. 기술능력 심사

1) 기술수준 및 생산역량수준을 종합적으로 심사한다.

2) 기술수준 평가대상 인증은 사전심사 신청서 제출일을 기준으로 유효한 것이어야 한다. 기술능력의 배점한도는 17점이며, 〈표 3-4〉와 같다.

3) 기술인력 보유 심사는 해당 세부품명과 관련된 기술자격을 취득한 인력의 보유를 기준으로 심사한다.

4) 기술수준 심사는 대표 규격의 고도기술, 일반기술, 녹색기술 보유여부로 평가한다.

5) 생산역량수준 심사는 기술인력 보유, 생산기술 축적의 수준으로 평가한다.

〈표 3-4〉 기술능력(배점한도 17점)

<table>
<tr><th>심사항목</th><th>심사요소</th><th>점수</th><th>심사기준</th></tr>
<tr><td rowspan="6">기술수준</td><td rowspan="2">고도기술인증 보유여부
(대표규격의 조달우수제품, 신제품(NEP), 신기술(NET), 녹색기술인증, 성능인증 보유여부)</td><td>13</td><td>보유</td></tr>
<tr><td>0</td><td>미 보유</td></tr>
<tr><td rowspan="2">일반인증 보유여부(대표규격의 GS, GD, 특허 실용신안, KS, K마크, Q마크, 단체표준인증, 자가품질보증 인증 보유여부)</td><td>6</td><td>보유</td></tr>
<tr><td>0</td><td>미 보유</td></tr>
<tr><td rowspan="2">녹색인증 보유여부(대표규격의 고효율 기자재, 에너지절약, 신재생에너지설비, 에너지효율1등급, 우수재활용, 환경표지 보유여부)</td><td>6</td><td>보유</td></tr>
<tr><td>0</td><td>미 보유</td></tr>
<tr><td rowspan="11">생산역량
수준</td><td rowspan="7">기술인력 보유
(기술사 또는 기능장, 기사 또는 산업기사, 기능사 인력의 보유수)</td><td>2.0</td><td>기술사 또는 기능장 3인 이상 보유</td></tr>
<tr><td>1.8</td><td>기술사 또는 기능장 1인 이상 ~ 3인 미만 보유</td></tr>
<tr><td>1.6</td><td>기사 또는 산업기사 3인 이상 보유</td></tr>
<tr><td>1.4</td><td>기사 또는 산업기사 1인 이상 ~ 3인 미만 보유</td></tr>
<tr><td>1.2</td><td>기능사 3인 이상 보유</td></tr>
<tr><td>1.0</td><td>기능사 1인이상 3인 미만 보유</td></tr>
<tr><td>0.8</td><td>미보유</td></tr>
<tr><td rowspan="4">생산기술 축적
(생산공장의 등록 연수 또는 최근 5년 이내 해당 물품 납품 연수)</td><td>2.0</td><td>3년 이상</td></tr>
<tr><td>1.4</td><td>2년 이상 ~ 3년 미만</td></tr>
<tr><td>0.8</td><td>1년 이상 ~ 2년 미만</td></tr>
<tr><td>0.2</td><td>1년 미만</td></tr>
</table>

라. 경영상태 심사

1) '신용평가등급에 의한 평가방법'을 적용하며, 〈표 3-5〉와 같다.

2) 신용평가등급은 '신용평가등급 확인서'를 기준으로 평가한다. 신용평가등급 확인서는 공고에서 정한 사전심사 신청서 제출 일까지 작성되고, 같은 날까지 유효한 것이어야 한다.

3) 심사대상자의 회사채(또는 기업어음)에 대한 신용평가등급 및 기업신용평가등급 중에서 가장 최근의 신용평가등급으로 평가하되, 동일 날짜에 다수의 신용평가등급이 있는 경우에는 가장 낮은 평가등급을 적용한다. '신용평가등급 확인서'를 제출하지 않은 경우에는 최저등급으로 평가한다.

〈표 3-5〉 경영상태(배점한도 20점)

신용평가등급			평점
회사채	기업어음	기업신용평가	
AAA	-	AAA (회사채에 대한 신용평가등급 AAA에 준하는 등급)	20
AA+, AA0, AA-	A1	AA+, AA0, AA- (회사채에 대한 신용평가등급 AA+, AA0, AA-에 준하는 등급)	
A+	A2+	A+ (회사채에 대한 신용평가등급 A+에 준하는 등급)	
A0	A20	A0 (회사채에 대한 신용평가등급 A0에 준하는 등급)	
A-	A2-	A- (회사채에 대한 신용평가등급 A-에 준하는 등급)	
BBB+	A3+	BBB+(회사채에 대한 신용평가등급 BBB+에 준하는 등급)	18
BBB0	A30	BBB0 (회사채에 대한 신용평가등급 BBB0에 준하는 등급)	
BBB-	A3-	BBB- (회사채에 대한 신용평가등급 BBB-에 준하는 등급)	
BB+, BB0	B+	BB+, BB0 (회사채에 대한 신용평가등급 BB+,BB0에 준하는 등급)	
BB-	B0	BB- (회사채에 대한 신용평가등급 BB-에 준하는 등급)	
B+, B0, B-	B-	B+, B0, B- (회사채에 대한 신용평가등급 B+,B0,B-에 준하는 등급)	16
CCC+ 이하	C 이하	CCC+ 이하 (회사채에 대한 신용평가등급 CCC+에 준하는 등급)	0

4) 합병한 업체에 대하여는 합병 후 새로운 신용평가등급으로 심사하며, 합병 후의 새로운 신용평가등급이 없는 경우에는 합병대상 업체 중 가장 낮은 신용평가등급을 받은 업체의 신용평가등급으로 평가한다.

5) 적격조합의 신용평가등급 심사는 해당 조합에 대한 신용평가등급으로 심사한다.

마. 만족도 심사

1) 가격만족 수준, 품질만족 수준, 서비스만족 수준, 종합만족 수준의 4개 분야의 만족도를 종합적으로 심사하며, 〈표 3-6〉과 같다.

〈표 3-6〉 만족도(배점한도 40점)

심사항목	심사요소	평점	심사기준
가격만족 수준	가격만족도 (다수공급자계약업체의 계약이행실적평가 중 가격만족도 평가결과)	10	5.5 이상
		9	5.0 이상 ~ 5.5 미만
		8	4.5 이상 ~ 5.0 미만
		7	4.0 이상 ~ 4.5 미만
		6	3.5 이상 ~ 4.0 미만
		5	3.0 이상 ~ 3.5 미만
		4	2.5 이상 ~ 3.0 미만
		3	2.0 이상 ~ 2.5 미만
		2	1.5 이상 ~ 2.0 미만
		1	1.5 미만
품질만족 수준	품질만족도 (다수공급자계약업체의 계약이행실적평가 중 품질만족도 평가결과)	10	10.0 이상
		9	8.0 이상 ~ 10.0 미만
		8	7.0 이상 ~ 8.0 미만
		7	6.0 이상 ~ 7.0 미만
		6	5.0 이상 ~ 6.0 미만
		5	4.0 이상 ~ 5.0 미만
		4	3.0 이상 ~ 4.0 미만
		3	2.0 이상 ~ 3.0 미만
		2	1.0 이상 ~ 2.0 미만
		1	1.0 미만
서비스만족 수준	서비스만족도 (다수공급자계약업체의 계약이행실적평가 중 서비스만족도 평가결과)	10	5.5 이상
		9	5.0 이상 ~ 5.5 미만
		8	4.5 이상 ~ 5.0 미만
		7	4.0 이상 ~ 4.5 미만
		6	3.5 이상 ~ 4.0 미만
		5	3.0 이상 ~ 3.5 미만
		4	2.5 이상 ~ 3.0 미만
		3	2.0 이상 ~ 2.5 미만
		2	1.5 이상 ~ 2.0 미만
		1	1.5 미만
종합만족 수준	종합만족도 (다수공급자계약업체의 계약이행실적평가 중 종합만족도 평가결과)	10	5.5 이상
		9	5.0 이상 ~ 5.5 미만
		8	4.5 이상 ~ 5.0 미만
		7	4.0 이상 ~ 4.5 미만
		6	3.5 이상 ~ 4.0 미만
		5	3.0 이상 ~ 3.5 미만
		4	2.5 이상 ~ 3.0 미만
		3	2.0 이상 ~ 2.5 미만
		2	1.5 이상 ~ 2.0 미만
		1	1.5 미만

2) 가격만족 수준, 품질만족 수준, 서비스만족 수준, 종합만족 수준의 4개 분야의 만족도를 종합적으로 심사한다.

3) 사전심사 신청업체가 사전심사 신청일로부터 과거 1년 이내에 해당하는 '다수공급자 계약업체 계약이행실적평가' 결과를 보유하고 있는 경우에는 해당 평가결과를 적용한다. 평가결과가 다수일 경우에는 직전 계약이행실적평가를 기준으로 한다.

4) 사전심사 신청업체가 사전심사 신청일로부터 과거 1년 이내에 해당하는 '다수공급자 계약업체 계약이행실적평가' 결과를 보유하지 않은 경우에는 8점을 부여한다.

바. 신인도 심사

1) 신인도 심사는 품질관리 신뢰수준 및 계약이행 성실수준을 종합적으로 심사하며, 〈표 3-7〉과 같다.

〈표 3-7〉 신인도(배점한도 3점)

심사항목	심사요소	점수	심사기준
품질관리 신뢰수준	사후관리	3	계약이행실적평가 결과 최우수등급
		2	계약이행실적평가 결과 우수등급
		1	계약이행실적평가 결과 보통 등급
		0	계약이행실적평가 결과 미흡 등급
계약이행 신뢰수준	평균 납기지체 (다수공급자 공급물품 및 타기관 납기지체 일수)	0	없음
		-1	1일 이상 ~ 10일 미만
		-2	10일 이상 ~ 20일 미만
		-5	20일 이상 ~ 30일 미만
		-10	30일 이상
	부정당업자 제재 (다수공급자 공급물품 및 타기관 부정당업체 제재일수)	0	없음
		-5	30일 이상 ~ 90일 미만
		-10	90일 이상 ~ 180일 미만
		-15	180일 이상
	종합쇼핑몰 거래정지 (다수공급자 공급물품 쇼핑몰 거래정지일수)	0	없음
		-5	30일 이상 ~ 90일 미만
		-10	90일 이상 ~ 180일 미만
		-15	180일 이상

2) 계약이행 신뢰수준은 사전심사 신청 일을 기준으로 최근 1년간 내용을 평가에 적용한다.

3) 품질관리 신뢰수준은 사후관리로 평가하며, 심사대상 세부품명에 대하여 업체가 심사 신청서를 제출한 날로부터 과거 1년 이내에 해당하는 '다수공급자계약 업체의 계약이행실적평가' 결과를 보유하는 경우에는 해당 결과를 적용하여 평가한다.

4) 계약이행실적평가 결과가 다수일 경우, 직전 계약이행실적평가를 기준으로 한다. 계약이행실적평가 등급이 없는 업체는 '보통' 등급으로 평가한다.

5) 계약이행 신뢰수준은 평균납기 지체, 부정당업자 제재, 쇼핑몰 거래정지 항목을 평가하며, 업체가 부정당업자 제재를 사유로 거래정지를 받은 경우에는 중복하여 감점하지 않는다.

3. 입찰적격자 선정 및 심사결과 통지

가. 입찰적격자 선정

1) 다수공급자계약에 대한 사전심사가 적용되는 물품 및 용역은 적용 후 최초 공고분에서는 종합평점이 65점 이상인 업체를 적격자로 선정한다.

2) 차기 공고분부터는 종합평점 70점 이상인 업체를 적격자로 선정한다.

3) 적격자로 선정되지 않은 업체는 심사결과 통지 후 90일 이후에 사전심사 신청서를 보완하여 다시 제출할 수 있다.

나. 심사결과 통지

1) 사전자격심사가 완료된 경우에는 적격 여부와 이의신청 접수기한을 업체에 통보한다.

2) 이의신청 접수기한은 업체에 통보한 날로부터 3일 이내이다.

3) 업체는 이의신청 접수기한 이내에 당해 업체 심사관련 서류와 평가점수의 열람을 요구할 수 있다.

4) 심사서류 열람 후 심사자의 오류 또는 중대한 착오 등으로 평가점수에 이의가 있는 경우에는 이의신청 접수기한 3일 이내에 시스템을 통하여 이의를 신청할 수 있다.

다. 결격사항 및 부정하게 제출된 서류 처리

1) 아래와 같은 결격사유가 있는 경우에는 입찰적격자 선정에서 제외된다.

가) 입찰공고 시 요구하는 입찰참가자격 요건을 구비하지 못한 경우

나) 심사대상자가 부도·파산 상태인 경우 및 계약이행이 어려운 경우

다) 품명 기준으로 사전심사 신청일 기준 최근 1년 이내 납품실적이 없는 경우

라) 기타 다른 법령 등에 의한 결격사유에 해당하는 경우

2) 제출된 심사서류가 부정 또는 허위로 작성된 것으로 판명될 때는 계약을 해지하며, 부정당업자로 제재한다.

제5절 ‖ 계약이행실적 평가 및 등급화 운영기준

조달청의 계약이행실적 평가는 다수공급자 계약을 체결한 업체의 계약물품별로 납기, 품질, 수요기관 만족도 등에 대한 계약이행실적을 평가하여 등급화하며 이를 수요기관에 제공한다.

1. 계약이행실적 평가 대상 및 배점

가. 평가 대상

1) 평가대상은 평가기간 동안 납품실적이 있는 다수공급자계약 업체로 한다.

2) 계약이행실적 평가 주기는 상·하반기에 1회씩 실시하는 것을 원칙으로 한다. 평가기간은 다음과 같다.

가) 상반기 평가: 평가 전년도 1월 1일 ~ 12월 31일

나) 하반기 평가: 평가 전년도 7월 1일 ~ 평가 연도 6월 30일

나. 평가결과 공개 및 열람

1) 수요기관은 종합쇼핑몰에 로그인하여 제품 상세정보창에서 다수공급자계약 수요물자에 대한 조달업체의 계약이행실적평가 결과를 열람할 수 있다. 다만, 평가결과는 평가항목 중 납기, 품질, 서비스, 수요기관 만족도에 대한 평가등급만을 열람할 수 있다.

2) 업체는 종합쇼핑몰에 로그인하여 당해 업체 마이페이지에서 계약품명(물품분류번호 기준)별로 평가한 결과에 대해 총점, 5개 평가항목별 점수 및 평가등급을 열람할 수 있다.

다. 평가지표 배점

1) 평가는 5개의 평가항목에 대하여 11개의 평가지표로 하되, 총점(100점 만점)과 평가항목별 평가등급으로 산출한다. 평가단위, 평가지표별 배점 등은 구매환경의 변화에 따라 조정할 수 있다.

2) 평가등급은 4단계로 구성(최우수, 우수, 보통, 미흡)된 평가등급 간 점수분포는 아래와 같으며, 최우수는 파란색, 우수는 초록색, 보통은 황색, 미흡은 빨간색을 부여한다.

등급(색상)	최우수(Blue)	우수(Green)	보통(Orange)	미흡(Red)
표준점수 구간	90점 이상	90점 미만 ~ 85점 이상	85점 미만 ~ 75점 이상	75점 미만

2. 평가지표의 정의 및 배점

가. 평가지표의 정의 및 배점: 평가기간 내에 조달청에서 인정하는 다수공급자계약 교육을 이수하거나 다수공급자(MAS)전문자격증을 보유한 자의 평가기간 내의 재직을 증명하는 경우에는 가점 2점을 부여할 수 있다. 다만, 총점은 100점을 넘을 수 없다. 세부내용은 아래와 같다.

평가항목	평가지표	정의	수식	단위	분류배점	지표배점
납기	납기 준수율	납품기한 내에 납기된 비율	(납품기한 내로 납품한 건수/전체 납품 건수) × 100	%	25	13
	평균 납기지체일수	납품기한을 넘겨 지체된 평균일수	(납품 지체된 건의 지체일수의 합/전체 납품 지체건수)	일		12
품질	조달품질 신문고 하자처리 요청건수	해당업체에 대한 조달품질신문고 하자조치 요구 총 건수(종결 건 기준)	해당업체 하자조치 요구 총 건수(완결된 건 기준)	건	21	9
	품질 만족도	수요기관 만족도 조사 중 품질 만족도 조사 항목의 점수	검사단계에서 나라장터 시스템을 통해 수요기관 담당자가 입력한 품질 만족도	점		12
수요기관만족도	가격 만족도	수요기관 만족도 조사 중 가격 만족도 조사 항목의 점수	검사단계에서 나라장터 시스템을 통해 수요기관 담당자가 입력한 가격 만족도	점	18	6
	서비스 만족도	수요기관 만족도 조사 중 서비스 만족도 조사 항목의 점수	검사단계에서 나라장터 시스템을 통해 수요기관 담당자가 입력한 서비스 만족도	점		6
	종합 만족도	수요기관 만족도 조사 중 종합 만족도 조사 항목의 점수	검사단계에서 나라장터 시스템을 통해 수요기관 담당자가 입력한 가격 만족도	점		6
서비스	납품품목 비율	해당업체의 등록 품목수 대비 납품이 이루어진 품목수 비율	(납품이 이루어진 해당업체의 품목 수/해당업체가 등록한 품목 수) × 100	%	16	8

<table>
<tr><td></td><td>조달품질신문고 처리 기간</td><td>수요기관의 하자조치 요구시점부터 조치까지 걸리는 평균 일수</td><td>하자조치 요구 후 경과 일수의 합/하자처리 요청 건 수(완결된 건 기준)</td><td>일</td><td></td><td>8</td></tr>
<tr><td rowspan="2">계약이행성실도</td><td>부정당업자 제재 기간</td><td>최근 1년 이내 부정당업자 제재여부 및 제재기간</td><td>부정당업자제재 기간(일수)</td><td>일</td><td rowspan="2">20</td><td>10</td></tr>
<tr><td>쇼핑몰 거래정지 기간</td><td>최근 1년 이내 다수공급자계약 관련 쇼핑몰 거래정지 여부 및 제재기간</td><td>쇼핑몰 거래정지 기간(일수)</td><td>일</td><td>10</td></tr>
</table>

나. 평가항목 및 평가지표의 세부평가방법

평가항목	평가지표	단위	분류배점	지표배점	세부평가방법(평점)	비고
납기	납기 준수율	%	25	13	13점: 100% 12점: 100% 미만 ~ 95% 이상 11점: 95% 미만 ~ 90% 이상 10점: 90% 미만 ~ 85% 이상 9점: 85% 미만 ~ 80% 이상 8점: 80% 미만 ~ 75% 이상 7점: 75% 미만 ~ 70% 이상 6점: 70% 미만 ~ 65% 이상 5점: 65% 미만 ~ 60% 이상 4점: 60% 미만 ~ 55% 이상 3점: 55% 미만 ~ 50% 이상 2점: 50% 미만 ~ 45% 이상 1점: 45% 미만 ~ 40% 이상 0점: 40% 미만	-
	평균 납기지체일수	일		12	12점: 1일 이내 11점: 1일 초과 ~ 3일 이내 10점: 3일 초과 ~ 5일 이내 9점: 5일 초과 ~ 7일 이내 8점: 7일 초과 ~ 9일 이내 7점: 9일 초과 ~ 11일 이내 6점: 11일 초과 ~ 13일 이내 5점: 13일 초과 ~ 15일 이내 4점: 15일 초과 ~ 17일 이내 3점: 17일 초과 ~ 20일 이내 2점: 20일 초과 ~ 25일 이내 1점: 25일 초과 ~ 30일 이내 0점: 30일 초과	-

<table>
<tr><td rowspan="2">품질</td><td>조달품질신문고 하자처리 요청건수</td><td>건</td><td rowspan="2">21</td><td>9</td><td>9.0점: 0건
7.0점: 2건 이내 ~ 0건 초과
5.0점: 4건 이내 ~ 2건 초과
3.0점: 6건 이내 ~ 4건 초과
1.0점: 8건 이내 ~ 6건 초과
0점 : 8건 초과</td><td>완결된 건만 반영</td></tr>
<tr><td>품질 만족도</td><td>점</td><td>12</td><td>12.0점: 95점 이상
9.0점: 95점 미만 ~ 90점 이상
7.0점: 90점 미만 ~ 85점 이상
6.0점: 85점 미만 ~ 80점 이상
5.5점: 80점 미만 ~ 75점 이상
5.0점: 75점 미만 ~ 70점 이상
4.0점: 70점 미만 ~ 65점 이상
3.0점: 65점 미만 ~ 60점 이상
2.0점: 60점 미만 ~ 55점 이상
1.0점: 55점 미만 ~ 50점 이상
0.0점: 50점 미만</td><td>평가건수
2건 미만시
기본점수
7점 부여</td></tr>
<tr><td rowspan="3">수요
기관
만족도</td><td>가격 만족도</td><td>점</td><td rowspan="3">18</td><td>6</td><td>6.0점: 95점 이상
4.5점: 95점 미만 ~ 90점 이상
3.5점: 90점 미만 ~ 85점 이상
3.0점: 85점 미만 ~ 80점 이상
2.7점: 80점 미만 ~ 75점 이상
2.5점: 75점 미만 ~ 70점 이상
2.0점: 70점 미만 ~ 65점 이상
1.5점: 65점 미만 ~ 60점 이상
1.0점: 60점 미만 ~ 55점 이상
0.5점: 55점 미만 ~ 50점 이상
0.0점: 50점 미만</td><td>평가건수
2건 미만시
기본점수
4.5점 부여</td></tr>
<tr><td>서비스
만족도</td><td>점</td><td>6</td><td>6.0점: 95점 이상
4.5점: 95점 미만 ~ 90점 이상
3.5점: 90점 미만 ~ 85점 이상
3.0점: 85점 미만 ~ 80점 이상
2.7점: 80점 미만 ~ 75점 이상
2.5점: 75점 미만 ~ 70점 이상
2.0점: 70점 미만 ~ 65점 이상
1.5점: 65점 미만 ~ 60점 이상
1.0점: 60점 미만 ~ 55점 이상
0.5점: 55점 미만 ~ 50점 이상
0.0점: 50점 미만</td><td>평가건수
2건 미만시
기본점수
4.5점 부여</td></tr>
<tr><td>종합
만족도</td><td>점</td><td>6</td><td>6.0점: 95점 이상
4.5점: 95점 미만 ~ 90점 이상
3.5점: 90점 미만 ~ 85점 이상
3.0점: 85점 미만 ~ 80점 이상
2.7점: 80점 미만 ~ 75점 이상</td><td>평가건수
2건 미만시
기본점수
4.5점 부여</td></tr>
</table>

<table>
<tr><td></td><td></td><td></td><td></td><td></td><td>2.5점: 75점 미만 ~ 70점 이상
2.0점: 70점 미만 ~ 65점 이상
1.5점: 65점 미만 ~ 60점 이상
1.0점: 60점 미만 ~ 55점 이상
0.5점: 55점 미만 ~ 50점 이상
0.0점: 50점 미만</td><td></td></tr>
<tr><td rowspan="2">서비스</td><td>납품
품목
비율</td><td>%</td><td rowspan="2">16</td><td>8</td><td>8점: 100% ~ 85% 이상
7점: 85% 미만 ~ 70% 이상
6점: 70% 미만 ~ 55% 이상
5점: 55% 미만 ~ 40% 이상
4점: 40% 미만 ~ 25% 이상
3점: 25% 미만 ~ 10% 이상
2점: 10% 미만</td><td>※기본점수:
2점 부여</td></tr>
<tr><td>조달품질신문고 처리 기간</td><td>일</td><td>8</td><td>8점: 3일 이내
7점: 3일 초과 ~ 6일 이내
6점: 6일 초과 ~ 9일 이내
5점: 9일 초과 ~ 12일 이내
4점: 12일 초과 ~ 15일 이내
3점: 15일 초과 ~ 18일 이내
2점: 18일 초과 ~ 21일 이내
1점: 21일 초과 ~ 24일 이내
0점: 24일 초과</td><td>※완결된 건만 반영

※해당실적이 없는 경우,
만점처리</td></tr>
<tr><td rowspan="2">계약
이행
성실도</td><td>부정당업자
제재 기간</td><td>월</td><td rowspan="2">20</td><td>10</td><td>10점: 해당없음
9점: 30일 이하
8점: 30일 초과~60일 이하
7점: 60일 초과~90일 이하
6점: 90일 초과~120일 이하
5점: 120일 초과~150일 이하
4점: 150일 초과~180일 이하
3점: 180일 초과~210일 이하
2점: 210일 초과~240일 이하
1점: 240일 초과~270일 이하
0점: 270일 초과</td><td></td></tr>
<tr><td>쇼핑몰
거래정지기간</td><td>월</td><td>10</td><td>10점: 해당없음
9점: 30일 이하
8점: 30일 초과~60일 이하
7점: 60일 초과~90일 이하
6점: 90일 초과~120일 이하
5점: 120일 초과~150일 이하
4점: 150일 초과~180일 이하
3점: 180일 초과~210일 이하
2점: 210일 초과~240일 이하
1점: 240일 초과~270일 이하
0점: 270일 초과</td><td>※부정당업자 제재를 사유로 거래정지를 받은 경우
중복감점하지 않음</td></tr>
</table>

3. 이의제기 심사신청

가. 이의제기 신청

계약상대자는 평가결과에 대하여 이의가 있는 경우 평가결과를 통보받은 날로부터 7일 이내에 이의제기 심사신청서와 증빙자료를 첨부하여 평가담당공무원에게 이의를 신청할 수 있다.

나. 심사 대상 및 심사

1) 이의제기 심사대상은 '다수공급자계약업체의 계약이행실적 세부평가기준'에 의거 실시한 계약이행능력실적의 근거자료 및 사실의 명백한 오류로 인해 작성된 평가결과를 보정하기 위한 심사에 한정한다.

2) 이의제기 심사는 평가담당관이 이의신청 접수 후 14일 이내에 처리결과를 통보한다. 불가피한 경우에는 7일의 범위 이내에서 그 기간을 연장할 수 있다.

제6절 ‖ 다수공급자 2단계경쟁계약

조달청 다수공급자 2단계경쟁계약이란 조달청과 공급업체간 단가계약을 체결하여 조달청 나라장터 종합쇼핑몰에 등록한 다수 업체를 대상으로 조달청에서 규정해 놓은 평가방식 중에서 수요기관이 선택하여 제안함으로써 업체 간 다시 한 번 경쟁을 실시하여 최종 낙찰자를 선정하는 계약제도이다. 이를 도표화 하면 다음과 같다.

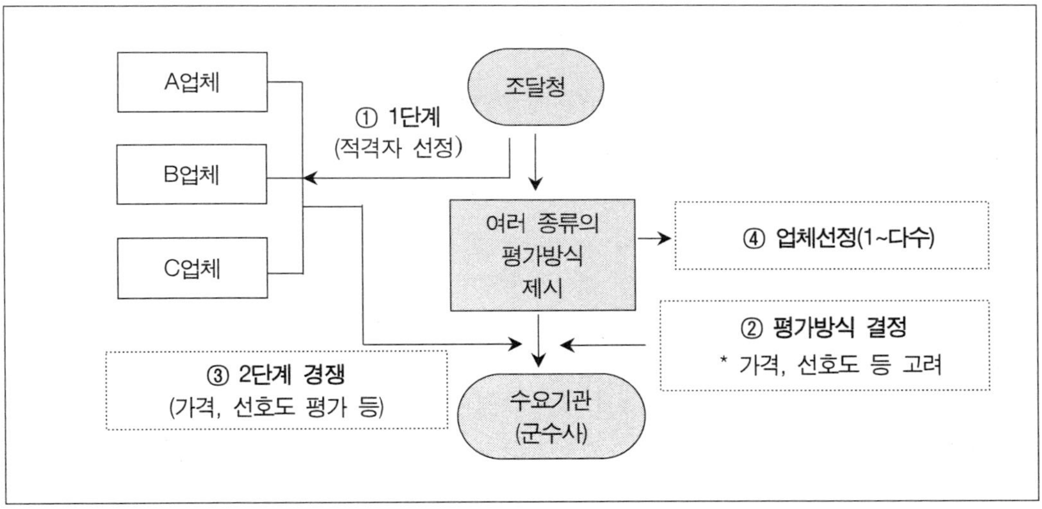

1. 다수공급자 2단계경쟁계약의 절차 및 조건

가. 다수공급자 2단계경쟁계약 절차

1) 조달청은 특정품목을 생산 또는 판매업체와 단가계약을 한 다음, 나라장터 종합쇼핑몰에 등록한다.

2) 수요기관은 조달청에서 정해진 기준 범위 내에서 필요한 물품의 구매요구를 하면, 조달청은 수요기관에서 구매 요구하는 품목이 다수공급자 2단계경쟁 대상 품목에 해당 여부를 확인하여 통보한다.

3) 다수공급자 2단계경쟁품목에 해당될 경우, 수요기관에서는 필요한 경우에 심의 준비를 위하여 나라장터에 등록된 업체를 대상으로 현장을 실사한다.

4) 수요기관에서는 심의계획을 작성하며, 낙찰업체 선정을 위한 평가방식을 심의 및 의결한다.

5) 수요기관에서는 나라장터 종합쇼핑몰에 등록된 업체를 대상으로 심의·의결한 내용을 전자적 방법으로 제안한다. 여기서 평가항목에 대한 기초자료는 조달청에 등록된 것을 기준으로 한다.

6) 업체에서는 수요기관에서 제안한 내용에 대하여 제안 마감일 이전까지 전자적 방법으로 응찰한다.

7) 업체의 제안이 끝나면, 제안 마감시간 이후 수요기관에서 낙찰업체를 공개한다.

8) 수요기관에서는 낙찰업체를 대상으로 납기 및 납지에 대한 물량을 요청한다.

♣ 해설 및 팁 3-2: 조달청 다수공급자 2단계경쟁계약

- 조달청 다수공급자 2단계경쟁계약이란 조달청에서 품질·성능 또는 효율 등이 같거나 비슷한 종류의 물품을 사전에 단가계약 후 조달청 나라장터에 2개 업체 이상을 등록하여 놓으면, 수요기관에서는 조달청에서 정한 평가방식 중 하나를 선정하여 계약을 요청하는 계약방식이다.
- 납품업체 수는 수요기관(군수사)에서 심의를 통하여 1개~다수 업체를 선정할 수 있다. 납품업체 수는 (입찰참여업체 수 - 1개 업체)까지 선정이 가능하다.
- 2단계의 의미는 1단계에서 조달청이 업체에 대해 규격 및 제품검증을 통하여 적격자를 선정하고, 2단계에서는 수요기관에서 선정한 평가방식을 통하여 업체 간 가격 및 품질을 경쟁하는 것이다.

나. 다수공급자 2단계경쟁계약의 조건

1) 조달청에서 다수공급자계약이 체결된 물품이어야 한다.

2) 수요기관에서 1회 납품요구대상금액이 5천만 원 이상이 되어야 한다. 단, 중소기업자 간 경쟁품목의 경우에는 중소기업자를 보호 및 육성 정책을 고려하여 1억 원 이상이 되어야 한다.

3) 다수공급자 2단계경쟁계약의 조건이 성립하기 위해서는 최초 연도에 납품 요구하는 품목의 경우에는 3개 업체 이상이 쇼핑몰에 등록되어 있어야 한다. 2개 업체만 등록되어 있을 경우에는 조달청 구매업무심의회를 통해 결정할 수 있다.

♣ 해설 및 팁 3-3: 수요기관의 장단점

- 조달청 다수공급자 2단계경쟁계약을 했을 경우 수요기관(군수사 및 사용부대)은 다수의 조달원을 확보할 수 있으며, 일정한 범위 내에서 수요기관이 납품업체를 평가하여 선택할 수 있는 장점이 있다.
- 방위사업청 계약과 비교하여 수요기관은 납기 및 납지 선정 간 업체와 협조, 업체 간 품질경쟁 유도 등 주도적으로 계약을 진행할 수 있으며, 사용부대 선호도 반영, 생산능력 검증 등을 통하여 납품이 가능한 업체를 일정부분 심의에 반영할 수 있는 장점이 있다. 반면, 업체 간에 과다 경쟁할 가능성이 있고, 수요기관의 행정업무가 증가하는 단점이 있다.

4) 다수공급자계약이 체결된 물품은 일반경쟁계약에 우선하여 적용한다. 그러나 아래와 같은 경우에는 수요기관에서 조달청으로 2단계경쟁계약의 제외 요청을 할 수 있다.

가) 재해복구나 방역사업에 필요한 물자(제설제, 백신 등)를 긴급하게 구매하는 경우

나) 일반차량(소방차 제외)을 구매하는 경우

다) 이미 설치된 물품과 호환이 필요한 설비확충 및 부품교환을 위해 구매하는 경우

라) 2단계경쟁계약으로는 군에서 요구하는 제반 조건을 만족시키기 어려운 경우

2. 수요기관 심의위원회에서 결정되는 사항

가. 1단계: 평가방식 결정

1) 1단계 평가는 **최저가격제**로 할 것인가, **종합평가점수제 방식**으로 할 것인가를 결정한다. 단계별 심의 절차는 〈그림 3-2〉와 같다.

〈그림 3-2〉 다수공급자계약 2단계경쟁 수요기관 심의

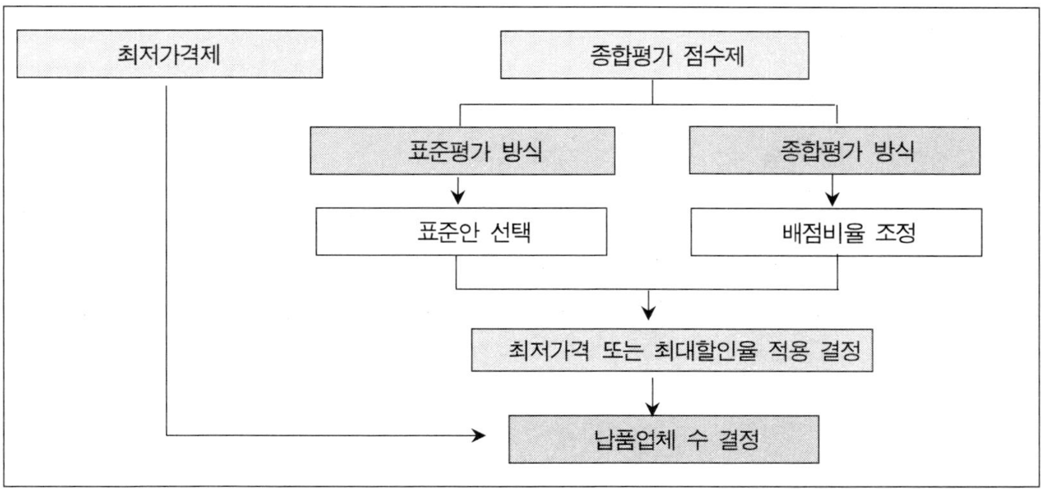

2) **최저가격제**

가) 업체에서 제안하는 가격으로만 평가하며, 업체에서 제안하는 가격에는 하한선이 없다.

나) 중소기업간 경쟁품목은 **등록가격의 90% 이상에서만 가격제안**을 할 수 있다.

다) 최저가격제는 등록 제품의 품질, 성능, 업체신인도 등의 차이가 미미하여 저가로 구매요구조건을 충족하는 제품을 구매하고자 할 때 적용한다.

라) 최저가격제로 평가방식이 결정되면, 다른 심의 없이 바로 몇 개의 업체로부터 납품받을 것인가를 결정하는 '납품업체 수 결정'을 심의 의결한다.

♣ 해설 및 팁 3-4: 중소기업간 경쟁품목의 최저가격제 적용

- 중소기업자간 경쟁제품에 대해서는 수요기관에서 최저가격제로 결정하는 것이 어려울 수 있다. 왜냐하면, 중소기업자간 경쟁제품은 등록가격의 10%까지만 제안가격을(등록가격의 90% 보장) 낮출 수 있기 때문에 최저가격제로 결정할 경우 낙찰업체가 거의 결정될 수 있기 때문이다.
- 예를 들면, 중소기업자간 경쟁품목인 F제품을 B업체에서는 10,000원에 등록하였고, C업체에서는 9,000원에 등록하였다고 가정하자. 이러한 경우에 최저가격제로 구매를 결정을 하면, 각각의 업체가 10% 범위 내에서 가격을 낮추어 등록한다면 B업체는 최대 9,000원까지만 낮출 수 있고, C업체는 8,100원까지 낮출 수 있어 C업체가 낙찰될 가능성이 매우 높다. 따라서 중소기업자간 경쟁제품의 경우 수요기관에서는 특정업체에게 유리한 최저가격제로 결정하지 못하도록 되어 있다.

3) **종합평가 점수제**

가) 업체에서 제안하는 **가격이외에 품질수준, 적기납품, 기술보유 정도, 사후관리, 경영상태, 선호도 반영 등을 반영하여 평가**하는 방식이다.

나) 조달청에서 사전에 평가항목과 배점을 정해놓은 표준평가방식과, 수요기관에서 평가항목 및 배점을 조정할 수 있는 종합평가방식이 있다.

나. 2단계: 종합평가 점수제 평가방식

1) **종합평가 점수제로 평가방식이 결정된 경우**

가) 표준평가방식이나 종합평가방식은 정해진 항목별 점수를 합산하여 가장 높은 점수를 받은 제안자를 납품대상 업체로 선정하는 제도이다.

나) 종합평가 점수제로 결정되면, 표준평가방식 또는 종합평가방식으로 할 것인가를 심의한다.

〈표 3-8〉 다수공급자계약 2단계경쟁 표준평가방식

평가분야	평가항목	표준평가(Ⅰ) 기술중심	표준평가(Ⅱ) 가격중심	표준평가(Ⅲ) 약자지원	표준평가(Ⅳ) 선호도
계	-	100	100	100	100
가 격	제안가격의 적정성	65	75	65	65
적기납품	납기지체여부	10	15	15	15
사후관리	계약이행실적평가	13	5	10	10
품질관리	조달청, 전문기관검사, 품질점검 결과	5	5	5	5
기 술	기술인증 보유여부	7	-	-	-
약자지원	약자기업 여부	-	-	5	-
선 호 도	수요기관 선호도조사	-	-	-	5

2) **표준평가방식**은 조달청에서 구매목적에 적합한 납품대상 업체를 선정할 수 있도록 평가방식을 표준화한 것이다. 심의는 이 평가방식 중에서 하나를 선택하여 결정한다. 표준평가방식은 〈표 3-8〉에서 정해 놓은 것 이외에 평가항목을 추가하거나 정해진 배점을 변경할 수 없다. 배점은 매년 환경변화에 따라 조달청에서 변경할 수 있다.

〈표 3-9〉 다수공급자계약 2단계경쟁 종합평가방식

<table>
<tr><th>구 분</th><th colspan="2">평가분야</th><th>평가항목</th><th>배점한도</th></tr>
<tr><td>계</td><td colspan="2">-</td><td>-</td><td>100</td></tr>
<tr><td rowspan="3">기본 평가항목
(60점 이상)</td><td colspan="2">가 격</td><td>제안가격의 적정성</td><td>45~75점</td></tr>
<tr><td colspan="2">적기납품</td><td>납기지체 여부</td><td>10~20점</td></tr>
<tr><td colspan="2">품질검사</td><td>조달청검사, 전문기관검사,
품질점검 결과</td><td>5점</td></tr>
<tr><td rowspan="9">선택 평가항목
(40점 이하)</td><td rowspan="2">기술
(7점)</td><td>고도기술</td><td rowspan="2">품목(규격별) 인증 보유여부</td><td>7점</td></tr>
<tr><td>녹색·일반기술</td><td>3.5점</td></tr>
<tr><td colspan="2">선 호 도</td><td>자체 선호도 조사</td><td>5점 이하</td></tr>
<tr><td colspan="2">지역업체</td><td>지역업체 여부</td><td>5점 이하</td></tr>
<tr><td colspan="2">납품기일</td><td>납품기한 단축가능성</td><td>5점 이하</td></tr>
<tr><td colspan="2">사후관리</td><td>계약이행실적평가 전체등급</td><td>5점 이하</td></tr>
<tr><td colspan="2">납품실적</td><td>해당 제품 납품실적</td><td>5점 이하</td></tr>
<tr><td colspan="2">경영상태</td><td>업체 경영상태</td><td>5점 이하</td></tr>
<tr><td colspan="2">약자 및 고용우수기업 지원</td><td>장애인기업, 사회적기업,
창업초기기업, 여성기업·
고용우수기업 등</td><td>5점 이하</td></tr>
</table>

3) **종합평가방식**은 조달청에서 정해준 평가항목 중에서 〈표 3-9〉와 같이 수요기관에서 필요한 항목만을 선택하되, 항목별 점수도 일정한 범위 내에서 조정이 가능하다. 그러나 다음의 내용은 준수하여야 한다.

가) 수요기관은 기본 평가항목과 선택 평가항목 외에 별도의 평가항목을 추가할 수 없다. 평가기준의 총점은 100점이 되어야 하며 각 평가항목별 점수는 주어진 배점 한도를 준수해야 한다.

나) 기본 평가항목의 배점이 60점 이상이 되도록 하여야 하며, 기본 평가항목만으로 총점이 100점이 되도록 배점을 선택한 경우 선택 평가항목은 선택할 수 없다.

4) 종합평가방식에 대한 이해를 돕기 위해 〈표 3-10〉과 같이 예를 들어 설명하였다.

〈표 3-10〉 종합평가방식 평가항목별 배점의 예시

구 분	평가분야	A안	B안	C안
계	-	100점	100점	100점
기본 평가항목 (60점 이상)	소 계	78점	85점	85점
	가 격	53점	65점	70점
	적기납품	20점	15점	10점
	품질검사	5점	5점	5점
선택 평가항목 (40점 이하)	소 계	22점	15점	15점
	기 술	7점	-	-
	선 호 도	-	5점	-
	지역 업체	-	-	5점
	납품기일	-	-	5점
	사후관리	5점	5점	-
	납품실적	5점	-	5점
	경영상태	5점	-	-
	약자지원	-	5점	-

가) 〈표 3-10〉에서는 A안의 경우에는 기본 평가항목에 78점을 부여한 것이고 적기납품에 상대적으로 많은 비중을 두었다. 선택항목 중에서는 기술점수, 사후관리, 납품실적, 경영상태 등에 일정한 배점을 부여한 것이다.

나) B안의 경우에는 기본 평가항목에 85점을 부여하였는데 A안보다 가격에 더 많은 비중을 두었다고 볼 수 있다. 선택 평가항목 중에는 사용부대 선호도, 사후관리, 약자지원에 평가점수를 반영한 것이다.

다) C안의 경우는 기본 평가항목에 85점을 부여하면서 가격에 많은 비중을 부여하였다. 선택 평가항목에서는 지역 업체, 납품기일, 납품실적에 각 5점을 부여한 것이다.

라) 수요기관은 심의를 할 때, 평가방식이나 평가항목별 배점에 대한 공정성을 확보하기 위하여 일부 특정업체에게만 유리한 평가항목을 선택하지 않는다.

다. 3단계: 제안가격 평가방식

1) 표준평가방식이나 종합평가방식으로 결정이 되었을 때, 3단계 평가에서는 기본 평가항목 중 제안가격에 대한 평가방식을 'A형(제안가격 비율)'과 'B형(제안가격의 할인비율)' 중 심의를 통하여 결정한다. 2가지 형태에 대한 평가방법은 다음과 같다.

2) A형(제안가격 비율)

평가기준	평 점
제안평균가격 대비 제안가격 비율	$\text{가격평점(점)} = \text{배점} \times \{1 - 2 \times (\frac{\text{제안가격}}{\text{제안평균가격}} - \frac{95}{100})\}$

가) 제안 평균가격은 '(각 제안자의 제안가격 합계) ÷ (제안자 수)'로 산출하되, 원단위 이하는 절사한다.

나) **제안서를 제출하지 않은 납품대상 업체는 나라장터 종합쇼핑몰에 등록한 가격으로 제안**한 것으로 간주하고, 제안평균가격을 산출할 때는 제안자 수에 포함시킨다.

다) 제안가격이 제안 평균가격의 100분의 95 이하인 경우의 가격평가 점수는 만점으로 평가한다. 예를 들어, 기본 평가항목의 '가격배점'이 75점이고, 납품대상 업체들이 제안한 평균가격이 12,000원이며, A업체가 제시한 가격이 94% 수준인 11,280원이라면 A업체는 가격점수에서 75점 만점을 받게 된다.

라) 가격평가 점수가 배점의 100분의 60 미만일 경우에는 가격평가 점수를 배점의 100분의 60으로 평가한다.

3) **B형(제안가격의 할인비율)**

평가기준	평 점
평균제안율 대비 제안율 비율	$\text{가격평점(점)} = \text{배점} \times \{1 - 2 \times (\frac{\text{제안율}}{\text{평균제안율}} - \frac{95}{100})\}$

가) 평균제안율 산출은 '(각 제안자의 제안율 합계)÷(제안자 수)'로 한다. **제안서를 제출하지 않은 납품대상 업체의 제안율은 100분의 100으로 간주**하고, 평균제안율을 산출할 때에는 제안자 수에 포함시킨다.

나) 제안율이 평균제안율의 100분의 95 이하인 경우의 가격평점은 만점으로 평가한다. 예를 들어, 기본 평가항목의 '가격배점'이 70점이고, 납품대상 업체들이 제안한 평균제안율이 96%이며, A업체가 제시한 제안율이 평균제안율의 94%이라면 A업체는 가격점수에서 70점 만점을 받게 된다.

다) 가격평가 점수가 배점의 100분의 60 미만일 경우에는 가격평가 점수를 배점의 100분의 60으로 평가한다. 이것의 의미는 기본 평가항목의 '가격배점'이 70점인데, 70점의 60% 이하인 42점 미만으로 받는 경우에는 70점 중에서 42점을 받은 것으로 평가를 한다는 것이다.

라. 4단계: 납품업체 수 결정 및 물량 배정

1) 평가의 마지막 단계는 몇 개 업체로부터 납품을 받을 것인가와 업체별로 물량배정을 어떻게 할 것인가를 결정하는 것이다. 납품업체의 수는 1개~수 개의 업체(등록된 업체 수 - 1개 업체)까지 결정이 가능하다. 예를 들면, 6개 업체가 나라장터 종합쇼핑몰에 등록하였다면 납품하는 업체 수를 1개~5개까지 정할 수 있다.

2) 납품업체 수 및 물량배정을 결정할 때 고려하는 사항은 납기, 납지, 납품물량, 경쟁조건 등이며, 몇 개 업체로부터 납품을 받는 것이 가장 효율적인가를 판단한다. 업체별 물량배정 예문은 다음과 같다.

구 분	단일 업체	2개 업체	3개 업체	4개 업체
배정비율(%)	100	80:20	45:30:25	40:30:20:10

♣ 해설 및 팁 3-5: 납품업체 수 결정 및 물량배정

- **단일 업체에서 조달**
  - 조달물량이 소량으로 2개 업체 이상 배분이 곤란한 경우
  - 1개 업체로 하는 것이 군수지원 측면에서 명확하게 유리한 경우
- **복수업체의 품목을 조달**
  - 조달물량이 많아 다수업체로부터 조달하는 것이 유리한 경우
  - 다수업체를 선정하는 것이 유리한 경우
    - * 업체 간 경쟁을 유도하여 보다 나은 제품선택이 필요한 경우
    - * 신규품목으로 품질검증이 필요한 경우

3. 제안서 제출 및 제안 취소

가. 제안서 제출 기한

1) 수요기관에서 제안서 제출기한을 최저가격제로 선정한 경우에는 최소 3근무일[14] 이상, 표준평가방식이나 종합평가방식의 경우에는 최소 5근무일 이상의 제안서 제출기한을 부여한다.

2) 제안서 제출은 나라장터 종합쇼핑몰에서 전자적으로 처리해야 한다.

3) 업체는 수요기관이 제안요청서를 생성한 시점을 기준으로 나라장터 종합쇼핑몰에 등록된 가격 이하로 제안해야 한다.

4) 중소기업자간 경쟁제품인 경우에는 제안요청을 할 때 계약(등록)가격의 100분의 90 미만으로 제안할 수 없으며, 할인율이 10%를 초과하는 경우에도 제안가격은 계약가격의 100분의 90으로 평가한다.

5) 업체는 제안서 제출 시 제안서의 유효기간을 설정하여 제안해야 하며 유효기간이 만료된 제안서는 효력이 없다.

6) 수요기관은 납품요구가 지연되는 경우 업체의 동의를 얻어 제안서의 유효기간을 연장할 수 있다.

7) 업체가 제안서 제출기한까지 제안을 하지 않은 경우에는 나라장터 종합쇼핑몰의 계약(등록)조건으로 제안한 것으로 본다.

♣ 해설 및 팁 3-6: 제안이 마감된 이후 성능이 향상된 신제품 등록

- 제안이 마감된 후에 나라장터 등록쇼핑몰에 등록된 제품을 변경해서는 안 된다. 현재 등록된 제품보다 성능이 향상된 제품으로 새로 등록하였다고 하더라도, 제안이 마감되어 낙찰된 경우에는 기존 계약된 물품으로 납품을 이행해야 한다.

나. 수요기관 및 업체의 제안 취소

1) 수요기관은 제안마감일 이전에는 제안요청을 취소할 수 있다.

2) 제안요청을 취소할 경우에는 대상 업체들에게 취소 사유를 통보해야 하며, 국가종합전자조달시스템에 사유를 등록한다.

14) 근무일이란 근무를 하는 날만을 계산하는 것으로, 여기에는 토요일, 일요일 및 공휴일 등은 제외된다. 예를 들어, 현 시점이 목요일이라면, 3근무일의 마지막 날은 다음 주 월요일이 된다.

3) 수요기관은 제안서 평가과정에서 평가 오류가 발생할 경우에는 조달청에 이를 통보하고, 재평가를 실시할 수 있다.

4) 수요기관은 제안서 평가 완료가 되었다고 하더라도, 다음과 같은 경우에는 제안요청을 취소할 수 있다.

가) 제안요청서 입력 오류 등 제안요청 자체에 과실이 있는 경우

나) 사업변경 등으로 현재의 제안요청 결과로는 사업목적을 달성할 수 없을 때

다) 현재의 제안요청 건을 계속 진행하는 것이 구매업무 처리에 불합리하다고 판단되었을 때

5) 업체는 제출된 제안을 제안마감일 전에는 전자적으로 취소할 수 있으나, 제안 마감일이 경과된 후에는 취소할 수 없다.

6) 업체가 제안을 취소한 경우에는 동일 제안 요청 건에 대하여 다시 제안할 수 없으며, 나라장터 종합쇼핑몰 계약(등록)조건으로 제안한 것으로 간주한다.

4. 납품업체 선정 및 납품 요구

가. 제안서 평가 및 납품대상 업체선정

1) 수요기관은 제안서 평가에 필요한 서류의 일부가 누락되었거나 불명확한 경우에는 3일 이내로 보완을 요구할 수 있다. 정해진 기한까지 서류 보완을 하지 않는 경우에는 그 시점까지 제출된 서류와 나라장터 종합쇼핑몰 계약조건만으로 심사한다.

2) **제안서 평가결과, 가격 또는 종합점수가 동일할 경우에는**

가) 최저가격 평가방식에서 제안가격이 동일한 경우에는 추첨에 의해 업체를 선정한다. 종합 또는 표준평가방식에서 합산점수가 동일한 경우에는 제안가격이 낮은 업체가 선정되며, 제안가격이 동일한 경우에는 추첨에 의한다.

나) 추첨은 수요기관의 지정된 장소(민원실 등)에서 실시하되, 동점 업체의 관계자, 헌병, 기무부대 입회하에 추첨한다.

나. 납품요구

1) 수요기관은 납품대상 업체가 선정되면, 특별한 사유가 없는 한 제안서 유효기간 내에 납품요구를 해야 한다. 수요기관은 납품대상 업체가 설정한 **제안서 유효기간이 경과한 때**에는 납품요구를 할 수 없다.

2) 수요기관은 계약의 종료, 거래정지, 수정계약 등으로 수요물자가 종합쇼핑몰에 등록되지 않은 경우에는 납품요구를 할 수 없다. 이러한 경우에는 새로운 제안요청절차를 통하여 납품대상 업체를 선정해야 한다.

3) 수요기관은 2단계경쟁을 거쳐 납품요구를 한 경우 설치비 또는 하자보수비에 해당하는 옵션품목 외에는 새로운 품목을 추가하여 납품요구 할 수 없다.

4) 수요기관은 2단계경쟁을 거쳐 납품요구를 한 후에 같은 품목에 대하여 납품요구량(수량 증가 및 감소)의 변경을 원하는 경우에는 납품대상 업체의 동의가 필요하다. 이러한 경우에 납품가격은 상호 협의된 가격으로 하며, 납품수량이 증가하는 경우에는 통상적으로 2단계경쟁 시 제안가격으로 한다.

5) 수요기관은 2단계경쟁 종합평가방식 중 **'납품기일' 항목**을 선택하여 평가한 경우에는 납품대상 업체가 제시한 납품기일을 적용하여 납품요구를 한다.

5. 평가항목의 평가방법

가. 적기납품 결과

1) 납기지체에 따른 감점을 적용하는 기준은 아래와 같다.

$$\text{평점(점)} = \text{배점} \times \left(1 - \frac{\text{납기지체율(\%)}}{2}\right)$$

2) 납기지체율은 다수공급자계약을 체결하고 종합쇼핑몰을 통해 납품요구를 받아 납품을 완료한 총 건수 대비 납품기한을 지체하여 납품을 완료한 총 건수의 비율을 의미한다. 납품을 완료한 납품요구 총 건수의 산출기간은 제안서 제출마감일 전일을 포함하여 1년 이내로 한다. 이때 '납품이행 완료'라 함은 물품납품영수증이 접수 및 처리되어 종결된 상태를 의미한다.

3) 납기지체율은 계약상대자별로 품명별로 계산하며 나라장터 종합쇼핑몰을 통해 제공된다.

$$\text{납기지체율(\%)} = \frac{\text{납품기한을 지체한 납품이행을 완료 납품요구 총 건수}}{\text{납품이행이 완료된 납품요구 총 건수}} \times 100$$

4) 제안요청 품명이 2개 이상인 경우에는 납품대상 업체의 제안 총금액 대비 품명별 제안금액의 비중에 의한 가중평균 평점을 다음과 같이 적용한다.

$$가중평균\ 평점 = \Sigma(\frac{품목별\ 제안금액}{제안\ 총금액} \times 품명별\ 평점)$$

5) 납기지체율의 적용시점은 제안서 제출마감일 전일 현재 나라장터 종합쇼핑몰 내에 표기된 납기지체율로 한다.

6) 납기지체율이 100분의 1을 초과한 경우의 평점은 배점의 100분의 50으로 한다.

나. 품질검사 결과

1) 품질검사 결과는 '물품구매계약 품질관리특수조건'에 따른 조달청검사, 전문기관검사 및 수요기관 품질검사에 따른 결과 값을 의미하며, 품명을 기준으로 평가한다.

평가항목	평 가 기 준	평점
조달청검사, 전문기관검사 및 품질점검 결과	결함이 없는 경우	5점
	경결함 1회	4점
	중·치명결함 1회	3점
	경결함 또는 중·치명결함 2회	2점
	경결함 또는 중·치명결함 3회 이상	1점

2) 품질검사 결과를 적용하는 기간은 제안서 제출마감일 전일을 포함한 1년 이내의 검사완료일을 기준으로 한다.

3) 제안요청 품명이 2개 이상인 경우에는 납품대상 업체의 제안 총금액 대비 품명별 제안금액의 비중에 의한 가중평균 평점을 다음과 같이 적용한다.

$$가중평균\ 평점 = \Sigma(\frac{품명별\ 제안금액}{제안\ 총금액} \times 품명별\ 평점)$$

다. 기술 점수

1) 고도기술과 다른 기술은 중복하여 평가하지 않으며, 기술 점수는 최대 7점까지만 인정한다. 인정되는 기술은 〈표 3-11〉과 같다.

〈표 3-11〉 고도기술, 일반기술, 녹색기술 인정 내용

구 분	인 정 내 용
고도기술	NEP, NET, 성능인증, 녹색기술인증, 우수조달물품
일반기술	GS, GD, 특허실용신안, KS, K마크, Q마크, 단체표준인증, 자가 품질보증 (GS인증은 소프트웨어 또는 GS인증 발급시 시험평가에 사용된 하드웨어에 대해서만 인정)
녹색기술	고효율기자재, 에너지절약, 신재생에너지설비, 에너지효율 1등급, 환경표지, 우수재활용

2) GD, 실용신안, K마크, Q마크, 자가품질보증, 에너지절약, 신재생에너지설비, 우수재활용, 환경표지는 '17년부터 평가대상 인증에서 제외된다.

3) 평가는 품목을 기준으로 한다. 평가에 반영되는 것은 제안서 제출 마감일 하루 전까지 종합쇼핑몰에 등록되어 있어야 한다. 제안서 제출 마감일 하루 전이 공휴일인 경우에는 공휴일 전일 까지 등록된 인증에 한해 평가한다.

4) 제안요청 품목이 2개 이상인 경우에는 납품대상 업체의 제안총금액 대비 품목별 제안금액의 비중에 의한 가중평균 평점을 다음과 같이 적용한다.

$$\text{가중평균 평점} = \Sigma\left(\frac{\text{품목별 제안금액}}{\text{제안 총금액}} \times \text{품목별 평점}\right)$$

라. 선호도

1) 선호도는 수요기관에서 야전부대 선호도 조사결과, 평가위원회 평가, 품평회 등을 통해 평가한 점수를 반영한다. 선호도 평가는 평가 결과에 대한 명확한 근거자료가 있어야 한다.

2) 평가의 공정성을 위해 선호도 평가는 제안서 평가 전에 실시하며, 조달청 2단계경쟁계약 심의 시 병행하여 평가할 수 있다.

3) 선호도 평가의 최저 점수는 배점의 100분의 60 이상으로 한다.

4) 평가결과는 국가종합전자조달시스템에 등록한다.

5) 평가는 다음과 같은 절차로 이루어진다.

가) 1단계는 선호도 평가를 반영할 것인지 여부를 결정한다.

나) 2단계 평가는 야전부대 선호도와 심의위원평가 등에 대한 배점비율을 결정한다. 야전부대 선호도 평가는 보통 3개부대 이상의 만족도 설문결과를 접수받아 평가에 반영한다.

다) 3단계는 야전부대 선호도 평가 및 위원회 평가 등에서 전년도 납품업체와 신규업체에 대한 점수비율을 결정할 수 있다.

라) 총점평가는 위의 가)~다)항의 총점을 적용하여 평가한다.

♣ 해설 및 팁 3-7: 선호도 조사

- 수요기관에서의 선호도 평가는 사용부대의 선호도 조사결과를 가장 중요하게 반영하며, 필요한 경우에는 품평회 또는 평가위원들에 의한 평가 점수를 반영할 수 있다. 평가에 적용되는 순위 간 점수 차이 등도 수요기관 심의위원회에서 결정한다.

마. 지역 업체

1) 납품지의 소재지를 기준으로 하되 특별시, 광역시, 도 범위로 평가한다.

2) 납품대상 업체가 조합원사인 경우에는 조합원사 본사를 기준으로 평가하며, 수요기관에서 나라장터 종합쇼핑몰이나 제출된 관련 서류를 확인하여 평가한다.

3) 지역업체 평가는 수요기관의 구매예정금액이 각 수요기관에 적용되는 법률에 따른 고시금액 미만일 경우에만 적용한다.

바. 납품기한 단축

1) 납품기한 단축은 수요기관의 사업목적 상 납품기한 단축이 필요한 경우에 한하여 평가할 수 있으며, 평가점수 기준은 다음과 같다.

$$\text{평점(점)} = \text{배점} \times \{1- \frac{(\text{업체제시 납품기한 - 수요기관요구 납품기한})}{\text{계약납품기한}}\}$$

2) 수요기관에서 요구 가능한 납품기한은 당초 계약 납품기한의 2/3 이내로 하여야 한다.

3) 수요기관에서는 제안요청 시 사전에 요구하는 납품기한을 시스템에 입력하여야 하며, 납품대상 업체는 제안서 제출 시 납품 가능한 기한을 입력해야 한다.

4) 납품대상 업체가 수요기관의 요구 납품기한보다 단축하여 기한을 제시할 경우에는 배점의 만점으로 한다.

5) 제안요청 품목이 2개 이상인 경우에는 납품대상 업체의 제안 총금액 대비 품목별 제안금액의 비중에 의한 가중평균 평점을 다음과 같이 적용한다.

$$\text{가중평균 평점} = \Sigma\left(\frac{\text{품목별 제안금액}}{\text{제안 총금액}} \times \text{품목별 평점}\right)$$

사. 사후관리

1) 사후관리는 제안서 제출 마감일 전일 기준 계약이행실적평가 전체등급을 기준으로 평가하되, 배점은 다음과 같다.

최우수	우수	보통	미흡
배점 × 1	배점 × 0.8	배점 × 0.6	배점 × 0.4

2) 수요기관의 제안요청 일을 기준으로 계약이행실적 평가결과가 없는 업체는 '보통'으로 평가한다.

3) 제안요청 세부품명이 2개 이상인 경우에는 납품대상 업체의 제안 총금액 대비 세부품명별 제안금액의 비중에 의한 가중평균 평점을 다음과 같이 적용한다.

$$\text{가중평균 평점} = \Sigma\left(\frac{\text{세부품명별 제안금액}}{\text{제안 총금액}} \times \text{세부품명별 평점}\right)$$

아. 납품실적

1) 납품실적은 수요기관의 구매 목적과 용도에 따라 납품 수량 또는 납품 금액 중에서 자율적으로 선택하여 평가할 수 있다.

평가항목	평가기준	평 점
납품실적	납품금액	$\text{평점(점)} = \text{배점} \times \left(\frac{\text{납품금액}}{\text{구매예정금액}}\right)$
	납품수량	$\text{평점(점)} = \text{배점} \times \left(\frac{\text{납품수량}}{\text{구매예정수량}}\right)$

2) 납품실적은 제안서 제출 마감일 전일 기준 1년 이내의 동일 세부품명에 대한 관급 및 사급 실적으로 평가하며, 수요기관은 관련 증빙서류를 확인하여 평가한다.

3) 납품금액이 구매예정금액보다 크거나, 납품수량이 구매예정수량보다 클 경우에는 만점으로 평가한다.

4) 납품대상 업체가 조합인 경우에는 조합원사를 기준으로 평가한다.

5) 제안요청 세부품명이 2개 이상인 경우에는 납품대상 업체의 제안 총금액 대비 세부품명별 제안금액의 비중에 의한 가중평균 평점을 다음과 같이 적용한다.

$$\text{가중평균 평점} = \Sigma(\frac{\text{세부품명별 제안금액}}{\text{제안 총금액}} \times \text{세부품명별 평점})$$

자. 경영상태

1) 신용평가등급은 신용정보업자가 작성한 '신용평가등급 확인서'(이하 '등급 확인서'라 함)을 기준으로 평가한다.

2) 등급 확인서는 제안서 제출 마감일 전일까지 작성되고, 같은 날까지 유효한 것이어야 한다.

3) 평가대상자의 회사채(또는 기업어음)에 대한 신용평가등급 및 기업신용평가등급 중에서 가장 최근의 신용평가등급으로 평가하되, 동일 날짜에 다수의 신용평가등급이 있는 경우에는 가장 낮은 평가등급을 적용한다. '등급 확인서'를 제출하지 않은 경우에는 최저등급으로 평가한다.

4) 평점은 배점×배율로 평가한다.

5) 합병한 업체에 대하여는 합병 후 새로운 신용평가등급으로 심사하여야 하며, 합병 후의 새로운 신용평가등급이 없는 경우에는 합병대상 업체 중 가장 낮은 신용평가등급을 받은 업체의 신용평가등급으로 평가한다.

6) 조합의 신용평가등급 평가는 해당 조합에 대한 신용평가등급으로 〈표 3-12〉와 같이 평가한다.

차. 약자지원

1) 약자지원 평가는 제안서 제출 마감일 전일 기준 나라장터 종합쇼핑몰에 등록되어 있는 업체정보를 기준으로 평가하며, 업체정보가 등록되지 않은 경우에는 평가에서 제외한다.

2) 납품대상 업체가 조합원사인 경우에는 조합원사를 기준으로 평가하며, 수요기관에서 나라장터 종합쇼핑몰 또는 관련 서류를 확인하여 평가한다.

3) 창업초기기업은 사업개시일 5년 이내의 중소기업으로서, '중소기업창업 지원법 시행령'을 참고하여 조달청에서 판단한다.

평 가 기 준	평 점
중증장애인생산제품, 장애인기업, 사회적 기업, 장애인표준사업장	1가지 이상 해당 : 배점 × 1
창업초기기업	배점 × 0.7
여성기업	배점 × 0.6
고용우수기업	배점 × 0.7
해당 없음	배점 × 0.4

4) 여성기업에 대한 평가는 계약상대자가 '여성기업 확인서' 등 관련서류를 가격제안 시 제출하고, 수요기관에서 이를 확인하여 평가한다.

5) 고용우수기업은 제안서 제출 마감일 전일 기준으로 1년 전과 대비하여 전체 고용인원(지정일 기준) 대비 「청년고용촉진 특별법」에 따른 청년 고용증가인원이 3% 이상인 기업 또는 전체 고용인원 증가율이 5% 이상인 기업으로서, 계약상대자가 고용사실을 증명할 수 있는 관련 서류를 가격제안시 제출하고, 수요기관에서 이를 확인하여 평가한다.

6) 약자 및 고용우수기업 지원 평가는 중복하여 평가하지 않는다.

〈표 3-12〉 신용평가 등급

신 용 평 가 등 급			평점
회사채	기업어음	기 업 신 용 평 가	배 율
AAA		AAA (회사채에 대한 신용평가등급 AAA에 준하는 등급)	1
AA+, AA0, AA-	A1	AA+, AA0, AA- (회사채에 대한 신용평가등급 AA+, AA0, AA-에 준하는 등급)	
A+	A2+	A+ (회사채에 대한 신용평가등급 A+에 준하는 등급)	
A0	A20	A0 (회사채에 대한 신용평가등급 A0에 준하는 등급)	
A-	A2-	A- (회사채에 대한 신용평가등급 A-에 준하는 등급)	
BBB+	A3+	BBB+ (회사채에 대한 신용평가등급 BBB+에 준하는 등급)	0.995
BBB0	A30	BBB0 (회사채에 대한 신용평가등급 BBB0에 준하는 등급)	0.99
BBB-	A3-	BBB- (회사채에 대한 신용평가등급 BBB-에 준하는 등급)	0.985
BB+, BB0	B+	BB+, BB0 (회사채에 대한 신용평가등급 BB+,BB0에 준하는 등급)	0.98
BB-	B0	BB- (회사채에 대한 신용평가등급 BB-에 준하는 등급)	0.975
B+, B0, B-	B-	B+, B0, B- (회사채에 대한 신용평가등급 B+,B0,B-에 준하는 등급)	0.97
CCC+ 이하	C 이하	CCC+ 이하 (회사채에 대한 신용평가등급 CCC+에 준하는 등급)	0.85

♣ 해설 및 팁 3-8: 조달청 제3자단가계약과 2단계경쟁품목의 비교

- **공통점**
  ① 조달청에서 품질·성능 또는 효율 등이 같거나 비슷한 종류의 물품을 사전에 단가계약 후 조달청 나라장터에 2개 업체 이상을 등록하여 놓으면, 수요기관에서 조달청을 통하여 구매하는 방식이다.
  ② 수요기관에서는 가격, 납품실적, 지체여부, 기술인증 등을 평가한다.
  ③ 납품업체 수는 수요기관(군수사)에서 심의를 통하여 1개~다수 업체를 선정하여 계약을 체결한다.
- **차이점**
  ① 2단계 경쟁계약은 수요기관에서 선정한 평가방식을 통하여 업체 간 가격 및 품질 경쟁을 한다. 제3자단가계약은 제3자인 조달청이 업체를 대상으로 사전에 계약하여 나라장터에 등록되어 있는 단가를 그대로 적용하여 수요기관에서 계약 체결 및 납품을 요구한다. 제3자단가계약은 인터넷쇼핑몰에서 물건을 구매하는 것과 같다고 보면 된다.
  ② 제3자단가계약은 1회 납품요구대상 금액이 5천만 원 미만인 경우가 대부분이다.

제7절 ‖ 보훈·복지단체와 수의계약

보훈복지단체 수의계약은 물품의 품질과 안정성 확보가 보장되는 범위 내에서 국가유공자에 대한 보훈, 사회적 약자 보호 등 국가정책을 실현하기 위해서 실시한다.

1. 자격요건 및 납품실적

가. 자격요건

1) 수의계약 대상단체 및 법적근거

단 체 명	설 립 근 거	단체지정/품목승인
국가유공자 자활집단촌	국가유공자 자활용사촌 지원규정	국가보훈처
상이단체	국가유공자 등 단체 설립에 관한 법률	국가보훈처
중증장애인생산품 생산시설	중증장애인생산품 우선구매 특별법	보건복지부
사회복지법인	사회복지사업법	지방자치단체 (보건복지부)
새마을공장	농어촌 정비법	소관부처장관
특별법인	특별법에 의한 법인	

2) **중증장애인생산품 수의계약 자격요건**

가) 중증장애인생산품의 직접 생산 또는 서비스 제공 과정에 참여하는 장애인이 10명 이상일 것. 다만, 둘 이상의 품목을 생산하는 생산시설의 경우에는 각 품목별로 참여하는 장애인이 5명 이상이어야 한다.

나) 중증장애인생산품의 직접 생산 또는 서비스 제공 과정에 참여하는 장애인이 상시적으로 전체 근로자의 100분의 70 이상이고 장애인 중 중증장애인이 100분의 60 이상이어야 한다.

다) 중증장애인생산품의 직접 생산 또는 서비스 제공 과정에 걸리는 총 근로시간 중 장애인의 근로시간이 차지하는 비율이 상시적으로 100분의 50 이상이어야 한다.

3) 보훈·복지단체와 수의계약이 가능한 물품은 단체가 직접 생산하는 물품으로 한정하며, 다음의 경우에는 관계기관에 직접생산여부 등을 조회 및 필요시 생산 공장을 방문하여 점검을 할 수 있다.

가) 신규 배정단체 선정요청서를 접수한 때

나) 물품교체요청서를 접수한 때

다) 직접생산 관련 민원이 발생하거나, 조달청장이 필요하다고 판단한 경우

4) 단체의 직접생산 확인 증명서에도 불구하고 다음에 해당되는 경우에는 단체가 직접 생산시설을 보유하지 않은 것으로 간주한다.

가) 임차공장의 경우 임대인이 해당 단체에 임직원으로 재직하고 있거나, 재직하지 않더라도 임대공장에서 생산하는 제품과 동일한 업종의 사업을 영위하는 경우(겸직포함, 생산공장의 소재지 불문)

나) 해당 단체가 운영하는 생산공장에 다른 사람 명의의 사업장이 중복 등록되어 있거나, 생산공장시설을 공동으로 사용하는 경우(사업자등록증상 동일업종이 아닌 경우에는 제외한다)

다) 직접생산시설을 운영하는데 필요한 비용의 일부 또는 전부를 임대인이 부담하는 경우

라) 직접 생산시설을 운영하는 공장으로부터 단체(중앙회 또는 본부 등)로 복지기금이나 기타 명목으로 일정 금액의 거래가 있는 경우(다만, 관련 법률에 따라 비용을 지출한 경우와 전자세금계산서 등을 통해 임차인인 단체가 임대인에게 생산물품을 판매하는 경우는 예외로 한다)

나. 납품실적

1) 단체가 수의계약을 체결하기 위해서는 배정단체 선정요청서 접수마감일(수의계약사유서에 의한 경우에는 구매결의서 결재일)로부터 2년 이내에 공공기관 또는 민간에 1건당 1천만원 이상 납품 완료한 3건 이상의 납품실적증명서를 제출해야하며, 2년 이내의 납품실적 중 1년 기간별로 각각 1건 이상의 납품실적이 포함되어야 한다.

2) 설립허가를 받은 지 2년 이내의 신규 단체에 대해서는 수의계약사유서에 의한 계약 체결 시 납품실적 제출을 면제할 수 있다.

2. 물량배정에 의한 수의계약

가. 물량배정 대상물품

1) 물량배정 대상물품은 중소기업자간 경쟁제품(용역 제외)을 대상으로 한다.

2) 1개 단체별로 물량배정을 받을 수 있는 대상물품수는 '중소기업자간 경쟁제품 지정내역 공고'에 따른 제품명 단위로 2개를 초과할 수 없다. 기존 단체에 이미 배정되어 있는 경우는 예외로 한다.

3) 단체별 배정대상 물품별 품명은 2개를 초과할 수 없다. 단, 다음에 해당하는 경우에는 예외로 한다.

가) 가구, 인쇄물 및 하수처리장치 등 생산설비·인력이 같은 경우

나) 물량배정대상 물품 중 1개 물품만 물량배정을 받고자 하는 단체의 경우. 다만, 이 경우에는 당해 물품의 품명을 4개까지 허용할 수 있다.

다) 기존 단체에 이미 배정되어 있는 경우

나. 신규 배정단체 선정요청서 접수

1) 조달청장은 매년 상반기 중 2개월 이내의 기간을 정하여 단체로부터 신규 물량배정단체 선정요청서를 접수한다.

2) 단체가 배정단체 선정요청서를 제출하는데 필요한 사항을 명시한 '배정단체 선정요청서 접수 안내서'를 조달청 홈페이지에 공고한다.

3) 공고에 따라 접수된 배정단체 선정요청서가 다음에 해당하는 경우에는 배정단체 선정요청서의 접수를 제한한다.

가) 단체요건을 갖추지 못한 단체가 배정단체 선정요청서를 제출한 경우

나) 배정물품 수가 2개 이상인 단체가 배정단체 선정요청서를 제출한 경우

다) 제출요구 서류 중 일부가 제출되지 않은 경우

라) 공고한 배정단체 선정요청서의 접수기간이 아닌 경우

마) 단체가 제출해야 하는 서류는 〈표 3-13〉과 같다.

〈표 3-13〉 수의계약 단체 제출서류

번호	서 류 명
1	물량배정단체 선정요청서
2	단체설립허가증 또는 국가유공자자활용사촌지정서
3	법인등기부등본
4	관할세무서장이 발행한 사업자등록증. (행정안전부 전자민원 G4C시스템에 의하여 확인 가능한 경우는 생략)
5	법인 정관. 단, 국가유공자자활용사촌은 용사촌운영규약 및 공동투자 내역서 등 국가유공자자활집단촌 지원에 관한 규정에 적합하게 공동투자·공동분배하고 있음을 입증하는 서류 포함.
6	당해 물량배정을 신청한 물품이 명시된 다음의 어느 하나에 해당하는 수익사업 승인서 - 관보에 게재된 수익사업 승인서 - 당해 단체설립허가기관이 발행한 수익사업승인서 - 당해 단체설립허가기관이 승인한 정관
7	장애인복지단체의 경우에는 보건복지부장관이'중증장애인생산품 우선구매 특별법 시행령'에 따라 발급한 '중증장애인생산품 생산시설 지정서'.
8	중소기업청장 또는 당해 단체설립허가기관의 장이 발행하는 직접생산 확인증명서.
9	공공기관 및 민관에서 발급한 제조·납품실적증명원과 다음에 해당하는 첨부서류 - 계약서 - 계약서가 없을 경우 납품을 증빙할 자료(해당기관의 지출결의서, 납품대금 입금증빙 자료 등)
10	납품실적증명서상의 물품을 생산하는데 투입된 자재의 구입대장 사본 및 세금계산서(주요자재) 사본
11	배정단체 선정요청서 접수마감일 1년 전부터 생산에 참여한 인력의 명단(임금지급 대장 사본 및 직장건강보험 납입증명서 첨부)
12	입찰참가자격등록증(국가종합전자조달시스템에 의한 확인으로 갈음)
13	최근 1개월 이내에 발급한 공장등록증 및 생산시설·장비보유현황(공장 및 시설을 확인할 수 있는 사진 첨부) 및 보훈복지단체가 품목별 직접생산에 필요한 직접생산시설 등 모든 투자를 하여 생산하고 있음을 증명하는 임원 전원이 날인한 '직접생산 시설보유 및 이행 확약서'
14	공사업 등록증(해당 공사업을 등록한 자가 납품 또는 설치하여야 하는 물품인 경우에 한함)
15	형식승인서 등(법령상 허가 또는 승인을 받아야 생산 가능한 물품일 경우에 한함)
16	기타 '국가를 당사자로 하는 계약에 관한 법률 시행규칙' 제35조부터 제37조까지의 규정에 따라 수의계약자격 확인에 필요한 서류

다. 물량배정 대상물품의 교체

1) 물량배정 대상물품 중 선정 후 5년 이상이 경과한 경우에는 물품의 교체를 허용할 수 있다.

2) 위 1)항에 따라 물품의 교체를 허용하는 경우에는 요청일 기준 물량배정 대상물품수가 2개 이하인 단체는 1개의 물품을 1개로, 3개 이상인 단체는 3개의 물품을 2개로 교체한다.

3) 교체물품의 각 단체 간 물량배정기준율은 연간 조달요청금액의 100분의 20 이내에서 심의를 통하여 정한다.

라. 물량배정 기준

1) 물품의 단체배정 총물량은 품목별로 연간 조달요청 금액의 100분의 20에 해당하는 금액을 초과할 수 없다. 단, 종전에 100분의 20을 초과하여 배정하고 있는 기존 단체의 경우 조달청 구매업무심의회의 심의를 통하여 별도로 정할 수 있다.

2) 다음에 해당하는 물품은 위 1)의 연간 조달요청금액 산정 시 제외한다.

가) 제3자 단가계약물품(다수공급자계약 포함)

나) 수의계약사유서에 의해 계약하는 물품

3) **단체별 물량배정기준**

가) 신규 단체의 배정기준율은 기존 단체의 배정기준율 중 가장 낮은 비율의 100분의 50 이내로 한다. 배정기준율이 가장 낮은 기존 단체의 배정기준율이 100분의 1미만이 되는 경우에는 예외로 한다.

나) 1개 단체에 대한 배정기준율은 100분의 5를 초과할 수 없다. 단, 100분의 5를 초과하여 배정받고 있는 기존 단체는 예외로 한다.

다) 기존 단체가 없는 신규물품에 대한 신규 단체의 배정기준율은 100분의 1을 초과할 수 없다. 다만, 해당 물품에 배정된 단체의 수 등을 고려하여 차후 증액할 수 있다.

라) 신규 단체에 배정한 비율만큼 기존 단체의 배정비율을 삭감한다.

마) 단체별 배정물량은 당해 단체의 연간 생산능력(수량 또는 금액) 및 단체배정 총 물량을 초과할 수 없다.

바) 조달청장은 구매업무심의회의 심의를 거쳐 기존 단체 간 배정기준율을 다음과 같은 사항을 고려하여 조정할 수 있다.

① 상이자·장애인의 직접생산 참여인원 수 및 그 인원이 전체 근로자에서 차지하는 비율

② 단체별 수의계약 수혜기간 및 금액

③ 당해 물품에 대한 품질확보 및 기술개발 능력(신기술 또는 특허권 보유 등)

④ '중증장애인생산품 우선구매 특별법'에 따라 보건복지부장관으로부터 중증장애인생산품 품질인증서를 받은 물품을 생산하는 단체

⑤ 최근 2년 이내의 부정당업자 제재 여부 또는 하자발생 빈도

⑥ 명의 대여 및 하청생산 납품 신고 건수(명의대여 및 하청생산으로 최종 판명된 경우에 한함)

⑦ 기타 물량배정비율의 조정에 고려할 사항

사) 기존 단체 간 배정기준율을 조정하는 경우에는 그 조정 시점에 물량배정을 하고 있는 각 단체별 배정기준율을 합한 비율을 초과할 수 없다.

아) 배정된 물품이 취소된 단체가 새롭게 배정단체로 선정되는 경우에는 신규 단체의 배정기준율을 적용한다.

자) 물량배정은 다음의 경우를 제외하고는 내부전산망을 이용한 물량배정 자동화시스템으로 결정한다.

① 직전 연도에 물량배정을 전혀 받지 못한 단체에 대해서는 다음 연도 조달요청분에 대해 우선적으로 배정한다. 단, 단체의 배정비율과 배정금액을 고려하여 구매업무심의회를 통해 결정한다.

② 수요기관에서 2개 이상의 단체명을 명시하고 해당 단체별 분담비율을 정하여 조달 요청한 경우에는 해당 단체별 배정기준율 한도 내에서 공동계약할 수 있도록 배정한다.

차) 다음에 해당하는 경우에는 **경쟁계약방법에 의하여 구매**한다.

① 제품 특성상 복합물품으로서 그 일부만 단체 물량배정대상 물품인 경우

② 당해 단체 배정기준율을 초과하는 경우

카) 단체에 배정한 물량 중 해당단체에서 계약을 포기하는 경우에는 다음의 경우를 제외하고는 배정된 물량으로 간주한다.

① 특허기술이나 특정한 규격이 적용되는 물품으로 단체에서 생산하기 어려운 경우

② 수요기관에서 조달요청을 반려하는 경우

마. 배정된 물품 등의 취소

1) 해당 단체가 배정대상 단체로서의 자격이 없는 것으로 확인된 경우

2) 중소기업청이나 해당 단체설립 허가기관 또는 기타 관련기관에 의하여 해당 단체가 직접 생산하지 않는 것으로 확인된 물품의 경우

3) 해당 단체가 품질불량 및 계약불이행 등의 사유로 부정당업자 제재를 받은 경우

4) 해당 단체가 배정물품을 포기한 경우

5) 해당 물품이 최근 2년간 조달청과 계약 체결한 실적이 없는 것으로 확인된 경우

6) 해당 단체가 배정단체 선정 요청 또는 배정단체자격 입증을 위하여 제출한 서류 등이 사실과 다른 것으로 확인된 경우

7) 배정 및 계약과 관련하여 담당공무원에게 금품 또는 향응을 제공한 것으로 판명된 경우

8) 보훈복지단체의 명의를 대여한 것으로 판명된 경우

9) 직접생산 확인과 관련하여 자료제출을 거부하거나, 현장 조사 등의 불응 등으로 공무집행을 방해한 경우

10) 그 밖의 배정물품을 취소할 만한 상당한 사유가 있는 경우

바. 물량배정 중지 및 예정가격 결정

1) 조달청장은 다음에 해당하는 경우에는 그 사유가 발생한 날로부터 해당 단체에 대하여 배정을 중지할 수 있다.

가) 배정된 물품 등의 취소에 해당하는 경우

나) 하자보수요구를 이행하지 않는 경우

다) 직접생산 또는 배정에 필요한 자격요건 충족여부를 관계기관에 조회하였으나 지정한 기한 내 회신을 받지 못한 경우

라) 계약담당 공무원에게 공갈·협박·위협적인 행위를 하거나, 다수인이 사무실내에서 집단행동을 함으로써 공무수행을 방해하는 경우

마) 민원 제기 내용 등이 배정 중지 조치가 필요하다고 인정할만한 상당한 사유가 있는 경우

2) 위 1)항의 나), 마)에 따라 물량배정을 중지한 때에는 그 물량배정 중지 사유가 해소된 다음 날부터 물량배정을 재개한다.

3) 위 1)항의 나), 라)에 해당하는 경우에는 그 사유가 발생할 때마다 당해 단체 배정기준율의 100분의 10만큼을 배정물량에서 삭감할 수 있다.

4) 해당연도의 단체 물량배정물품 납품 지체일수가 10일을 초과하는 경우에는 차기연도 물량배정 시 당해 배정단체에게 지체일수의 3배 이내 기간만큼 물량배정을 중지할 수 있다.

5) 위 1)항의 마), 바)에 따라 취소된 배정물량 또는 배정이 중지된 물량은 경쟁계약으

로 배정하고, 그 중 취소된 배정물량은 조달청 심의를 통하여 기존 단체에 재배정할 수 있다.

6) 경쟁계약 할 수 있는 물품을 **단체와 수의계약 하는 경우에는 경쟁계약**에 의하여 낙찰되는 가격수준으로 예정가격을 결정한다.

사. 수의계약 사유서에 의한 계약

1) 수요기관은 수의계약사유서를 첨부하여 특정단체와 수의계약으로 조달 요청할 수 있다.

2) 수의계약사유서에 의하여 계약을 체결할 수 있는 물품은 다음과 같다.

가) '중증장애인생산품 우선구매특별법'에 해당하는 중증장애인생산품

나) 중소기업자간 경쟁제품

다) 물량배정 대상물품

3) 조달청장은 수의계약사유서에 의한 조달요청이 있는 경우에는 단체의 수의계약자격 및 직접생산 여부를 확인하여 계약을 체결한다.

3. 사후관리

가. 사후관리 및 계약해제

1) 조달청장은 수의계약체결 단체에 대하여 연 1회 이상 수의계약대상 자격 요건 충족, 직접생산 여부, 배정물품이 취소대상에 해당하는지를 확인한다.

2) 조달청장은 사후관리를 위하여 지정한 기한 내에 필요한 서류를 제출토록 해당 단체에 요구할 수 있으며 필요시 생산공장을 방문 점검할 수 있다.

3) 배정물품이 취소된 경우에는 물품구매(제조)계약일반조건에 따라 해당 물품과 관련된 계약을 해제 또는 해지할 수 있다.

4) 조달청장은 단체 중 직접생산능력, 기술력, 사회적 약자채용, 계약이행실태, 사업 다변화 노력 등을 종합적으로 평가하여 우수 모범단체로 선정할 수 있다.

5) 모범단체는 조달청장 포상, 잔여물량에 대해 우선하여 추가배정 등의 혜택을 부여할 수 있다.

나. 부실단체 선정

1) 단체 중 납품지체, 수요기관 만족도, 하자발생 건수 등을 평가하여 일정점수 이하의 단체에 대해서는 부실단체로 선정할 수 있다.

2) 부실단체로 선정된 단체에 대해서는 직접생산 확인 강화, 물량배정 축소, 잔여물량 재배정시 배제 등의 처분을 할 수 있다.

제8절 ‖ 자가품질보증 물품의 지정 및 관리

자가품질보증 물품 지정 및 관리란 조달물자의 품질향상을 위하여 조달업체의 품질관리능력 등을 평가하여 조달업체 스스로 제품의 품질을 보증하는 물품을 지정 및 관리하는 것이다. 자가품질보증 물품 지정 업체란 품질관리능력을 인정받아 자가품질보증 물품으로 지정받은 물품의 제조업체를 말한다.

1. 자가품질보증 물품의 신청자격 및 심사

가. 신청자격 및 결격 사유

1) 신청자격

가) 신청자는 신청품명이 조달청 입찰참가자격 등록증에 제조로 등록된 자로서 다음에 해당하는 요건을 갖추어야 한다.

① 신청품명에 대하여 최근 1년 이내 조달청검사 또는 전문기관검사 실적이 있는 자

② 신청품명이 국가종합전자조달시스템의 종합쇼핑몰에 등재되어 있는 자

나) 신청자는 공고에서 지정한 서류와 자가품질보증 물품 지정 신청서를 조달품질원장에게 제출하여야 한다.

2) 결격사유

가) 부정당업자 제재기간 만료일로부터 1년이 경과하지 않은 자

나) 부도, 파산, 해산, 영업정지, 그밖에 이에 준하는 사유가 있는 자 및 기간이 경과되지 않은 자

다) 심사 관련서류를 위조·변조하거나 허위로 제출한 자

라) 자가품질보증 물품 지정이 취소되었거나 부적격 판정을 받은 자는 다음의 기간이 경과한 후 지정 신청을 할 수 있다.

① 유지관리 현장심사에서 등급 지정이 취소된 자: 1년

② 자가품질보증 물품의 지정이 취소된 자: 1년

나. 심사

1) 지정심사

가) 지정대상물품의 범위는 품명(세부품명)으로 한다.

나) 현장심사는 생산 단계별 품질검사, 완제품의 품질검사, 품질개선 활동 등 생산현장에서 품질관리능력을 평가한다.

다) 서류심사는 현장심사와 신청자의 신용평가, 조달성과를 평가한다.

2) 현장심사

가) 현장심사는 심사업무를 배정받은 심사기관에서 실시한다.

나) 심사기관은 현장심사가 완료된 경우 부적합 사항에 대해서는 부적합보고서를 작성하여 신청자에게 제출한다.

① 핵심품질 부적합: 핵심품질 항목으로 심사기준에 명시한 자체 품질검사(인수, 공정, 완제품) 등에 대한 실행 미흡 및 설비 부족

② 부적합: 핵심품질 이외의 심사기준 항목의 실행 미흡 및 설비 부족

③ 권고사항: 부적합은 아니나 향후 부적합으로 진행될 우려가 있는 경우와 보건, 안전, 환경에 관한 경미한 사항 등

다) 종합평점이 500점 이상인 자는 현장심사 완료일로부터 20일 이내에 부적합 사항을 보완하고 '품질개선보고서'를 작성하여 심사기관에 제출해야 한다.

2. 자가품질보증 물품의 지정 및 관리

가. 자가품질보증 물품의 지정

1) 조달품질원장은 심사보고서, 품질개선보고서 등을 종합하여 심의를 실시한다.

2) 심의위원회에서는 품명별로 종합평점을 결정하고 심사배점(1,000점) 중 종합평점이 600점 이상이면 '적격', 종합평점이 600점 미만이면 '부적격'으로 한다.

3) 심의위원회는 종합평점 600점 이상인 경우에도 불구하고 다음에 해당하는 경우에는 '부적격'으로 처리할 수 있다.

가) 품질과 관련하여 사회적 물의를 일으킨 경우

나) '핵심품질 부적합'에 대한 '품질개선보고서'의 평가가 부적합으로 판정된 경우

다) 제품의 하자 또는 민원이 반복적으로 발생하여 신뢰성에 중대한 문제가 있다고 판단이 되는 경우

라) 그 밖에 부적절하다고 판단되는 경우

4) 조달청장은 특별한 사정이 없는 한 심의위원회에서 적격으로 판정한 물품에 대하여 종합평점에 따라 다음과 같이 등급을 부여한다.

가) 종합평점이 750점 이상인 경우: S등급

나) 종합평점이 600점 이상인 경우: A등급

나. 지정 유효기간

1) 자가품질보증 물품의 유효기간은 S등급은 3년, A등급은 2년으로 한다.

2) 갱신심사 절차가 진행 중인 경우에는 갱신심사 절차 완료일 전일까지 유효기간이 연장된 것으로 본다. 갱신심사를 위해서는 신청서를 유효기간 만료일 60일 이전까지 조달품질원장에게 제출하여야 한다.

3) 갱신심사의 점수가 종전 심사점수와 대비하여 3% 이상 상승하거나 S등급은 800점 이상, A등급은 700점 이상을 획득한 경우에는 유효기간을 S등급은 4년, A등급은 3년으로 한다.

4) 중소기업의 경우 신규심사 결과 종합평점이 500점 이상인 물품에 대하여 1년간 자가품질보증 예비물품으로 지정하여 납품검사를 면제 할 수 있다. 이 경우 예비물품 지정은 1회에 한하여 인정한다.

다. 자가품질보증 물품의 관리

1) 자가품질보증 물품의 유효기간 내 납품 건에 대하여 납품검사를 면제할 수 있다. 지정업체는 자가품질보증 물품에 대해 자가품질보증 마크표시를 할 수 있다.

2) 자가품질보증 물품과 관계없이 수요기관은 별도의 납품검사를 실시할 수 있다.

3) 자가품질보증 물품은 지정 후 1년 마다 유지관리 현장심사를 받아야 한다.

4) 다음과 같은 경우에는 자가품질보증 물품 지정을 취소한다.

가) 허위 또는 부정한 방법으로 지정된 경우

나) 중대한 결함이 있는 제품이 납품 된 경우

다) 품질점검 및 불시점검 결과 중·치명결함 항목에 규격미달이 발생한 경우

라) 유지관리심사를 거부하거나 심사에서 '부적격' 판정을 받은 경우

마) 업체가 부도, 파산 등으로 정상적인 영업이 불가능하다고 판단되거나 3개월 이상 연락이 두절된 경우

바) 자가품질보증 물품이 하자임이 명백하고 그로 인하여 신체의 손상, 재산의 손실 등 안전사고가 발생한 경우

사) 그 밖에 규정을 위반하는 등 자가품질보증 물품의 유지에 중대한 부적합 사유가 발생한 경우

아) 조달청장은 조달물자 납품에 관한 사항이 아니라도 자가품질보증 물품 보유 업체가 생산하는 제품이 국민의 생명, 안전 또는 보건위생 등과 관련하여 사회적 물의를 야기한 경우에는 자가품질보증 물품 전부 또는 일부에 대하여 지정을 취소할 수 있다.

♧ 제4장

신규 군수품 획득 절차

제1절 ‖ 신규 물자·장비의 획득절차

전력지원체계란 무기체계 이외의 군수품으로서 전투수행 주체인 장병과 무기체계의 지속적인 전투력 발휘를 지원하는 물자·장비·부품·시설·소프트웨어 등 제반요소를 말한다. 군에서는 신규품목 도입을 결정함에 있어서 필요성, 공정성과 투명성 등을 보장하기 위하여 일정한 절차를 거쳐 군수품 채택여부를 결정한다.

1. 전력지원체계의 분류 및 소요요청

가. 전력지원체계 분류

1) 전투지원 장비(부품): 일반차량, 특수차량, 전원·동력장치, 전투지원 일반장비, 수리부속 등

2) 전투지원 물자: 방탄복류, 피복류, 전투장구류, 식량류, 화학물자류, 유류, 특수섬유, 전기·전자물자, 인쇄물자류 등

3) 의무지원물품: 의무장비, 의무물자 등

4) 교육훈련물품: 교육훈련장비, 교육훈련물자, 교육훈련용 탄약 등

5) 기타 무기체계로 분류되지 않은 군사시설 등

나. 소요제안

1) 소요제안은 군에서 사용하고 있지 않은 특정 물품을 군수품으로 채택되도록 건의하는 것을 말한다.

2) 소요제안은 야전부대, 민간업체, 일반인이 할 수 있다. 민간업체나 일반인은 소요요청 기관인 각 군(육·해·공군·해병대)으로 소요제안을 할 수 있다. 소요제안을 할 때는 아래 '다' 항에 명시된 소요제기시 포함사항과 관련된 내용을 포함하여 제안해야 한다. 소요제안 양식은 육군본부 인터넷 홈페이지를 참고하면 된다 (http://www.army.mil.kr/bimugi_internet/index.html).

3) 산·학·연에서의 소요제안

가) 산·학·연의 소요제안 접수는 각 군에서 수행함을 원칙으로 하며, 기술개발인 경우에는 국방부 군수관리관실에서 접수한다.

나) 산·학·연의 소요제안 접수기관(각 군)은 제안서의 미비사항이 있을 경우 산·학·연에 보완사항을 요청하고, 산·학·연은 제안서 보완 후 2개월 이내에 처리해야 한다.

다) 각 군은 산·학·연에서 제안한 품목에 대해 **3개월 이내에 필요성 검토**를 완료하며, **군에서 필요하다고 판단될 경우** 심의위원회를 통하여 소요요청을 한다. 필요성 검토 기간은 연장할 수 있다.

라) 군에서 불필요하다고 판단되는 품목은 그 결과를 산·학·연에 통보한다.

다. 소요요청 및 결정

1) **소요요청 및 제기**

가) 소요요청은 군에서 필요하다고 결정된 전력지원체계에 대하여 충족되어야 할 조건 등을 포함하여 소요제기 기관에 요청하는 것을 말한다.

나) 전력지원체계에 대한 소요요청 기관은 국방부, 합참, 육·해·공군 및 해병대, 방위사업청, 국방부 직할부대 등이다.

다) 소요제기는 각 군 업무관련부서에서 국방부 및 각 군 본부의 사업부서로 건의한다.

라) 소요제기 기관은 소요제기를 할 때 아래 사항을 포함한 소요제기서를 작성하여 제출한다.

① 소요제기시 포함사항

① 사업개요	② 필요성	③ 편성·운용개념
④ 소요기준·소요량	⑤ 전력화시기	⑥ 군사요구도
⑦ 전력화지원요소	⑧ 비용 대 효과분석	⑨ 소요제기 부서 및 담당자 등

② 기술개발을 위한 소요제기 시 포함사항

① 소요기술명	② 기술개요 및 필요성
③ 목표 성능	④ 예상 소요시기 및 예산
⑤ 활용분야	⑥ 소요제기 부서 및 담당자 등

2) **소요결정**

가) 소요결정이란 소요결정 기관에서 소요 제기된 것을 검토하여 승인하는 것을 말한다. 소요를 결정하는 기관은 국방부, 육·해·공군 및 해병대이다. 일반군수품의 소요제안 및 소요결정 절차는 〈그림 4-1〉과 같다.

〈그림 4-1〉 일반군수품 소요제안 및 소요결정 절차

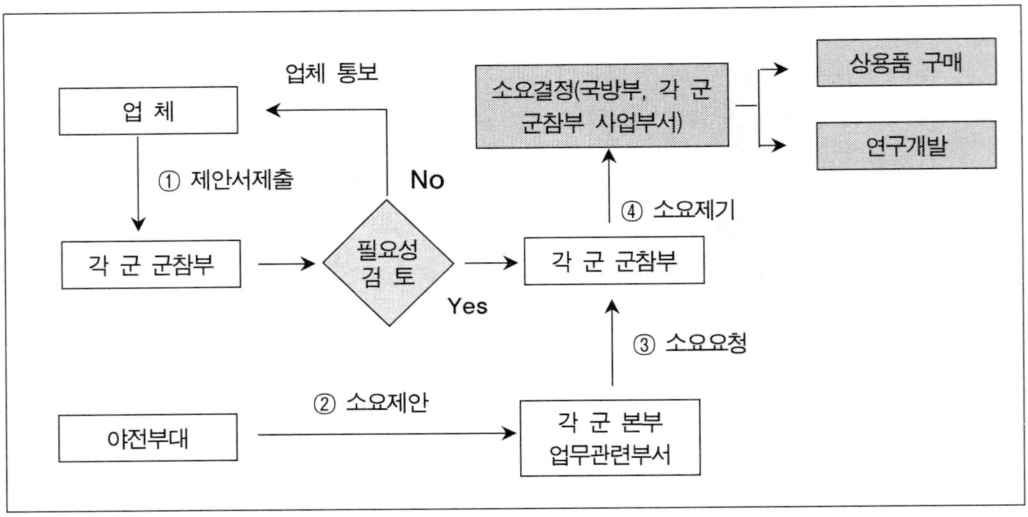

나) 소요결정은 품목 특성에 따라 각 군에 위임하여 결정할 수도 있고, 국방부에서 결정할 수도 있다. 각 군에서 소요를 결정하는 품목이 아닌 경우에는 국방부 군수관리관실의 해당 기능과로 소요제기 한다.

① **각 군에서 소요결정을 하는 품목**은 다음과 같으며, 소요결정이 위임된 품목은 각 군에서 소요결정하고, 그 결과를 국방부에 보고한다.

a. 각 군의 고유 품목
b. 성능개량 및 품질개선 품목
c. 교육훈련용 물자, 장비 및 탄약
d. 산·학·연에서 소요제안한 상용품 획득 관련 품목
e. 타 군에서 이미 획득하여 운용 중인 상용품목
f. 그 밖에 국방부로부터 소요결정이 위임된 품목

② **국방부 소요결정 품목**은 다음과 같다.

a. 국방정보시스템과 일반시설을 제외한 전력지원체계 중에서 3군 공통 신규품목으로 국방부의 조정·통제가 필요한 품목 또는 경제적·사회적으로 민감하고 파급효과가 커서 각 군에 소요결정 위임 시 비효율적이라고 판단되는 중요한 품목
b. 전력지원체계로 분류된 장비 및 물자의 신규 전력화 품목
c. 기 전력화된 장비 및 물자의 성능개량 또는 품질개선 품목
d. 국외 도입장비 및 물자의 국산화 개발품목
e. 향후 제품개발을 위해 필요한 새로운 기술, 소재 및 시제품 개발이 요구되는 품목

다) 국방부는 각 군으로부터 소요결정을 요청받은 경우에 그 결과를 해당기관에 통보한다.

라) 국방부 군수관리관실은 국방부 및 각 군에서 소요결정 된 내용을 국방중기계획에 반영하거나 전력지원체계 소요 재검토 등의 조치를 한다.

마) 전력지원체계 업무 절차도는 〈그림 4-2〉와 같다.

〈그림 4-2〉 전력지원체계 업무 절차도

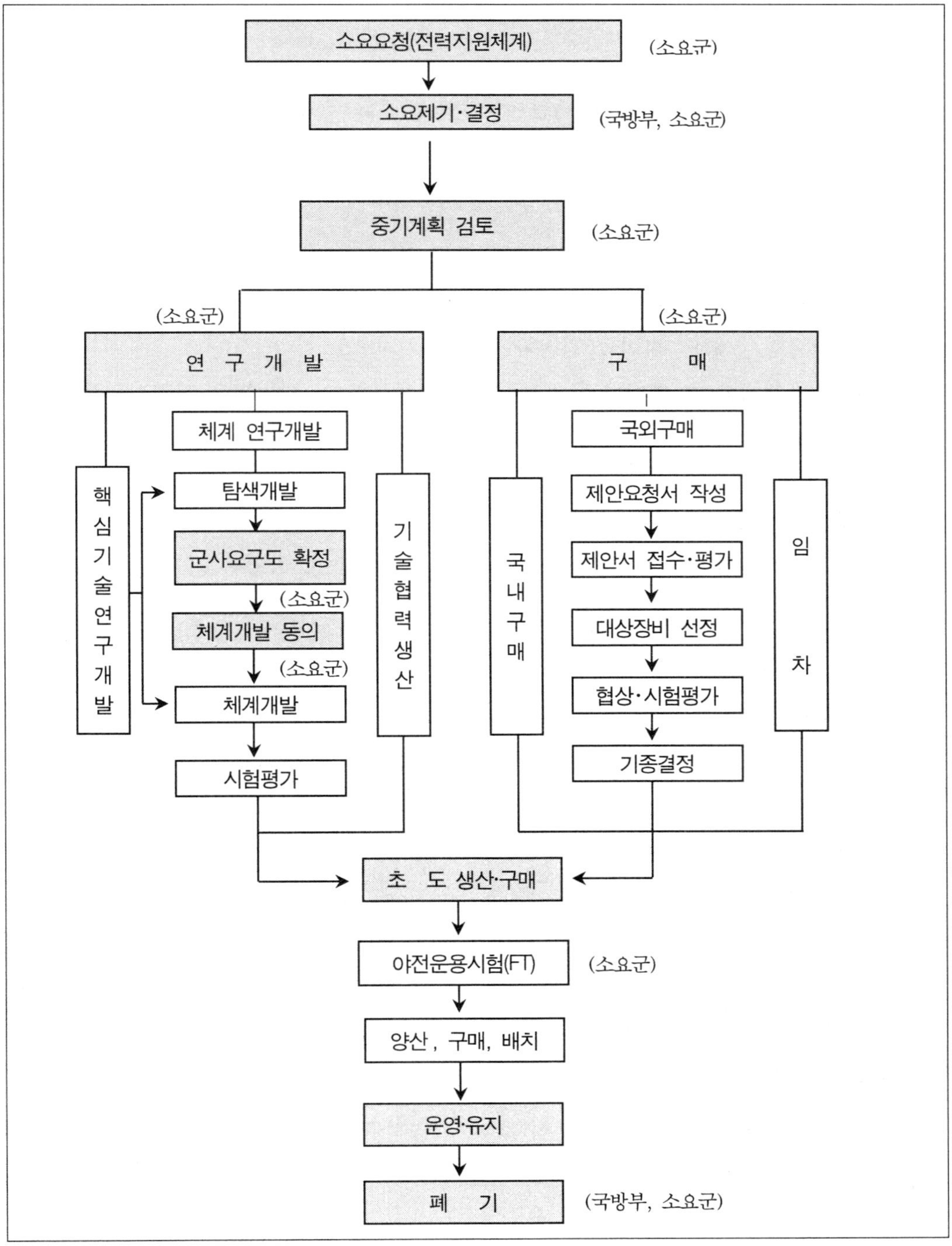

2. 전력지원체계의 획득(도입)

가. 일반적 적용 사항

1) 군사용으로 필요하다고 결정된 품목은 연구개발, 구매 또는 임차의 방법을 통하여 획득한다. 연구개발로 획득할 경우에는 사업추진 가능성 검토를 위해 선행연구를 할 수 있다.

2) 전력지원체계의 획득은 국내개발과 상용품 구매를 우선으로 적용하며, 필요시 국외구매를 할 수 있다.

3) 민수용으로 생산·유통되고 있는 장비 중 민·군이 공통사용 가능하며 유사한 모델을 보유해도 군 임무 수행에 지장이 없는 경우에는 상용품을 획득하여 사용한다.

4) 획득방법을 국외구매 또는 임차로 결정하는 경우에 그 대상 기종은 제작국가에서 야전에 배치하여 운영 중인 장비를 선정하는 것을 원칙으로 한다.

5) 업체가 자체개발 후 제안한 품목과 그 밖의 신규소요 품목 등은 전력지원체계 획득절차를 적용한다.

나. 선행연구

1) 선행연구란 전력지원체계의 연구개발 소요가 결정되면, 국방부 군수관리관실 및 각 군이 해당 전력지원체계에 대한 획득방법, 사업의 타당성, 일정·비용·품질에 대한 사업추진 가능성 검토를 통해 사업추진계획의 결정을 지원하기 위하여 실시하는 것이다.

2) 소요결정 기관인 국방부 및 각 군은 소요가 결정된 품목에 대하여 사업추진 기본계획수립 등을 위하여 필요한 경우 선행연구를 수행할 수 있다.

3) 국방부에서 소요결정 된 품목에 대한 선행연구는 국방부에서 실시한다.

가) 복합체계로 이루어져 있는 품목

나) 무기체계 운용에 직·간접으로 큰 영향을 미치는 품목

다) 국내산업 및 경제효과에 영향이 크게 미칠 것으로 예상되는 품목

라) 국내 과학기술 수준에 의한 연구개발의 가능성이 모호한 경우

4) 국방부 군수관리관실은 선행연구를 거쳐 전력지원체계 사업추진 기본계획을 수립한다. 이를 수립하기 위하여 당해 전력지원체계에 대한 연구개발의 가능성, 소요시기 및 소요량, 국방과학기술 수준, 방위산업육성 효과, 기술적·경제적 타당성, 비용대비 효과 등에 대한 조사·분석을 한다.

5) 업체제안 연구개발 품목에 대해서는 선행연구를 실시하지 않는다.

다. 전력지원체계의 획득방안 결정

1) 국방부 및 각 군은 소요가 결정된 품목에 대하여 사업추진 기본계획을 기초로 연구개발, 국내·외 구매 또는 임차 여부를 결정한다.

2) 각 군의 사업추진은 국방부의 승인을 받아 시행한다.

3. 연구개발

가. 연구개발의 분류

1) 개발비용 부담에 따른 분류
   가) 정부투자 연구개발은 정부가 개발비를 부담한다.
   나) 업체투자 연구개발은 업체가 개발비를 부담하여 개발한다.
   다) 정부·업체공동투자 연구개발은 군과 산·학·연이 개발비를 공동으로 부담한다.

2) 사업추진방법에 따른 분류
   가) 신규개발
   나) 성능개량(품질개선)
   다) 정부공동협력사업
   라) 기술개발
   마) 사업추진 기본계획 수립을 위한 선행연구
   바) 기술개발 소요창출을 위한 정책연구용역

3) 연구개발은 정부투자연구개발 및 정부·업체공동투자연구개발을 원칙으로 한다.

4) 사업통제
   가) 연구개발 대상사업으로 결정된 전력지원체계 사업은 각 군 및 해병대에서 사업을 통제하는 것을 원칙으로 한다.
   나) 국방부 군수관리관실은 국방부에서 소요결정 된 품목에 한하여 필요시 사업을 통제할 수 있다.
   다) 각 군 또는 해병대는 위임된 사업에 대하여 사업관리를 실시하며, 기품원의 기술지원을 받을 수 있다.
   라) 무기체계 연구개발에 포함하여 개발 중인 전력지원체계사업은 방위사업청에서 사업통제를 실시한다.

나. 연구개발 대상범위

1) 연구개발 대상범위는 방위사업법의 군용장비 국산화계획에 포함되지 않는 장비류 및 물자류로 한다.

2) 국방부 군수관리관실 및 위임받은 소요군은 다음에 해당하는 경우에는 해당 정부투자 연구개발 계획, 정부·업체공동투자 연구개발 계획, 업체투자 연구개발 계획의 승인을 취소할 수 있다.

가) 소요가 없어진 경우

나) 시제 납품기간을 준수하지 아니한 경우

다) 개발시험평가 결과 기준미달 또는 운용시험평가 결과 군사용 부적합으로 판정한 경우

3) 사업관리기관은 연구개발 추진 시 개발업체와 개발계약(협약)을 체결한다.

다. 기술개발

1) 기술개발 소요는 산·학·연을 대상으로 공모한 기술개발 과제, 각 군 및 해병대에서 소요 제기한 과제 등을 포함한다.

2) 산·학·연 대상 기술개발 과제공모는 다음과 같으며, 국방부 군수관리관실에서 공모 관련 업무를 주관한다.

가) 특정분야를 한정하지 않는 자율공모

나) 군에서 필요한 전력지원체계 기술개발 분야를 한정하는 지정형 공모

3) 기술개발 소요제기 대상은 다음과 같다.

가) 국민 및 신세대 장병의 눈높이에 부합하는 장병 의·식·(주) 관련 과제

나) 민군 겸용기술이 가능한 과제

다) 그 밖에 전력지원체계 발전을 위한 기술개발이 필요한 과제 등

4) 국방부 군수관리관실은 산·학·연 공모를 통한 기술개발 대상과제와 각 군 및 해병대에서 소요제기한 기술개발 대상과제에 대하여 다음을 고려하여 기술개발 소요 검토를 실시한다.

가) 핵심기술 육성분야 및 기술발전 추세와의 부합 여부

나) 과거 개발사례 및 소요의 중복 여부

다) 기존 핵심기술 개발계획 내용과의 연계성

라) 국내·외 기술수준 및 확보 가능성

마) 당해 연도 전력지원체계 연구개발 예산

바) 기술소요의 활용성 등

4. 구매 및 임차

가. 전력지원체계 구매

1) 구매는 국내에서 생산 되는 표준품목 또는 상용품목 구매를 우선으로 하며, 국방부 또는 소요군에서 주관하여 구매한다. 국내구매가 곤란한 경우에는 국외구매를 할 수 있다. 국내에서 생산된 군수품을 구매하기 위해서는 구매계획을 수립하고, 입찰공고, 시험평가, 적격심사 등에 의하여 계약대상자를 선정한 후에 구매계약을 체결한다.

2) 경제적 군 운용과 전시 효율적인 동원체제를 유지하기 위하여 상용품 획득을 확대한다. 다음의 경우에는 상용품 획득을 원칙으로 한다.

가) 전투와 직결되지 않고 후속군수지원에 특별한 문제가 없어 경쟁조달이 가능한 경우

나) 민군 겸용으로 상호간 호환이 가능한 경우

다) 제조기술의 급속한 발전에 따른 성능·기능상 지속적인 개발이 예상되거나 이미 성능상 군용보다 우수한 경우

라) 현재 군용으로 생산되고 있으나, 향후 상용품으로 대체가 가능한 경우

3) 군수품 상용화를 확대하기 위해 국방규격품목의 일부를 상용품목으로 시범사용 할 수 있다.

나. 전력지원체계의 임차는 전력지원체계가 고도 정밀화되면서 고가·대형화하는 반면에 구형화되는 속도가 빨라짐에 따라 다음과 같은 경우에는 임차하여 운용한다.

1) 구매에 비하여 경제성이 우수한 경우

2) 획득방법이 연구개발로 결정되었으나 개발기간이 장기간 소요되어 군에서 요구하는 시기에 충족하기 어려운 경우

3) 장비의 기술발전 속도가 빠른 장비를 연구개발 또는 구매하여 기술적으로 진부한 장비가 획득될 가능성이 있는 경우

4) 한시적으로 작전상 긴급하게 확보할 필요가 있는 경우

5. 전력지원체계 사업관리

가. 사업관리의 일반적인 사항

1) 연구개발, 구매 및 임차에 대한 사업관리는 각 군 및 해병대에서 수행하는 것을 원칙

으로 한다.

2) 국방부에서 소요 결정된 품목 중 국방부 사업관리로 결정된 연구개발(정부투자연구개발, 정부·업체공동투자연구개발)의 경우에 국방부는 각 군 및 해병대와 협조하여 사업관리를 추진한다.

3) 국방부에서 소요결정 된 품목 중 국방부 사업관리로 결정된 기술개발의 경우에 국방부는 각 군 및 해병대와 협조하여 사업관리를 추진한다. 협조내용은 제안요청서 작성, 입찰공고 및 공개설명회(필요시), 제안서 접수 및 평가, 산·학·연 선정, 개발계획서 검토 및 승인, 개발계약(협약)체결, 시제품 개발, ILS-P 접수 등이다.

4) 구매 및 임차로 결정된 품목에 대하여 제안요청서 작성, 입찰공고, 업체선정, 조달 등은 관련부서와 협조하여 추진한다.

나. 제안요청서는 다음내용을 포함하여 작성 및 확정한다.

1) 사업목적 및 내용

2) 사업추진일정

3) 군사요구도 등 제안요청사항

4) 연구개발을 희망하는 산·학·연 제안서의 작성기준

5) 제안서 평가기준 및 개발업체 방침

6) 그 밖에 필요한 사항

다. 입찰공고

1) 연구개발품목에 대하여는 다음을 포함하여 방위사업청 국방전자조달시스템 등 다양한 대중매체를 활용하여 입찰 공고한다.

가) 제안요청서

나) 사업통제부서

다) 공개설명회 일정 및 장소(필요시)

라) 그 밖에 필요한 사항

2) 공고는 최초 공고된 대중매체 공고일 기준 40일간 하는 것을 원칙으로 한다. 사업성격 및 긴급성 등을 고려하여 공고기간을 연장 또는 단축할 수 있다.

라. 제안서 접수 및 평가

1) 사업관리 부서는 연구개발품목에 대하여 입찰 공고 후 기간 내에 접수한 제안서에 대하여 평가를 실시한다.

2) 세부 평가기준과 평가결과는 공개하지 않는다.

3) 제안서 평가방법은 접수된 제안서에 대하여 서면평가와 업체 실사평가를 실시한다.

4) 필요시 업체 실사평가는 생략할 수 있으며, 서면평가 간 필요한 경우에는 소요제안을 한 산·학·연에 발표를 요청할 수 있다.

마. 개발업체 선정 및 연구개발 계약(협약) 체결

1) 국방부 및 각 군은 제안서 평가결과를 근거로 개발업체를 선정하고, 그 결과를 개발업체에 통보한다.

2) 연구개발의 경우 개발업체가 선정된 후 사업관리기관은 2개월 이내에 개발업체와 연구개발 계약(협약)을 체결하는 것을 원칙으로 하며, 사업의 특성을 고려하여 기간을 연장할 수 있다.

3) 연구개발 계약(협약)시 다음의 내용을 포함할 수 있다.

가) 체계(시제품) 개발 방침 및 승인조건

나) 군사요구도

다) 시험평가 방침 및 조건

라) 종합군수지원

마) 규격화·목록화

바) 개발취소 사유

사) 기술자료 소유권

아) 그 밖에 필요한 사항

바. 전력지원체계 시험평가

1) 전력지원체계 시험평가는 소요군·기관에서 수행한다. 다만, 국산개발품이 완성장비의 성능, 신뢰성 및 내구성 등에 큰 영향을 주지 않는 품목일 때에는 사업통제부서 판단에 따라 개발시험평가만을 실시하거나 운용시험평가만을 실시할 수 있다. 단순체계의 경우에는 운용시험평가를 간소화할 수 있다.

2) 연구개발 경우에는 군수관리관실 또는 소요군 주관 하에 기품원이 개발시험평가를 수행 및 기술지원을 담당하며, 소요군은 운용시험평가를 수행한다.

3) 기품원은 개발시험평가 수행 및 기술지원 시 업체에서 작성한 개발시험평가계획을 검토하여 국방부 및 소요군에 보고(통보)한다. 필요한 경우 소요군은 기품원의 개발시험평가에 참여 또는 입회할 수 있다.

4) 개발업체가 사업관리기관에 개발품목에 대한 시험평가를 요청할 때에는 자체시험성적서, 주조립업체 의견서(해당되는 경우), 업체작성 국방규격(안), 시험절차서 등을 첨부하여야 한다. 개발시험평가의 경우 시험평가기관은 개발업체와 용역계약을 체결하여 시험평가를 실시한다. 시험평가에 소요되는 비용은 개발업체에서 부담한다.

5) 사업관리기관이 개발시험평가나 운용시험평가를 실시할 수 없을 때에는 관련 공인기관에 의뢰하여 실시할 수 있다.

6) 해외로부터 기술을 도입하여 생산한 국산화 대상품목에 대한 시험평가는 사업관리기관이 소요군과 협의하여 원제작·원제작사의 개발경위, 시험평가결과, 규격서 및 판매실적 등 관련 자료로 대체할 수 있으며, 조립생산품에 대한 시험평가는 성능시험으로 대체할 수 있다.

7) 사업관리기관은 기품원의 검토의견에 따라 시험평가시설 미비로 시험이 곤란할 때에는 국내·외 공인시험 시설을 이용할 수 있으며, 국내·외 공인기관의 시험결과를 적용할 수 있다.

8) 시험평가결과 군사요구도의 수정이 요구될 경우 소요결정기관에서 수정하고 그 결과를 사업관리기관에 통보한다.

9) 기품원은 개발시험평가에 대하여 기술지원을 한 다음 기준충족여부 판단을 포함한 개발시험평가 결과를 사업관리기관에 보고한다. 소요군은 운용시험평가 결과를 사업관리기관에 보고한다.

사. 군사용 적합 판정 및 품목 선정

1) 사업통제부서는 기품원의 개발시험평가 기준충족 여부 판단 결과와 소요군의 운용시험평가 판단 결과를 종합·검토하여 군사용 적합·부적합을 판정한다.

2) 사업통제부서는 군사용 적합·부적합 판정결과를 업체 및 관계기관에 통보한다.

3) 사업통제부서는 구매사업에 대하여 필요한 경우에 시험평가를 실시한 다음 전력지원체계 사업관리위원회를 통하여 품목을 결정한다.

아. 전력지원체계의 규격화·목록화

1) 전력지원체계의 규격화·목록화에 관한 세부업무절차는 방위사업청장이 정한 규정에 의하여 수행한다.

2) 규격화·목록화에 대해 연구개발 업체 요청 시 기품원은 기술지원을 할 수 있으며, 이 경우 용역계약을 체결하여 지원하고 그 결과를 국방부에 보고한다.

3) 정부투자 연구개발 사업의 경우 양산단계에서 규격·목록의 미비로 양산이 제한될 경우에 사업관리기관은 연구개발 업체에 규격·목록을 보완하도록 조치할 수 있다.

4) 국방부 및 각 군은 방위사업청에 요구하며, 방위사업청은 제(개)정 요구서 접수 후 **30일 이내에** 규격을 제정하여 관련부서에 통보한다. 단, 기한 내 검토가 곤란한 경우 국방규격 작성관리기관과 협의하여 기한을 연장할 수 있다.

5) 목록화 작업은 업체에서 작성하여 입력하며, 각 군(군수사)은 기본자료 지원과 1차 검토지원을 하고, 방위사업청은 2차 검토와 자료구축(완결) 업무를 수행한다.

자. 연구개발 확인서 발급 및 성과물의 소유권

1) 연구개발 확인서 발급

가) 사업관리기관은 업체투자 연구개발 품목 및 정부·업체공동투자 연구개발 품목이 군사용 적합판정을 받고 규격이 제·개정된 경우에는 연구개발 확인서를 발급한다.

나) 사업관리기관은 연구개발 확인서를 발급하면 개발업체, 소요군, 방위사업청, 기품원, 국과연에 통보한다.

2) 연구개발 성과물의 소유권

가) 전력지원체계 연구개발 사업을 통하여 얻어지는 특허, 실용신안, 디자인, 상표, 저작물, 기술자료 등에 대한 지식재산권은 국가 소유로 한다. 이 경우 국방부 및 각 군은 연구개발 업체에 통상실시권을 허용할 수 있다.

나) 국방부 및 각 군은 지식재산권을 국가 소유로 하기 위해 개발업체와 연구개발 계약(협약)을 체결한다.

다) 개발업체는 협력업체의 지식재산권 소유를 방지하기 위하여 국가 소유로 하는 동의서를 받아 정해진 기간 내에 제출하도록 계약(협약)에 포함해야 한다.

3) **개발품목에 대한 계약**

가) 업체투자 및 정부·업체공동투자 연구개발의 경우 방위사업청장은 '국가를 당사자로 하는 계약에 관한 법률 시행령'에 따라 연구개발 확인서를 발급받은 업체와 수의계약으로 조달할 수 있다.

나) 연구개발 종료 후 시제품과 동일한 성능의 제품을 획득하기 위하여 방위사업청과 사업통제부서는 계약 특수조건에 관한 사항을 협의하여 결정한다.

차. 연구개발 계획의 변경 승인

1) 개발업체는 개발과정에서 문제가 발생할 경우 사업관리기관에 개발계획의 변경 혹은 개발기간의 연장을 요청할 수 있다.

2) 사업관리기관은 개발업체의 개발계획 변경 혹은 기간연장 요청을 받아 그 사유를 검토하여 사유가 인정되면, 개발계획 변경 또는 기간을 연장할 수 있다.

3) 개발계획 변경 또는 기간연장은 3회에 한한다. 다만, 불가항력적이거나 업체의 귀책사유가 없는 경우에는 연장 횟수에 제한을 두지 않을 수 있다.

4) 개발 연장기간은 1회 최대 1년으로 제한하며, 3회 연장 총기간이 최초 개발 승인 시 개발기간을 초과할 수 없다.

카. 사업권의 지정승계

1) 사업권 지정승계는 정부·업체공동투자 연구개발 및 업체투자 연구개발 업체의 매매과정에서 기존 개발업체에 의해 수행되던 사업을 타 업체로 전환하는 것을 말한다.

2) 정부·업체공동투자 연구개발 및 업체투자 연구개발의 개발업체는 개별적 사업권 변동이 있는 경우 국방부 군수관리관에게 양도 승인신청을 하여야 하며, 신청대상은 다음과 같다.

가) 현재 기존업체(양도업체)가 연구개발 확인서를 발급받아 수의계약 중인 품목

나) 연구개발 확인서가 발급되어 향후 수의계약의 자격을 부여받을 것이 예상되는 사업

3) 국방부 및 각 군은 필요시 현장실사를 실시하고 아래 내용에 대한 평가를 하여 그 결과를 개발업체에 통보한다.

가) 제조능력(생산시설, 재무상태)

나) 기술능력(기술인력, 기술자료 획득상태)

다) 자재 조달가격의 적정성

라) 계약질서 준수정도

마) 개발품목에 대한 제품생산 후 시험평가 결과

4) 평가결과가 사업의 지속적 추진 및 후속군수지원 등이 곤란한 경우에는 사업권의 양도승인을 제한할 수 있으며, 양산 중에 있는 품목의 양도승인 여부는 경쟁계약의 가능여부와 계약기관의 의견을 고려하여 판단한다.

제2절 ‖ 상용품 신규채택

상용품이란 민수용으로 생산 및 유통되고 있는 제품을 말하며, 군수품으로 채택되어 사용되면 상용품목이 된다. 군수품 상용화의 대상이 되는 상용품에는 제품 일부를 개조하여 군의 구매요구서를 충족시킬 수 있는 경우까지 포함된다. 군에서는 우수한 상용품 사용을 확대하여 군수품의 품질향상, 국방예산 절감, 장병복지의 증진 및 전투준비태세 향상 등에 기여하도록 하고 있다.

1. 정의 및 각 기관의 역할

가. 정의

1) 군수품 상용화는 군수품 중 상용품의 획득을 확대하는 것을 의미한다.

2) 협의의 개념으로는 국방규격으로 조달하고 있는 군수품을 상용품목으로 전환하는 것을 말하며, 신규 군수품을 획득할 때 상용품 적용을 확대하는 것도 포함된다.

3) 상용품목은 민수용으로 생산 및 유통되고 있는 품목을 군에서 군수품으로 채택하여 사용하는 품목을 말한다.

4) 상용품목은 완제품 및 부분품의 정상소요를 반영하여 조달할 수 있으며, 국방규격을 개정하지 않고 한국산업규격, 상용규격 등을 적용한다.

5) 상용품목은 보통 구매요구서로 조달한다. 상용품목은 민수시장에서 생산 및 유통되는 제품뿐만 아니라 군의 요구조건에 따라 상용품을 소폭 또는 대폭 개조한 구매요구서를 적용하여 납품받는 것도 포함된다.

나. 각 기관의 역할

1) **국방부는** 군수품 상용화 정책수립 및 제도 발전, 상용품 시범사용 제도 운영 및 구매예산 편성, 상용전환이 가능한 품목 발굴, 시범사용 품목 제기, 각 군에서 건의한 시범사용 품목에 대하여 검토 및 승인을 한다.

2) **육·해·공군·해병대 본부는** 상용으로 전환이 가능한 품목을 발굴하며, 시범사용 품목의 구매, 부대시험평가, 군 사용적합 여부, 구매요구서 작성, 상용전환 품목의 조달 등 전반적인 업무를 수행한다.

3) 시범사용에 대한 소요제안 등 상용품에 대한 신규채택 절차는 전력지원체계 사업절차와 유사하게 진행된다.

4) 시범사용 품목에 대한 최종결정은 국방부 또는 각 군에서 담당한다.

5) 군수품 상용화 확대를 위해 각 군은 상용품 시범사용 용도로 소량의 물량을 조달할 수 있으며, 구매요구서는 시범사용이 결정된 품목에 대하여 작성한다.

2. 적용규격 및 시범사용 절차

가. 상용품목의 군사요구도와 적용규격

1) 상용품은 경쟁조달이 가능하도록 특정 모델이나 업체를 지정하지 않고 최소한의 군사요구도만 제시한다.

2) 상용품에 대한 군사요구도는 가능한 한 2개 업체 이상의 제품을 선정하여 내구성, 경제성, 시장성, 최신성, 국내생산 가능성 등을 고려하여 객관적으로 작성한다.

3) 상용품은 구매요구서로 조달하며, 소요기관에서 작성한다. 특별한 군사요구도가 없는 품목은 한국산업표준(KS), 정부규격 등 민간 또는 상용규격을 최대한 활용한다.

나. 시범사용 절차

1) 국방부 및 각 군에서는 상용품으로 시범 사용할 품목을 결정한다.

2) 상용전환을 판단하기 위한 시범사용 상용품은 품목별로 다양한 제품을 조달하여 성능, 편이성, 안전성 등을 비교하여 평가한다.

3) 각 군은 상용품 전환 검토 품목이 군 작전 또는 운용환경에 적합한지를 확인하기 위해 부대시험평가를 실시할 수 있다.

4) 각 군은 상용품 부대시험평가 결과를 종합 검토하여 군사용 적합·부적합을 판정한다.

5) 군사용 적합판정을 받은 품목에 대하여 다음과 같이 후속조치 한다.

가) 군에서 아직 사용하지 않는 신규품목은 전력지원체계의 군수품 획득 절차를 적용한다.

나) 기존 상용품목보다 성능이 개선된 품목은 소요 발생 시 조달한다.

〈그림 4-3〉 상용전환을 위한 상용품 시범사용과 상용전환 절차도

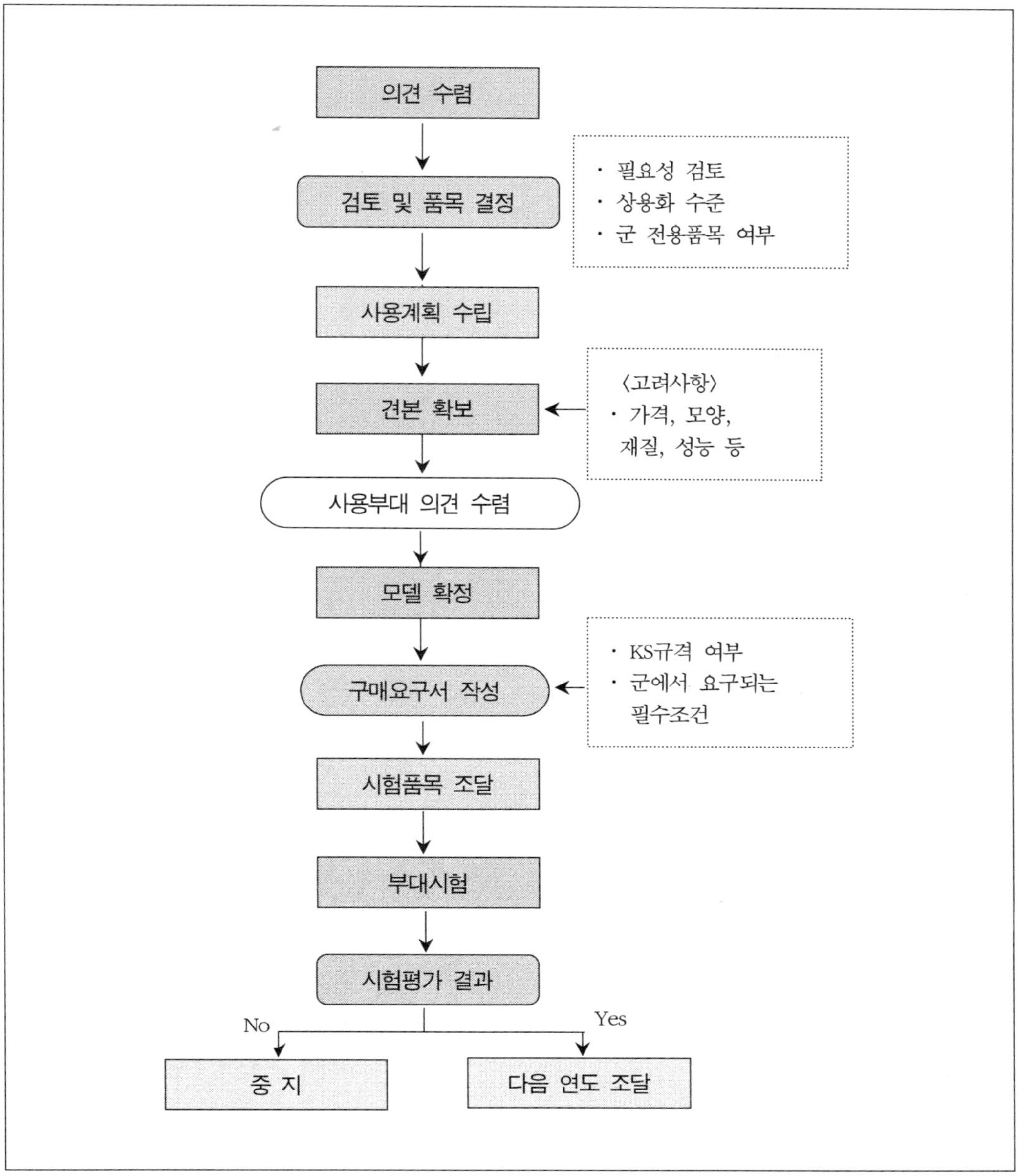

♣ 해설 및 팁 4-1: 상용품 조달 시 수요군 고려사항

- 상용품으로 전환하는 품목의 경우 해당 품목을 조달하는 것으로 결정되면 개인당 1개씩만 주는 보급품이라고 하더라도 30만 개 정도가 조달된다. 이렇게 되면 조달금액이 증가함에 따라 업체 간의 경쟁이 심화될 가능성이 많다. 이러한 이유로 상용품에 대한 구매요구서를 작성할 때, 군에서는 KS규격을 우선적으로 고려하며 군에서 사용하는데 필수적인 사항이 아니면 추가적인 규격을 적용하지 않을 가능성이 높다.
- 제품선정에 대한 투명성을 확립하기 위하여 야전부대의 선호도 조사를 반영하는 경우가 많으며, 한 업체의 제품이 아니라 다수업체 제품을 선정하여 평가를 실시한다.
- 군에서 조달하는 물품은 재고비용 및 유통마진이 없고 대량으로 조달하여 동일한 물품이라도 시중보다 저렴한 가격으로 납품된다.

* 일상 생필품 중에서 상용품으로 조달하는 품목은 런닝류, 팬티류, 양말류, 목도리, 귀덮개, 장갑류, 손수건, 화장지, 세면도구, 운동화, 축구화, 단화류, 침대류, 사무비품류 등이다.

* 현재는 여러 가지 이유로 군 전용품목을 사용하고 있지만, 향후 상용품 규격으로 전환하여 조달이 예상되는 품목은 모포, 침낭, 운동복류, 방한화 등을 꼽을 수 있다.

제3절 ‖ 급식품목 신규채택

군 급식품목은 주식, 중앙조달부식, 부대조달부식으로 구분하여 운영하며, 새롭게 급식품목으로 채택을 하기 위해서는 단체급식 적합성, 급식 안전성, 조리편리성, 급식희망 여론 수렴 등을 통하여 군 급식의 적합성을 평가하고, 시험급식 및 채택심의를 거쳐야 한다.

1. 군 급식운영

가. 예산편성 및 집행

1) 군 급식은 주식, 중앙조달부식, 부대조달부식으로 구분하여 납품을 받는다.

2) **중앙조달부식은** 장기저장성 부식인 식용유, 소금, 밀가루 등과 단기저장성 부식인 돈가스, 햄, 소시지, 가공샐러드 등으로 운영한다. 중앙조달부식은 주로 방위사업청을 통하여 조달하며, 각 급양대에서는 품목별로 월간 급식기준량을 기초로 메뉴를 편성하여 급식한다.

3) **부대조달부식은** 각 군수지원사령부(또는 지역 재무부대)에서 부대조달로 계약한다.

가) 농·축산물은 각 지역농협과 계약하며, 계획 생산된 물량을 조달하여 급식한다.

나) 수산물 원품 및 반가공품은 각 지역수협과 계약하여 계획 생산된 물량을 조달한다. 천재지변 등으로 불가피하게 어획량이 감소되어 정상적인 급식이 곤란한 경우에는 군과 수협이 협의 하에 지구급식협의회에서 결정하여 조정 급식한다.

다) 각 지역 농·수협은 군과 연간 계약된 물량을 해당지역 조합원들에게 계획 생산하도록 물량을 배정하며, 수확된 물량을 군에 납품한다. 계획생산은 해당지역 농민들의 수입원 증대를 위하여 시행하고 있으며, 사전에 농협조합원들과 연간 계획된 물량 계약을 통하여 농산물 가격이 폭등하거나 폭락할 경우에도 안정적으로 물량을 확보하기 위해서 실시한다. 부대조달 농·축산물 납품 절차도는 〈그림 4-4〉와 같다.

라) **후식은** 주스류, 과일류, 음료수류, 아이스크림 등을 급식한다.

① 주스류는 방위사업청 및 조달청을 통하여 조달한다.

② 과일은 각 지역별로 계절별 과일(사과, 배, 포도, 귤 등) 및 지역 특산물(토마토, 곶감, 홍시, 멜론, 무화과 등) 등을 예산범위 내에서 연간계획을 수립하여 농협을 통하여 조달한다.

③ 바나나는 타 과일이 생산되지 않는 시기인 3~5월에 급식하되, 각 군수지원사령부에서 수입 및 판매업체를 통하여 부대조달한다.

④ 음료수류, 아이스크림류는 각 군수지원사령부에서 업체(제조 또는 구매)와 계약하여 부대조달한다.

4) **경축특식**은 설날, 추석, 국군의 날에 급식한다. 품목은 병사들의 선호도를 반영하여 과일류, 음료수류, 과자류, 지역특산물 등의 품목을 선택하여 조달한다. 과일류는 농협을 통하여 조달하고, 기타 품목은 업체(제조 또는 구매)와 계약하여 조달한다.

〈그림 4-4〉 부대조달 농·축산물 납품 절차도 '예'

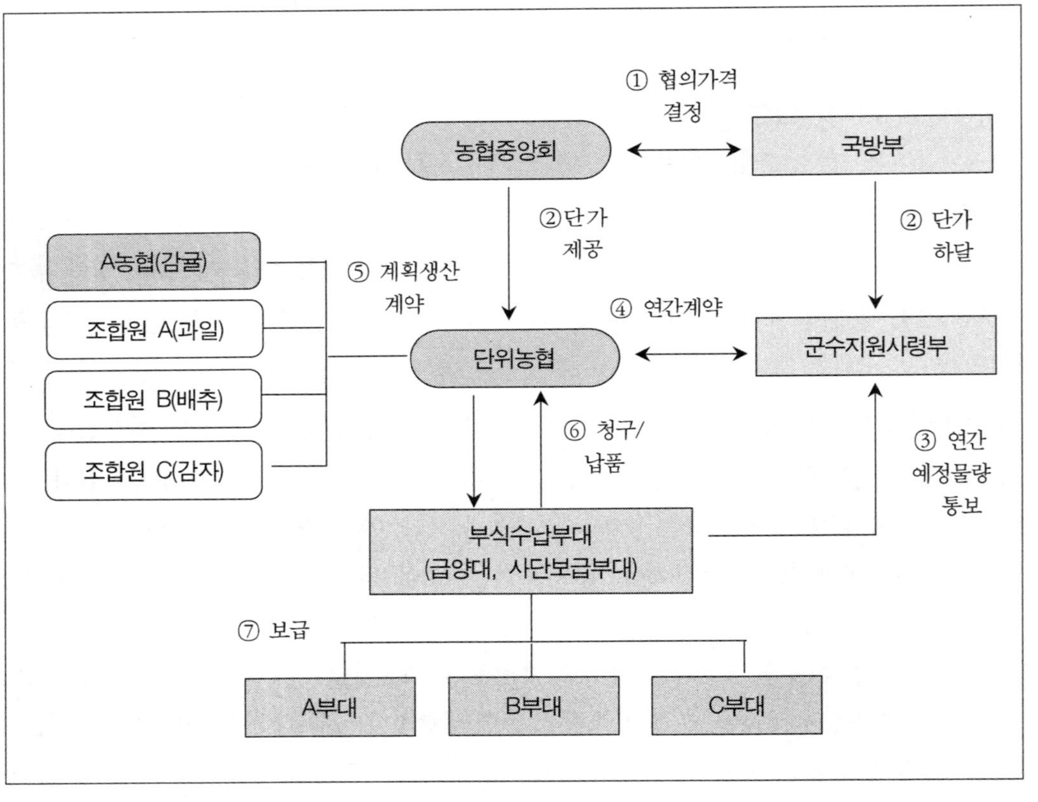

2. 급식품목[15] 신규채택 및 퇴출

가. 용어의 정의 및 원칙

1) 신규 급식품목은 기본급식 품목, 선택급식 품목, 시험급식 품목으로 나누어 채택한다.

가) 기본급식 품목은 급식방침에 반영되어 연중 정기적으로 급식하는 품목을 말한다. 이 품목은 농·수·축산물 원품이나 반가공식품 중 시험급식과 급식채택절차를 거쳐 결정된다.

나) 선택급식 품목이란 급식방침에 반영되어 있으나, 지역 또는 부대특성에 따라 선택하여 급식할 수 있는 품목을 말한다.

다) 시험급식 품목은 신규급식 품목(기본급식 또는 선택급식)으로 채택여부를 결정하기 위하여 일부부대 인원에 대하여 시험적으로 급식하는 품목을 말한다. 시험급식을 통하여 단체급식의 적합성, 급식 안전성 등을 확인하여 신규급식 여부를 결정한다.

2) 신규급식 품목은 급식안전성 및 양질 보장의 급식이 제공될 수 있도록 원품[16]이나 반가공식품[17]을 우선적으로 채택한다.

3) 신규급식 품목에 대한 결정은 단체급식 적합성, 급식 안전성, 공급의 안정성, 가용재원 등을 평가하여 채택여부를 판단한다.

나. 신규급식 채택 절차

1) **원품 및 반가공식품**

가) 소요제기는 급식반영을 희망하는 전년도(X-1년) 6월까지 농·수협, 업체 및 각 군에서 제기할 수 있다. 야전의 소요는 각 군 군수참모부로, 농·수협 및 업체는 국방부 군수관리관실로 제기한다.

나) **군 급식 적합성 검토**

① 소요제기 품목에 대해서 각 군 및 국방부는 사전검토를 실시하고, 세부 검토가 필요한 품목에 대해서만 군 급식 적합성 검토를 실시한다.

② 각 군은 세부검토가 필요한 품목에 대하여 군 급식 적합성 검토를 기준에 따라 실시하며, 사전에 원품 및 반가공식품에 대한 시식회 등을 실시하고 결과를 반영한다.

③ 군 급식 적합성 검토는 야전 소요제기 품목은 소요제기한 해당 군에서 검토한다. 농·수협 및 업체에서 소요 제기한 품목은 각 군별로 검토하되, 시식회 등은 상호 협의하

15) 당해 연도 기본급식 품목 및 선택급식 품목으로 채택된 원품 및 반가공식품, 가공식품을 말함.

16) 농·수·축산물로써 가공되지 않은 상태의 식품

17) 식품 원재료의 성질을 유지하면서 껍질, 뼈, 내장 등을 제거한 상태

여 통합하여 실시할 수 있다.

다) **각 군 및 국방부 급식품목 채택 심의**

① 급식채택 심의를 위하여 심의위원회를 구성하여 운영한다.

② 심의위원회 운영은 각 군 소요제기품목에 대해서는 군별로 실시한다. 농·수협 및 업체에서 소요 제기한 품목에 대해서는 육군에서 통합하여 실시한다.

③ 국방부는 각 군 급식 적합성 검토결과 및 군 급식채택 심의결과를 반영하여 최종 결정한다.

2) **가공식품**

가) 소요제기는 X-1년도 6월까지 업체 및 각 군에서 제기할 수 있다. 야전의 소요제기는 각 군 군수참모부로 하며, 업체는 국방부 군수관리관실로 소요제기 한다.

나) 세부검토 품목은 시중에서 2개 업체 이상의 제품이 유통되고 안전성이 검증된 품목만을 대상으로 선정한다. 시중에 유통되지 않는 품목은 신규급식 품목으로 채택할 수 없다.

다) **군 시험급식 적합성 검토**

① 군 급식 적합성 검토는 신규급식 검토기준에 따라 실시하되, 사전에 시제품을 확보하여 시식회 등을 실시하고 결과를 반영한다.

② 시식회는 충분한 의견이 반영될 수 있도록 취사병, 민간조리원, 영양사, 정책자문위원 및 기술품질원, 방위사업청, 각 군 급양관계관이 참여한다.

③ 군 급식 적합성 검토는 야전에서 소요 제기한 품목은 소요제기 군에서 검토한다. 업체에서 소요 제기한 품목에 대하여는 각 군별로 검토하되, 시식회 등은 상호 협의하여 통합하여 실시할 수 있다.

④ 시험급식 품목에 대한 적합성은 단체급식의 적합성, 급식안전성, 기타 요소로 다음과 같이 평가한다.

a. 단체급식의 적합성: 대량조리 가능성, 조리병의 편의성, 원부재료 확보 용이성, 포장지 재활용 등

b. 급식안전성: 제조·유통·조리시 변질 가능성 등

c. 기타: 유사품목 급식 여부, 인스턴트식품 여부, 저질 수입산 사용 가능성 등

라) 시험급식은 표본을 선정하여 일부 부대를 대상으로 실시한다.

다. 급식품목 퇴출절차

1) 기본급식 품목에 대하여 장병의 선호도, 단체급식의 적합성 여부 등을 주기적으로 평가하여, 그 결과에 따라 급식품목의 퇴출여부를 결정한다.

2) 시험급식 품목은 시험급식 및 군 급식품목 채택위원회에서 채택되지 못한 경우에는 당연 퇴출된다.

3) 급식품목 퇴출절차는 신규급식 채택절차를 준용한다.

3. 군 부식류의 조달 및 운영

가. 군 부식류 보급의 특징

1) 군 장병들에게 보급되는 급식품목은 일반사회의 단체급식과는 다르게 몇 가지 특징이 있다. 그 중 가장 중요한 것이 안정적인 공급이다. 농·수산물의 가격이 폭등 또는 폭락하여도 장병들에게 부식은 안정적으로 보급되어야 하기 때문이다.

2) 안정적으로 공급을 위해 농·수협과 연간 계획생산 계약을 통하여 조달하며, 연간 고정단가제로 운영한다.

3) 농·수산물의 계획생산제도는 생산농어민의 소득증대에도 기여한다.

4) 군 급식품목을 선정할 때는 급식안전성, 단체급식의 적합성 등을 가장 중요한 요소로 평가한다.

나. 신규 조합선정 및 농·수·축산물 가격협의

1) 군수지원사령부는 농수협중앙회로부터 군납 절차를 일원화하기 위하여 희망조합을 추천받으며, 추천된 조합을 대상으로 납품능력을 검증한다.

2) 1개 조합을 선정하는 것이 원칙이지만, 1개 조합에서 소요되는 물량의 전체 납품이 제한되는 경우에는 2개 이상의 복수조합을 선정할 수 있다.

3) 군수지원사령부는 군납포기 또는 불성실 조합이 발생하였을 때에는 군납조합 평가를 통하여 처리한다.

4) 군 급식에 소요되는 농·수·축산물은 '군 급식품목 계획생산조달에 관한 협정'에 의해 농·수협으로부터 조달한다.

5) 방위사업청은 농·수협을 통해 조달하는 농·수·축산물에 대한 계약가격을 농·수협중앙회와 협의 후 협의가격을 결정하여 각 군에 통보한다.

6) 농산물은 농산물 표준규격 상의 등급규격인 '특', '상', '보통'에 따라 협의가격을 결정한다.

7) 농·수·축산물은 연간 단일가격(고정단가제)으로 적용하되, 저장성 소채류 및 과일류는 가격 적용기간을 생산기와 비생산기로 조정하여 운영한다.

8) 농·수협과 계약은 연간 예정 소요물량으로 한다.

다. 군 부식류 계획생산 및 납품

1) 군 부식류는 급식품목의 안정적인 공급을 위하여 계획생산하여 조달함을 원칙으로 한다. 다만 해당지역의 지리적, 계절적 기후조건 등에 따라 생산여건과 소요물량 등을 고려하여 계획생산 가능 및 제한품목을 구분하여 적용할 수 있다.

2) 계약농협은 해당지역에서의 계획생산이 가능한 품목과 제한되는 품목에 대해서 계획서를 당해 연도 협의단가 하달 후 30일 이내에 계약부대에 제출하여 협의하여야 한다.

3) 군에서는 계획생산 이행 확인을 위하여 농·수협에서 계획서를 제출받아 확인하고 필요시 계획생산단지 확보, 작황실태, 군납품 규격에 적합여부 등을 합동으로 점검한다.

4) 군 급식품목에 대한 납품지시는 군에서 납품 3일 전에 지역별로 계약된 농·수협, 제조 및 생산업체에 소요물량을 통보한다.

♣ 해설 및 팁 4-2: 농산물 및 과일류 납품

- "금년 농사가 잘되어 부대에 과일을 납품하고 싶은데 어떻게 하면 되는가?"라는 질문을 가끔 받는다. 군 과일 납품은 앞의 〈그림 4-4〉에서 보는 바와 같이 해당 지역농협에서 조합원과 연간 계획생산 계약을 체결하여 납품하므로, 사전에 해당지역 농협과 계약을 맺지 않은 조합원의 경우에는 군납이 제한된다.

♧ 제5장

품질보증 및 사용자 불만 처리

제1절 ‖ 품질보증

군수품의 품질보증은 군수품의 개발, 양산, 보급 및 운영, 폐기에 이르는 전 과정을 규정된 품질 요구조건과 일치되도록 하여 사용자의 만족도를 보장하는 것으로 주로 품질검사 및 검수를 통하여 이루어진다.

1. 정의 및 품질검사 기관

가. 용어의 정의

1) 정의

가) 품질검사란 품질검사관이 제조현장 또는 수요기관 납품장소 등을 직접 방문하여 표본 또는 모든 물품에 대하여 검사를 실시하는 것이다.

나) 업체와 계약된 조건에 기초하여 표본 채취 및 표본에 대한 공인시험성적 결과를 반영하여 적합성 여부를 판정하는 것도 품질검사에 포함된다.

2) 품질검사 용어

가) 검사: 계약 품목이 구매요구서 또는 시방서와 일치되게 제조 및 설치되어 있는지 여부를 관능검사나 이화학적 검사를 통하여 확인하는 것이다.

나) 검수: 검사에 합격한 품목이 손상되거나 훼손이 없는가를 체크하며, 계약된 수량만큼 납품되었는지를 확인하는 것을 말한다.

다) 관능검사: 물품을 오관(시각, 후각, 청각 등)으로 검사하는 것을 말한다.

라) 이화학적 검사: 물품의 물리적·화학적 성분을 시험 분석하는 검사이다.

마) 전수검사: 계약된 물품의 모든 수량에 대하여 검사하는 것이다.

바) 표본(샘플링)검사: 로트(LOT)마다 임의 샘플을 채취하여 검사한 결과를 계약된 물량 모든 수량에 적용하는 것을 말한다.

사) 전문검사기관: 조달청장이 검사업무를 위탁한 기관을 말한다.

아) 수요기관 검사: 방위사업청 또는 조달청에서 조달하는 품목이지만, 검사는 수요기관

에서 수행하는 것을 말한다.

나. 계약주체별 품질검사 기관

1) 방위사업청에서 계약하는 군수품은 국방기술품질원에서 품질검사를 실시하는 것을 원칙으로 한다. 다만, 국방규격이 아닌 구매요구서로 조달하는 품목은 수요군(군수사 또는 사용부대)에서 품질검사를 할 수 있다.

2) 조달청에서 계약하는 품목은 조달청 품질관리단에서 검사를 실시하며, 계약조건에 수요군 검사로 명시되어 있는 품목은 군수사에서 검사를 실시한다.

3) 부대조달품은 군수사 또는 조달하는 부대의 검사기관에서 품질검사를 실시한다.

4) 계약 주체별 품질검사는 〈그림 5-1〉과 같다.

〈그림 5-1〉 계약 주체별 품질검사 기관

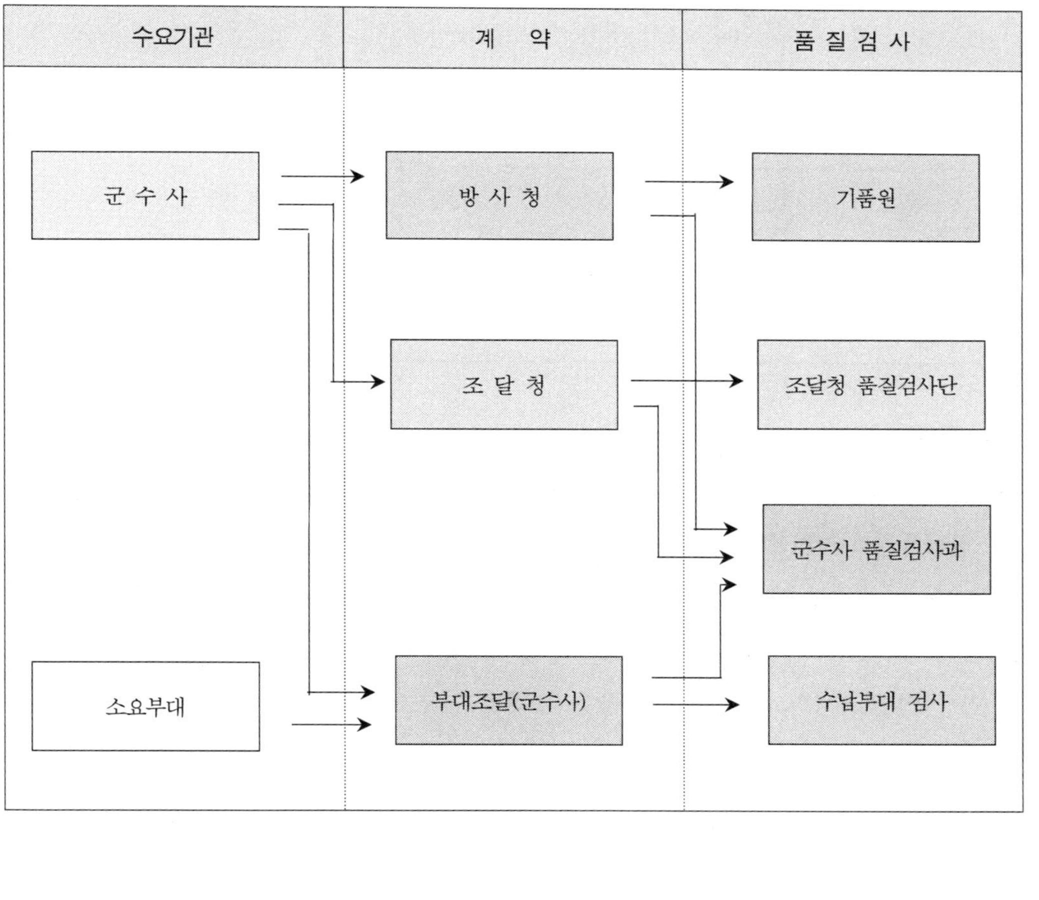

2. 방위사업청의 품질보증 활동

가. **품질보증형태 분류**는 국내계약 품목을 대상으로 하며, 품목특성에 따라 다음과 같은 기준으로 4개 형태로 분류하여 적용한다.

품질보증 형태	내 용
단순품질 보증형(I형)	공인된 우수품질 표시품, 대량자동화 전문생산품 등과 같이 품질이 단순하고 안정된 다음과 같은 품목 가. 국가공인기관 사전검정, 검사필 품목 나. 한국산업규격(KS) 표시품목 다. 국가통합인증마크(KC) 표시품목 라. 공인된 우수품질 표시품목 마. 부품·소재 전문기업 등의 육성에 관한 특별조치법에 따른 신뢰성 인증품목 바. 제품 구조 및 기능이 단순한 품목 사. 대량자동화 전문생산품 아. 기타 품질이 안정된 일반 군수품
선택품질 보증형(II형)	국방품질경영시스템 인증업체 생산품 중 품질이 안정되어 업체가 자체적으로 품질보증활동을 수행하는 품목
표준품질 보증형(III형)	상용품목과 군 전용품목[18] 중 장비성능 및 군사업무수행에 영향을 미치는 통상적인 신뢰성이 요구되는 품목
체계품질 보증형(IV형)	군 전용품목 중 무기체계장비 등 고도의 정밀성과 신뢰성이 요구되는 긴요[19]·복잡한 품목

나. 품질보증형태의 결정

1) **품질보증형태 I 형, III형, IV형은 기품원에서 심의** 후 방위사업청에 통보한다.

2) **선택품질보증형**(II형)의 경우에는 **업체에서** 매년 확정된 품질보증형태 III형 및 IV형 품목 중에서 품질보증활동 생략이 가능한 품목을 선정하여 **기품원으로 신청할 수 있다.** 해당품목은 다음과 같으며 초도양산품은 제외된다.

가) 국방품질경영시스템을 인증 받은 업체의 인증품목 중 품질이 안정화된 품목

나) 최근 3년간 납품실적에서 하자(계약업체의 책임사항)가 발생하지 않은 품목. 단, 신청

18) 군수품 표준화 관련 규정에 의하여 제정된 국방표준 및 규격 또는 외국 군사규격 등을 적용하는 경우에는 군 전용품목으로 분류

19) 요구하는 기능을 발휘하지 못할 경우, 신체 및 생명의 안전 또는 군사임무 수행에 위해를 미칠 수 있는 성질(긴요성)을 지닌 품목

품목이 하자발생 품목의 주요 제조공법과 동일한 품목은 제외한다.

다) 신청품목의 규격에 안전 또는 치명결점이 포함되지 않은 품목

♣ 해설 및 팁 5-1: 단순 품질보증 가능업체

• 품질보증형태 분류 검토 시 품질보증형태 Ⅲ형 이상으로 분류된 품목 중에서 대량자동차 전문 생산품, 기타 품질이 안정된 일반 군수품이 단순품질보증형 분류기준에 해당할 경우, 분류된 품질보증형태에 해당하는 업체가 있을 경우에는 **단순품질보증형(Ⅰ형) 가능업체**로 지정할 수 있다.

3) 업체에서 제출할 서류는 다음과 같다.

가) 국방품질경영시스템 인증서 및 인증품목 현황

나) 선택품질보증형(Ⅱ형) 신청품목 현황

다) 품질이력 및 품질특성 내용

① 신청품목에 대하여 과거 3년간 하자발생(계약예정년도 기준) 여부

② 신청품목이 하자발생 품목의 주요 제조공법과 동일품목 여부

③ 신청품목의 규격에 '안전' 또는 '치명결점'의 포함 여부

④ 신청품목의 품질이 안정되었다고 입증할 수 있는 객관적인 자료(공정품질지수, 불량률 등)

4) 기품원은 업체에서 제출한 서류를 검토하여 선택품질보증형(Ⅱ형) 적용가능 품목에 대하여 검토한 다음, 품질경영실무위원회 심의를 거쳐 최종적으로 확정한다.

5) 기품원은 선택품질보증형(Ⅱ형) 지정품목 중 다음에 해당되는 경우에는 지정변경을 검토한다.

가) 국방품질경영시스템 심사결과, 부적합사항이 발생된 경우

나) 하자 등 품질문제 발생시(하자발생 원인이 업체의 책임사항일 경우)

다) 수요군, 방위사업청 등에서 정부 품질보증의 필요성이 제기된 경우

라) 기타 정부 품질보증이 필요하다고 판단되는 경우

6) 선택품질보증형(Ⅱ형) 품목의 지정변경 절차는 다음과 같다.

가) 선택품질보증형 품목에 대하여 지정변경 사유가 발생하면 해당 내용을 관련업체에 통보하고, 선택품질보증형 품목 지정변경에 대한 업체의견을 접수하여 검토한다.

나) 기품원은 선택품질보증형품목 지정변경에 대한 검토를 실시하여 품질경영실무위원회 심의를 거쳐 방위사업청에 제출하고, 방위사업청으로부터 선택품질보증형 품목 지정 변경 내용이 접수되면 해당업체로 통보한다.

다. 품질보증활동 절차

1) 기품원 품질검사관은 업체로부터 품질보증계획서를 제출받는다.

가) 업체는 계약이 완료된 이후 물품을 양산하기 전에 품질보증계획서를 기품원에 제출해야 한다. 단, 계속 계약되는 경우에는 기 제출된 사항 중 변동 사항만 추가로 제출할 수 있다.

나) 기품원 검사관은 업체 품질보증계획서가 불충분하거나 미흡할 경우 보완토록 요구할 수 있다.

2) 품질경영시스템 평가 실시

가) 업체 품질경영시스템 평가는 품질보증형태별 품질경영시스템(KDS 0050-9000)이행 조건표 요구사항에 대한 문서화된 시스템과 이행여부에 대하여 평가한다.

① **품질보증형태 Ⅳ형은 품질경영시스템평가에 중점**을 두고 순차적으로 프로세스 검증, 제품 확인감사를 수행한다.

② **품질보증형태 Ⅲ형은 제품 확인감사에 중점**을 두고 필요할 경우에 프로세스 검증, 품질경영시스템 평가를 할 수 있다.

나) 품질검사관은 업체가 제출한 품질경영시스템 문서의 적합성 및 타당성을 검토하여 미흡한 사항은 보완을 요구할 수 있다.

다) 품질경영시스템은 국방품질경영시스템 내용을 평가하며, 품질보증활동 과정 중 발견되는 문제점을 중심으로 해당되는 시스템 요소를 부분적으로 평가하며, 미흡한 사항은 업체에 시정조치를 요구한다.

라) 국방품질경영시스템 인증업체의 경우는 인증심사 할 때 평가한 내용을 참고하여 취약한 요소에 대하여 평가를 실시한다.

♣ 해설 및 팁 5-2: 품질경영문서시스템

- 품질경영문서시스템이란 조달업체와 국방기술품질원 간에 품질보증 업무에서 발생하는 문서 유통을 온라인 방식으로 처리하기 위한 인터넷 서비스 체계를 말한다.
- 업체는 품질경영문서체계를 이용하여 품질보증 및 형상관리 관련문서를 처리할 수 있으며, 기품원으로 제출하는 품질보증계획서, 품질확인의뢰서, 시정조치 결과, 납품지체(예상)보고서, 하자조치계획 등은 기품원 인터넷(www.dtaq.re.kr)을 통하여 제출할 수 있다.

마) 품질경영시스템 미구축 업체 또는 납기가 촉박한 계약으로 계약 납기 내 품질경영시스템 평가가 어려운 경우에는 업체의 품질경영시스템이 조기에 구축될 수 있도록 품질보증활동 중 계약업체로부터 품질경영시스템 구축 계획을 접수하며, 업체 품질

경영시스템 구축 시까지는 제품 확인감사 활동을 강화한다.

3) 프로세스 검증

가) 프로세스 검증은 품질보증활동계획에 따라 선정된 제조 및 생산 프로세스를 대상으로 업체의 프로세스를 확인하거나 직접 프로세스를 검토하여 검증하는 활동을 말한다.

나) 검사관은 선정된 프로세스 검증 결과 미흡한 사항에 대하여 업체에 시정조치를 요구하며, 프로세스 검증을 통하여 품질개선 활동을 실시한다.

4) 제품 확인감사

가) 제품 확인감사는 **계약업체의 자체 품질보증활동 결과 합격된 제품에 대한 품질확인 활동**이다. 확인감사는 업체품질보증 결과에 대한 신뢰성 및 계약품질 요구조건에 일치여부를 확인하는 것이다.

나) 검사관이 실시하는 제품 확인감사의 범위는 다음과 같이 생산 전 과정의 제품을 대상으로 할 수 있으며, 승인된 품질보증활동 계획에 따라 선정된 대상(또는 항목)과 방법으로 실시한다.

① 구입품 (원자재, 구입 부품, 하도급품) 및 가공품(중간조립, 최종조립)

② 완성품 및 최종수락 제시품(포장 및 표기)

다) 계약업체는 계획된 생산일정 내에 합격품을 검사관에게 제출하여 다음과 같이 제품 확인감사를 받아야 한다.

(1) **제품 확인감사 의뢰**

(가) 업체는 자체 검사결과 합격된 제품(또는 로트)에 한하여 검사성적서를 첨부하여 제품 확인감사 요구일 3근무일 전에 기품원으로 의뢰한다.

(나) 생산 프로세스 진행 중 수시 제품 확인감사를 실시하도록 계획되었거나 업체 자체검사 시 입회하여 확인하는 것으로 품질보증활동 계획이 수립된 경우에는 제품 확인감사를 의뢰하지 않을 수 있다.

(다) 업체는 단순품질보증형(Ⅰ형) 또는 선택품질보증형(Ⅱ형) 품목의 경우 납품요구일 3근무일 전에 기품원으로 품질보증 증빙서류를 제출하여야 한다.

(2) **최초생산품에 대한 제품 확인감사는** 계약서 또는 규격서에 명시된 경우, 기타 최초생산품에 대한 별도의 제품 확인감사가 필요하다고 기품원에서 결정된 경우에 실시한다. 제품 확인감사의 방법 및 시험항목 등은 승인된 품질보증활동 계획에 따라 수행한다.

(3) **초도양산품은** 개발 이후 최초로 양산 계약된 물량을 대상으로 하며, 초도양산품에 대한 품질보증은 개발과정에서 완성된 기술자료 묶음에 따라 개발품질의 양산 실현 가능성과 적합성 평가를 목적으로 한다.

(4) **양산제품**

(가) 검사관은 계약업체에서 의뢰한 제품 확인감사 의뢰내용과 업체 검사성적서를 검토한다.

(나) 계약업체의 검사결과 합격된 제품에 대한 검사관의 제품 확인감사는 계약업체가 실시하는

자체 검사와는 별도로 품질보증활동 계획에 의거 실시한다.

(다) 제품 확인감사에 상당한 시험기간이 필요하거나 고가의 시험비용이 소요되는 경우에 검사관은 생산업체가 검사를 행하는 장소 및 시기에 입회하여 수행할 수 있다.

(라) 하도급품의 품질보증은 계약업체의 책임으로 자체적으로 실시하는 것을 원칙으로 한다.

(마) 구입 부품 및 원자재에 대한 제품 확인감사는 구입 부품 및 원자재가 품질에 영향을 미치는 주요(취약) 품목으로써 완제품 상태로는 품질특성을 판단할 수 없는 경우에 실시한다. 검사 시기는 계약업체에서 수입검사를 실시한 후에 한다.

(바) 제품 확인감사 대상으로 선정된 구입 부품 및 원자재가 다음에 해당할 경우에는 시험항목의 일부 또는 전부를 생략할 수 있다.

① KS 및 기타 외국의 국가공인 품질표시품
② 국가기관 또는 이에 준하는 공인기관의 검사 및 시험결과 합격품
③ 외국에서 수입되는 물품으로 품질확인에 필요한 증빙서류가 확인된 경우
④ 외자로 도입되어 관급으로 되는 물품
⑤ 기술협력생산 품목으로 원제작사로부터 구입되는 원자재, 부품 및 조립품

(5) 이화학시험 및 측정

(가) 계약업체는 규격에서 요구하는 시험에 대한 시험 및 측정을 실시하고, 검사관이 요구할 때 결과를 제시하여야 한다.

(나) 이화학시험 및 측정 등은 국가공인시험기관 또는 국방과학연구소 및 각 군에서 운영하는 시험기관을 이용하되 업체 자체 시험시설과 공급업체 시험시설 등도 이용할 수 있다.

(다) 시험에 소요되는 시료는 로트별로 구분 채취하며, 채취된 시료는 로트의 품질특성을 대표할 수 있어야 한다.

(라) 시험의뢰 및 관리절차는 다음과 같다.

① 검사관은 시료채취 후 식별표시(시료번호, 시료 채취일자, 검사관 성명, 서명 등)를 하고, 봉인한다.
② 검사관은 채취한 시료를 공인시험기관에 시험 및 측정을 의뢰하고, 시험결과의 검증을 위하여 일정기간 동안 시험기관 또는 계약업체에 여분의 시료를 보관토록 협조한다.

♣ 해설 및 팁 5-3: 소량·소액 품목 이화학 시험 및 측정

• 기품원의 이화학시험 및 측정 시 계약수량(중앙조달) 및 연간 생산수량(협력업체)이 100개 이하이고 금액이 3,000만 원 이하의 소량·소액 품목에 대해서는 공급업체 성적서 확인 또는 계약업체의 시험시설 이용을 원칙으로 한다.

5) 합격 및 불합격품 처리

가) 계약업체는 합격품과 불합격품을 분리하고 식별표기를 하여 관리한다.

나) 합격품을 납품하고 남은 재고량은 품질이 변질되지 않은 경우에는 검사관의 승인을 얻어 다음 계약에 사용할 수 있다.

다) 불합격품이 발생되었을 경우, 검사관은 업체로부터 불합격품의 처리방안을 문서로 접수하고 타당할 경우에 처리결과를 확인한다.

라) 불합격된 품목이 민수용으로 전환되는 경우에는 군용표시를 제거하고, 형태와 색상의 변경 등을 통하여 군수품으로 오인되지 않도록 처리한다.

6) 시정조치

가) 검사관은 품질보증활동 과정 중 발견되는 불합리한 사항 및 규정위반 사항 또는 계약조건에 위배되는 사항 등에 대하여 계약업체에 품질보증활동관리시스템을 이용하여 시정조치를 요구한다.

나) 계약업체는 검사관으로부터 요구된 시정조치 사항에 대해서 성실히 이행하여야 하며, 시정조치는 재발방지대책을 포함한 조치내용을 서면으로 제출하여야 한다.

다) 검사관이 요구한 시정조치 사항이 불합리하다고 판단될 경우에는 서면으로 사유를 명시하여 이의제기할 수 있다.

라) 계약업체에 대한 시정조치는 관련 하도급업체에도 동일하게 적용된다.

7) 규격 불일치품 조치 및 처리

가) 규격 불일치품은 원칙적으로 군에 도입하여 사용할 수 없다.

나) 규격 불일치품이라고 하더라도 경제성, 긴급성 등을 고려하여 군에 이익이 되는 경우에는 납품이 되도록 할 수 있다.

다) 수정 보완이 곤란한 규격 불일치품의 처리절차는 다음과 같다.

① 계약업체는 확인된 규격 불일치품에 대하여 검토 후 불합격 조치 또는 군에 납품을 위한 면제 제안을 할 수 있다.

② 면제 심의 시 감액수납이 결정된 경우 방위사업청에서 별도로 정한 감액처리절차에 따른다.

8) 품질보증활동결과 및 검사조서 발행

가) 검사관은 품질보증활동이 완료되면 품질보증활동결과에 의거 검사조서를 발행한다. 검사조서에는 품질보증형태에 따라 다음과 같이 기록한다.

① 단순품질보증형(Ⅰ형)품목: '계약업체 검사품목'

② 선택품질보증형(Ⅱ형) 품목: '선택품질보증형 품목'

③ 선납후검 품목: '선납후검 품목'

나) 조달청 계약품목의 경우, 검사관은 품질보증활동이 완료되면 계약업체에서 제출한 물품납품 및 영수증에 인감 날인하여 계약업체에 통보한다.

라. 품질보증형태별 계약업체 이행사항

1) 계약업체는 적용 규격서와 계약요구조건에 규정된 의무를 수행할 책임이 있으며, 기품원의 품질검사 확인 시 계약품목이 규격서 및 계약요구조건의 모든 사항에 일치함을 입증할 수 있어야 한다.

2) 품질보증형태별로 이행사항은 다음과 같다.

가) 단순품질보증형(Ⅰ형)

① 계약업체의 품질보증을 인정하는 형태이다.

② 계약업체는 자체적으로 품질보증활동을 수행하고, 기품원에 품질보증 입증서류(제품보증서, 자체 또는 공인기관 최종 제품검사/시험성적서)를 제출한다.

③ 계약업체는 방위사업청에서 품질보증활동 강화 요구 시 또는 기품원에서 품질보증활동의 필요성이 제기될 경우에는 현장 품질보증활동을 수행할 수 있도록 조치한다.

♣ 해설 및 팁 5-4: 검사성적서 위·변조에 대한 조치

• 품질보증담당관은 품질보증활동 과정에서 계약업체 및 협력업체의 품질보증 증빙자료에 위조·변조 또는 허위서류가 발견되었을 경우에는 계약업체에 해당 계약 건에 대한 정부품질보증활동의 일시 중단을 통보하고 계약기관에 통보한다. 필요한 경우에는 검찰에 고발조치한다.

나) 선택품질보증형(Ⅱ형)

① 계약업체는 선택품질보증형으로 확정되기 이전의 해당품목 품질보증형태별로 품질경영시스템(KDS 0050-9000)이행 조건표 요구사항에 따라 품질경영시스템을 수립하고 이행하여야 하며, 자체적으로 품질보증활동을 수행하고 기품원에 품질보증 입증서류(제품보증서, 자체 또는 공인기관 최종 제품검사/시험성적서)를 제출하여야 한다.

② 단순품질보증형(Ⅰ형), 선택품질보증형(Ⅱ형)은 검사관의 출장검사는 생략한다.

다) 표준품질보증형(Ⅲ형), 체계품질보증형(Ⅳ형)

① 계약업체는 계약품목의 생산 및 요구품질의 충족을 위해 품질보증형태별 품질경영시스템(KDS 0050-9000)이행 조건표 요구사항에 따라 품질경영시스템을 수립하고 이행하여야 한다.

② 검사관이 품질검사 절차에 의거 검사를 실시한다.

3) 계약업체는 선택품질보증형 품목을 납품 시 기존납품 품목과 구별될 수 있도록 로트를 구분하여 관리토록 하여야 한다. 또한 업체자체 품질보증 품목임을 식별할 수 있도록 **'업체우수품목'** 문구를 포장 및 표지 크기에 따라 식별이 용이하도록 포장상자(단위, 중간, 외부)에 표기한다.

4) 계약업체 및 검사관은 불량발생, 수입지연 등의 사유로 생산 일정이 지연되어 납기 준수가 어렵다고 판단될 경우, 지체사유를 명시하여 기품원과 방위사업청에 통보하여야 한다.

♣ 해설 및 팁 5-5: 업체 자체 시험성적서 인정 대상

- 계약금액이 소액인 경우에도 공인시험기관에서 발행하는 시험성적서를 요구하는 것에 대한 업체부담(예를 들어, 7만 원으로 구매한 원자재에 대해 30만 원 공인시험분석비용 발생하는 등)을 감소시키기 위하여, 아래와 같은 품목의 이화학시험 및 측정 시에는 업체자체 시험성적서를 인정하는 제도를 시행한다.
  ① 위험도 평가결과가 저위험도이며 동일계약번호로 계약된 동일 품목의 금액이 3,000만 원 이하인 계약 품목일 경우
  ② 공인시험기관 시험분석 의뢰 시 발생하는 비용이 해당 계약금액의 2% 이상인 경우. 업체가 제출한 성적서의 신뢰성 검증을 위해 공인시험기관 시험분석이 필요한 경우에는 기품원의 예산을 사용할 수 있다.

3. 조달청 품질검사

가. 품질관리 부서 및 대상

1) 품질관리 부서

가) 조달청의 품질관리 업무는 품질관리단에서 담당한다.

나) 조달청장은 필요한 경우 품질관리 점검업무의 일부를 공인시험 및 검사기관에 위탁할 수 있다.

2) **품질관리 대상**

가) 품질관리 대상

① 계약부서에서 점검을 요청한 조달물자

② 기타 품질관리의 필요성이 인정되어 품질관리단장이 정한 조달물자

나) 품질관리 면제 대상

① 소액인 경우

② 품질관리 점검계획 일자를 기준으로 최근 1년간 동일품명으로 품질관리 점검을 받은 경우

③ 기타 품질관리단장이 과거의 납품검사 합격의 빈도, 품질관리 능력 등을 고려하여 점검면제가 가능하다고 인정한 경우

다) 검사 및 검수는 조달청 '물품구매계약 품질관리 특수조건'에 따른다.

나. 품질관리 방법 및 절차

1) 품질관리 방법

가) 품질관리 담당공무원은 시험용 시료를 제조현장, 수요기관 납품장소 등에서 선정할 수 있다.

나) 계약상대자의 구매계약서에 검사 및 시험방법 등이 명시되지 않았을 경우에는 한국산업규격(KS규격) 또는 국제표준 등을 적용하여 점검할 수 있다.

다) 담당공무원은 필요한 경우 계약상대자에게 사전에 통보하지 않고 수요기관 또는 국가공인시험기관과 합동으로 점검할 수 있다.

2) 품질관리 절차

가) 담당공무원은 계약상대자의 입회하에 품질관리 점검을 실시한다.

나) 점검물품이 계약물품과 동일한지 여부를 확인한다.

다) 시험용 시료를 채취하고 시료에 서명한다.

라) 시료번호를 시험용 시료에 명기 후 국가공인시험기관에 시험의뢰 한다.

마) 시험결과와 계약규격을 비교하여 규격과 일치여부를 판정하고 점검결과를 통보한다.

바) 직접생산여부는 생산설비 및 관련서류를 검토하여 확인한다.

다. 점검결과의 조치

1) 담당공무원은 점검결과 규격미달인 경우 종합쇼핑몰의 거래정지 조치를 할 수 있다. 다음의 경우에는 그 원인이 해소될 때까지 거래정지를 할 수 있다.

가) 업체가 점검을 회피하기 위해 현장 확인, 시료채취 등을 거부한 경우

나) 위 가)항에 따른 재점검과 관련하여 해당 국가공인시험기관이 부과한 시험수수료를 업체가 납입기간이 경과한 후 10일 이내에 납부하지 않을 경우

2) **거래정지**는 결함의 정도, 규격미달 발생횟수 등에 따라 **1개월 ~ 24개월** 이내에서 조치하며, 결함의 정도가 경결함일 경우에는 경고조치한다.

가) 제재조치를 할 경우에는 업체에 제재사유, 최대 제재기간, 제재에 대한 의견제출 기한 등을 통보하며, 제재조치가 최종 확정된 경우에는 서면으로 통보한다.

나) 업체가 품질검사 결과 제재에 대한 의견이 있을 경우에는 10일 이내에 의견을 서면 또는 대면으로 제출할 수 있다.

다) 담당공무원은 업체의견 제출서를 검토한 결과 확인점검을 하여야 할 상당한 이유가

있다고 판단되면, 10일 이내에 확인점검을 실시한다.

라) 확인점검 결과 규격이 적합하다고 판단되면, 최초점검 결과를 원인무효로 처리한다.

3) 점검결과 규격미달에 따른 재점검은 제재조치(경고 또는 거래정지 등)가 끝난 후 30일 이내에 실시한다.

4) 거래정지를 조치한 경우 그 결과를 종합쇼핑몰상의 〈업체 및 상품비교〉란의 '참고사항'에 관련내용을 기록한다.

5) 조달청에서는 조달물자의 품질을 향상시키기 위하여 점검결과 규격적합·미달 물품에 관한 업체명, 규격미달 사유, 규격미달 횟수 등의 정보를 종합하여 조달청 종합쇼핑몰과 나라장터 등에 게시할 수 있다.

♣ 해설 및 팁 5-6: 스티커 미 부착

- 소방차의 펌프와 진공탱크 이상으로 흡입 및 배출이 안 되어 원인을 확인한 결과, 펌프 내에 물이 없는 상태로 장시간 작동하여 축이 고착된 사례가 발생함.
- 이러한 사용상 부주의를 방지하기 위하여 업체에서는 사용 시 주의사항 스티커를 부착 및 납품하여야 한다.

라. 전문기관 검사

1) 전문기관검사 대상물품은 조달청장이 지정·공고한 물품을 대상으로 한다.

2) 전문기관검사 대상물품으로 지정·공고된 물품일지라도 다음에 해당할 경우에는 전문기관검사를 실시하지 않을 수 있다.

가) 관계법령에 의하여 납품할 때마다 검사를 받도록 지정된 경우

나) 조달청 자체검사 대상일 경우

다) 수요기관의 장이 직접 검사하고자 요청하거나 조달청장이 수요기관 검사로 전환한 경우

3) 검사는 실시 시기에 따라 중간검사, 납품검사, 재검사로 구분하며 그 내용은 다음과 같다.

가) 중간검사

① 전문검사기관은 계약서에 명시되어 있지 않더라도 다음의 경우에는 중간검사를 실시할 수 있다.

a. 완제품 상태에서 사용재료의 품질을 확인할 수 없거나 곤란한 경우

b. 재료 상태에서 검사하는 것이 효율적일 경우

c. 제조과정의 확인이 필요한 경우

d. 그 밖에 품질확보를 위하여 필요하다고 인정되는 경우

② 전문검사기관은 제조과정의 확인 등 필요한 경우에는 업체에게 사전 통보 없이 불시에 중간검사를 실시할 수 있다.

③ 전문검사기관은 업체와 수요기관의 장에게 중간검사 결과를 통보하며, 검사결과 부적합 또는 계약내용에 위배되는 사항에 대하여 업체에 시정 요구를 할 경우에는 계약담당 공무원과 조달청장에게 통보한다.

나) 납품검사

① 납품될 물품이 계약내용과 일치하는지의 여부를 납품 전에 관능검사 결과와 이화학시험결과 등을 종합하여 판정한다.

② 중간검사를 실시한 물품일 경우에는 중간검사에 지적된 사항 등 중간검사결과를 참고하여 납품검사를 실시한다.

다) 재검사는 다음과 같은 경우에 실시할 수 있다.

① 불합격된 물품을 보수, 개조 또는 선별하여 납품할 경우

② 검사를 완료한 후, 납품 전에 합격처리한 물품에 이상이 있음을 발견하였을 경우

③ 봉인, 검인 등의 표지가 파괴, 개조되었거나 식별이 곤란한 경우

④ 계약상대자의 고의 또는 과실로 인하여 판정에 영향을 준 사실이 발견되었을 경우

4) 조달청장은 조달물자의 품질관리를 위하여 조달물자의 전문기관검사업무를 실시하는 기관을 지정할 수 있다. 검사업무 지정 수탁기관으로 지정된 기관은 다음과 같다.

> 한국산업기술시험원, FITI시험연구원, 한국화학융합시험연구원, 한국기계전기전자시험연구원, 한국건설생활환경시험연구원, 한국의류시험연구원, 도로교통공단, 한국승강기안전관리원, 한국승강기 안전기술원, 한국냉동공조인증센터, 한국전기안전공사, 한국동물약품협회, 선박안전기술공단, 한국건설산업품질연구원, 농업기술실용화재단, 한국가스안전공사, 한국광기술원, KOTITI 시험연구원, 경기도건설본부, 한국조명연구원, 부산테크노파크, 한국임업진흥원, 한국소방산업기술원

5) 전문기관검사 품목은 다음과 같은 과정으로 검사가 진행된다.

가) 전문검사기관은 검사계획서를 작성하여 수요기관과 업체에 송부한다.

나) 업체는 검사를 받고자 하는 날(검사요청일)로부터 **최소 5일 전에** 검사요청서를 전문검사기관에 제출해야 한다.

6) 검사방법은 다음과 같다.

가) 전문검사기관은 다음의 경우 전수검사를 실시한다.

① 안전 또는 생명 등과 관련되는 물품으로써 불량품의 혼입이 허용되지 않는 경우

② 검사에 소요되는 시간과 비용이 적어 품질관리상 전수검사가 효용성이 큰 경우

나) 전문검사기관은 전수검사가 불가능한 경우는 표본(샘플링)검사를 실시하며, 한국산업규격(KS)을 적용한다.

7) **검사결과서 통보**는 다음과 같이 한다.

가) 전문검사기관은 검사가 완료되면 검사결과서를 작성하여 계약담당 공무원, 조달청장 및 업체에 통보한다. 다만, 계약내용에 공인시험기관의 시험성적서를 수요기관에 제출하도록 규정한 물품에 대하여는 시험성적서를 추가로 발급한다.

나) 전문검사기관은 계약상대자가 '자가품질보증업체 선정·관리규정' 또는 '납품검사 면제 업무처리 기준'에 따라 납품검사 면제 대상을 검사 요청하는 경우에는 검사를 면제하고 그 결과를 통보하여야 한다.

8) **전문기관검사에 소요되는 경비는 업체가 부담한다.**

제2절 || 사용자 불만 처리

사용자 불만이란 사용자가 업체에서 군에 납품한 군수품에 대하여 품질이나 성능 등이 제 기능을 발휘하지 못하여 불만족스러운 사항이 발생한 것을 말한다. 사용자 불만품이 발생하였을 때 처리 절차는 사용부대에서 사업을 담당하는 부서로 통보를 하며, 사업부서는 품질검사를 담당했던 부서로 연락을 하게 된다. 품질검사 부서는 원인을 분석하여 후속조치를 실시한다.

1. 사용자 불만의 정의

가. 용어의 정의

1) **사용자 불만**: 업체에서 납품이 완료된 이후 사용부대에서 납품 또는 보급된 물품을 사용하기 전이나 사용 중에 결함이 발견된 품목을 말한다.

2) **하자**: 사용자 불만품에 대하여 품질검사를 담당하는 부서에서 원인을 분석한 결과 계약서에 명시된 품질 요구조건과 일치되지 않아 제품성능이 제대로 발휘되지 않는 품목을 말한다.

3) **기타 불만사항**: 사용자 불만품에 대한 원인분석 결과 **계약서에 명시된 품질 요구조건과는 일치**하지만, 수요기관 또는 계약기관의 잘못으로 결함이 발생된 품목을 말한다. **기타 불만사항은 하자로 처리할 수 없다.**

가) 규격 및 견본 결함: 계약서에 명시된 품질 요구조건과는 일치하지만 관련 규격이나 견본이 잘못됨으로 인해 업체에서 생산된 제품이 군의 요구 성능을 만족시키지 못하는 품목

나) 개선 요구사항: 계약서에 명시된 품질 요구조건과는 일치하지만 계약서에 명시된 품질 요구조건이 군사요구도를 만족시키지 못하여 향후 품질이나 형상 등을 개선해야 하는 품목

다) 계약착오: 구매요구와 다른 품목을 계약하여 납품한 경우

라) 사용자 결함: 사용자가 사용법 준수하지 않아 발생한 결함, 취급 부주의, 저장관리 부주의 등으로 발생한 결함

마) 통보착오: 사용자가 사용자 불만이 아닌 내용을 착오로 통보한 사항

바) 기타 결함: 결함의 원인 또는 책임소재가 불분명한 사항

♣ 해설 및 팁 5-7: 계약기관의 착오 사례

- 수요기관에서는 고정용 소화기로 조달 요구하였으나, 계약부서에서 착오로 이동용 소화기로 계약하여 사용부대로 납품됨.
- 사용부대에서 업체에 고정용 소화기로 1:1 교체를 요구하였으나 정상적으로 납품된 제품으로 교체 제한.

나. 사용자 불만 접수 및 처리 절차

1) 사용자 불만이 발생한 부대는 군지사로 사용자 불만 내용을 통보한다.

2) 사용자 불만 통보를 받은 군지사 담당관은 군수사 사업부서로 통보하며, 아래와 같은 조치를 한다.

가) 치명결점으로 예상되는 제품은 사용자 불만 내용을 통보하고, 전 부대에 해당품목을 사용중지하도록 통보한다.

나) 중결점은 사용자 불만 통보를 실시한다.

3) 사용자 불만 통보를 받은 군수사령부에서는 다음과 같이 조치한다.

가) 사용자 불만 품목에 대한 후속조치는 해당 품목에 대하여 품질검사를 담당했던 기관에서 실시한다.

나) 중앙조달 품목에 대한 사용자 불만(수요군 검수, 검사품목 제외)은 방위사업청 및 기품원에도 동시에 통보한다.

다) 조달청 조달품목은 조달청 및 군수사 품질검사과로 통보한다.

라) 부대조달 품목의 사용자 불만품은 군수사 품질검사과에서 자체검사를 실시하여 하자여부를 검토 및 처리하며, 처리 절차는 〈그림 5-2〉와 같다.

마) 부대검사 능력이 제한되는 품목은 기품원의 지원을 받아 처리한다.

바) 발생된 사용자 불만품은 확인관이 방문할 때까지 현상을 그대로 잘 보존하도록 해야 한다.

〈그림 5-2〉 조달청 조달물자(수요군 검사)에 대한 사용자 불만 처리 절차

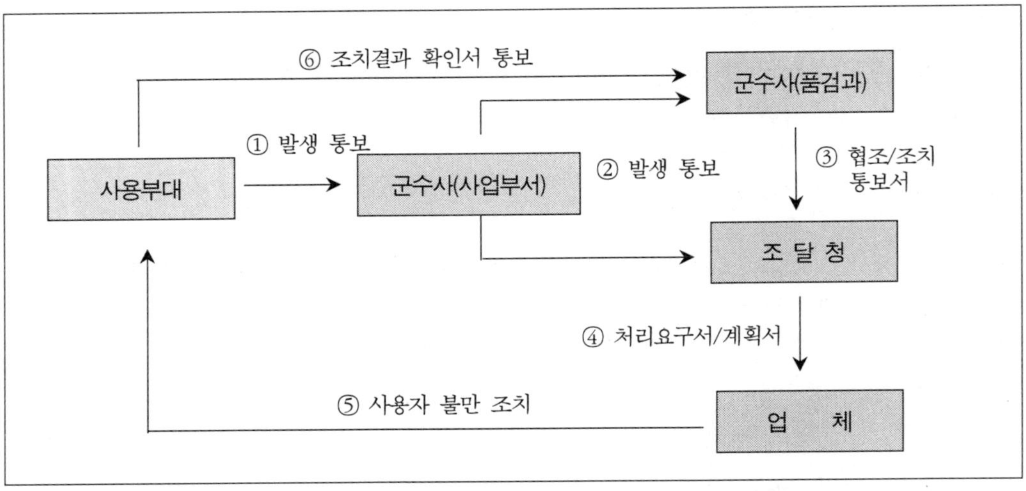

4) 사용자 불만을 접수한 검사부대(군수사 품검과 또는 기품원)는 사용자 불만품에 대하여 해당업체로 처리할 것을 요구하며, 업체는 사용자 불만 처리계획서를 검사부대(군수사 품검과 또는 기품원)에 통보해야 한다.

5) 검사부대(군수사 품검과 또는 기품원)는 계약업체와 협조하여 부대방문이나 불만품에 대한 기술검사를 실시하여 사용자 불만에 대한 원인을 규명한다.

6) 검사부대는 기술조사 및 원인분석을 근거로 결함내용을 분류하고, 결과에 따라 처리한다.

7) 하자품에 대한 결점이나 결함은 다음과 같이 분류한다.

가) 결점분류

① 치명결점: 품질요구조건에 맞지 않는 결함상태가 인명에 위험을 미치거나 복구비용이 과다한 경우

② 중결점: 치명결점에 미치지는 못하나 물품이 본래의 목적을 수행할 수 없는 경우

③ 경결점: 물품의 효율을 감소시키지 않으나 규격요건에 미흡한 결함

나) 결함내용 분석: 결함내용은 치수 차이, 재질 불량, 기능 불량, 품질관리 불량, 포장 불량, 호환성 결여 등으로 분류한다.

2. 하자 및 하자 외 불만사항 처리

가. 하자처리 방법

1) 신품교체: 품질보증 된 재고품이나 제품을 별도로 생산하여 교체하는 경우

2) 정비 및 수리: 하자발생 장소에서 정비, 수리 또는 구성품의 교환 등으로 하자사항을 해소하는 경우

3) 수정납품: 하자가 발생한 제품을 수거하여 잘못된 부분을 보완하여 납품하는 경우

4) 보충: 하자내용이 수량부족, 일부 부품누락이 발생한 경우 해당품목을 추가로 보충해 주는 경우

나. 하자 외 불만사항 처리 방법

1) 개량 요구사항: 검토결과에 따라 조치

2) 계약 착오사항: 해당 계약부서(방위사업청, 군수사, 조달부서)에 통보

3) 사용자 운용미흡 및 통보착오 사항

가) 사용자의 사용법 미숙, 취급부주의, 정비부실 및 저장관리 미흡 등으로 발생된 결함은 해당 부대에서 자체 처리토록 통보

나) 장비운용 및 정비와 관련하여 교육 및 기술전파가 필요한 사항은 검토 내용을 작성하여 해당 부대 또는 해당 장비를 사용하는 모든 부대에 통보

4) 업체 사후봉사(A/S)지원 사항: 군의 작전임무 수행 상 긴요한 불만사항으로써 업체가 자발적으로 응할 경우는 업체의 동의 하에 사후봉사(A/S) 지원을 할 수 있다.

다. 사후봉사(A/S)의 처리

1) 계약업체가 납품 후 A/S 실시가 필요하다고 판단될 때는 A/S 계획을 품질보증기관(기품원 및 군수사 품질검사과)에 제출 후 시행한다.

2) 중앙조달 품목에 대한 업체 A/S 계획은 기품원에서 군수사 사업부서(업무담당부서)로 통보하며, 사업부서는 재고를 보유하고 있는 모든 부대에 관련 내용을 전파한다.

3) 부대조달품목에 대한 A/S 계획은 군수사 품질검사과에서 사업부서로 통보하며, 사업부서는 재고를 보유하고 있는 모든 부대에 관련 내용을 전파한다.

4) A/S 결과는 업체가 품질보증기관에 통보하며, 기품원 또는 군수사 품질검사과는 업무담당부서인 사업부서로 통보한다.

5) A/S 처리기간은 계약서 등에 명시된 기간 내에 처리해야 하며, A/S 처리기간을 초과하여 조치가 완료된 때에는 계약서상에 명시된 지연배상금을 납부해야 한다.

가) 중앙조달품의 경우에는 계약 시 물품의 보수, 대체납품 청구 시 정하는 '계약서상의 기간' 내 조치함을 원칙으로 한다.

나) 부대조달품의 경우에는 **60일 이내에 처리 완료**하여야 한다.

라. 군수품 하자처리 과정에서 구상이 불가한 하자품에 대한 처리방안은 품질검사기관에서 하자처리 심의위원회를 통하여 결정한다.

♣ 해설 및 팁 5-8: 사용자 불만사항 처리

- 업체에서 생산하여 납품한 제품에 대하여 하자는 아니지만, 위에서 언급한 '기타 불만사항'이 발생하는 경우가 있다. 이럴 때는 업체입장에서 신품으로 교체를 해주더라도 큰 부담이 되지 않는다면, 1:1로 교체를 해주는 것이 좋다. 이러한 조치는 업체에 대한 신뢰도를 높이는 효과가 있다.
- 일반사회에서도 신뢰도가 높은 업체에 대하여 좋은 평가를 하겠지만, 특히 군대는 이익 창출을 위해 임무를 수행하는 조직이 아니기 때문에 신뢰도가 높은 업체에 대하여 매우 긍정적으로 평가한다.

용어 정의

1. 가격조사
적정한 거래가 형성된 경우에는 그 거래실례가격을, 거래실례가격 또는 원가계산방법에 의할 수 없는 경우에는 감정가격, 유사한 물품의 거래실례가격 또는 견적가격을 조사하여 예정가격을 결정하기 위한 기초자료를 작성하는 것을 말한다.

2. 검사(Inspection)
측정, 이화학적 시험 또는 계측 등의 방법을 활용하여 제품이 규격과 적합여부를 평가하는 활동을 말한다.

3. 검수(Destination Inspection)
수납지에서 그 목적물을 관능에 의해 검사하여 수납함을 말하며, 통상 포장상태, 수량, 계약된 품목과 다른 품목 여부, 파손 여부 등을 확인한다. 수납검사와 동일한 의미를 갖는다.

4. 계약특수조건
기획재정부 회계예규인 계약일반조건은 일반적인 사항을 규정하고 있는데 비해, 계약특수조건은 구체적인 계약에 있어서의 계약이행 요구사항, 납지, 납기, 검수와 인수 등의 추가적이고 세부적인 계약조건을 말한다. 계약특수조건은 계약당사자간의 책임과 권한, 그리고 원가부분이 포함되어 있으며, 조건변경 시에는 수정계약을 해야 한다.

5. 국고채무부담행위(Contract Resulting in Treasury Obligation)
국채를 모집하거나 예산 외에 국가의 부담이 될 계약을 체결하려 하는 행위를 말한다. 국가가 돈의 지출을 수반하는 계약을 하는 경우 돈의 지출은 다음 연도 이후의 예산에 계상하는데 계약만은 미리 해두려고 할 때가 있다. 이와 같은 계약은 예산사항의 하나로서 국회의 의결을 반드시 얻어야 한다. 국고채무부담행위에 관한 국회의 의결을 얻기 위해서는 사항마다 필요한 이유를 명시하고 그 행위를 할 연도, 상환연도, 채무부담금액을 표시하여야 한다.

6. 국방규격(Korean Defense Specification)
군수품의 조달을 위하여 필요한 제품 및 용역에 대한 성능, 재료, 형상, 치수 등 기술적인 요구사항과 요구필요조건의 일치성 여부를 판단하기 위한 절차와 방법을 서술한 사항으로 규격서, 도면,

소프트웨어 기술문서 등으로 구성된다.

7. 규격서(SPEC: Specification)

제품 및 용역에 대한 기술적인 요구사항과 요구필요조건의 일치성 여부를 판단하기 위한 절차와 방법을 서술한 문서로서 제품의 성능, 재료, 형상, 치수, 용적, 색채, 제조, 포장 및 검사방법 등이 포함된다.

8. 기초금액

예정가격을 결정하기 위하여 가격조사 또는 원가계산 방식에 의하여 산정한 금액을 말한다.

9. 기초예비가격

기초금액을 기준으로 계약담당 공무원이 복수예비가격 산정을 위하여 결정하는 가격을 말한다.

10. 바코드 심볼리지(Bar-code Symbology)

데이터를 바코드로 표시하는 방법을 정한규칙 또는 원리에 따라 특정 데이터를 바코드로 표현한 것이다.

11. 1차원바코드 심볼리지(Linear Bar-code Symbology)

데이터를 횡축(X방향)으로 배열한 단순한 형태로 재품정보나 물류정보 보다는 해당 정보체계의 데이터베이스에 접근하는 데이터 키(Data Key)를 표현하는데 주로 활용된다.

12. 2차원바코드 심볼리지(2 Dimension code Symbology)

양축(X방향, Y방향)으로 데이터를 배열시켜 평면화한 것으로 일차원바코드 심볼리지의 문제점인 데이터 표현의 제한성을 보완한 것이다. 즉, 선적용 패키지와 같이 대상물이 이동함에 따라 필요한 많은 데이터(로트번호, 구매주문번호, 수량 등)의 표현이 제한되었던 점을 보완한 것이다.

13. 복수예비가격

기초예비가격을 기준으로 ±3% 범위 내에서 산정한 15개의 가격을 말한다.

14. 상세형 규격(Detail Specification)

구매에 적용될 품목과 용역에 관한 기술적인 요구사항과 요구 성능의 달성방법을 구체적으로 기술한 규격을 말한다.

15. 성능형 규격(Performance Specification)

요구되는 결과를 얻기 위한 구체적인 방법을 기술하지 않고 요구 성능, 환경조건, 연동성·호환성 등을 명시한 규격을 말한다.

16. 시제품

개발단계에서 설계에 적용된 각종 기술이 요구운영능력을 충족하는지의 여부를 평가하기 위하여 제조된 제품으로써 개발시험평가 및 운용시험평가의 대상이 된다.

17. 업체투자연구개발

업체자체시설과 기술능력으로 군수품을 개발하는 것으로 개발업체가 개발에 관련된 모든 비용을 부담하며, 정부는 개발실패에 따른 개발비용에 대한 보상이나 개발완료 후, 구매 여부에 책임을 지지 않는 연구개발 형태를 말한다.

18. 연부액

사업의 이행에 수 개년을 요하게 되는 다년차 사업의 연도별 소요 금액을 말한다. 다년차 사업은 장계계약사업, 계속비 사업, 국고채 사업으로 구분되는데, 장기사업은 예산서상 총 사업비만 부기되고, 연도별 지출액인 연부액은 국회승인을 받지 않는데 반해 계속비 사업과 국고채 사업은 국회의 승인을 받아야 한다.

19. 전력지원체계

무기체계 이외의 군수품으로서 전투력 보호 장비·물자, 동력장치 등 전투수행 주체인 장병과 무기체계의 지속적인 전투력 발휘를 지원하는 장비·부품·시설·소프트웨어 등 제반요소를 통합한 것으로 분류는 다음과 같다.

1. 전투력 보호 및 방호 장비·물자
2. 기동장비 및 주둔시설의 동력 장치
3. 전투지속능력 보장 장비·물자
4. 통신 및 전자 장비·물자
5. 근무지원 장비·물자
6. 의무장비·물자
7. 교육훈련용 장비·물자
8. 국방정보시스템
9. 일반시설
10. 기타

20. 제안요청서(RFP: Request For Proposal)

구매대상 무기체계 및 전력지원체계의 시험평가, 연구개발을 위한 주관기관 선정을 위하여 관련업체의 기술자료, 공급(연구개발)계획, 일정 등의 제안을 요청하는 문서를 말한다.

21. 제안서(Proposal)

제안요청서에 명시된 무기체계 또는 전력지원체계 등을 공급하기 위한 생산, 품질보증, 형상관리, 일정관리 등의 계획과 관련 기술 자료를 제안하는 문서를 말한다.

22. 조달판단

사업관리부서에서 조달요구한 품목을 구매하기 위한 사전판단 절차로써 계약방법, 조달원, 예산 등을 확인 검토 및 결정하는 일련의 과정을 말한다.

23. 표지

각 포장단위별로 제품의 재고번호, 품명, 수량, 중량 등을 포장재에 표기하는 방법을 명기한다. 일반적인 경우는 포장규격서(KDC 0001-P4001)에 모두 규정되어 있다.

24. 한국산업규격(Korean Industrial Standard: KS)

산업표준화법에 의하여 한국 정부가 제정한 광공업제품의 국가규격으로서 제품규격(광공업품의 종류, 형상, 치수, 안전도, 내구도 등), 방법규격(생산, 설계, 제도, 운용방법) 및 기본규격(광공업 기술용어, 기호, 표준수 또는 단위 등)이 포함된다.

참고문헌

■ 법률, 시행령, 시행규칙

1. 계약업무처리 훈령, 국방부 훈령 제1852호, 2015.12.15.
2. 국가를 당사자로 하는 계약에 관한 법률, 법률 제12860호, 2014.12.30
3. 국가를 당사자로 하는 계약에 관한 법률 시행규칙, 기획재정부령 제533호, 2016.2.1.
4. 국가를 당사자로 하는 계약에 관한 법률 시행령, 대통령령 제26829호, 2015.12.31.
5. 국가종합전자조달시스템 관리규정, 조달청훈령 제1547호, 2012.8.23.
6. 국방전력발전업무훈령, 국방부훈령 제1285호, 국방부, 2015.8.27.
7. 국방전자조달시스템 관리규정, 방위사업청 훈령 제233호, 2013.10.14.
8. 군복 및 군용장구의 단속에 관한 법률, 법률 제13395호, 2015.7.20
9. 군복 및 군용장구의 단속에 관한 법률 시행규칙, 국방부령 제00829호, 2014.10.20.
10. 군수품 관리법, 법률 제12401호, 2014.3.11.
11. 군수품 관리법 시행령, 대통령령 제26044호, 2015.1.12.
12. 군수품 관리 훈령, 국방부 훈령 제1738호, 2014.12.11.
13. 군수품 선택계약 업무처리 규정, 방위사업청 훈령 336호, 2015.7.1.
14. 군수품조달관리규정, 방위사업청 훈령 제60호, 2007.8.3.
15. 군인사법, 법률 제12747호, 2014.6.11.
16. 다수공급자계약 업무처리규정, 조달청 훈령 제1723호, 2015.11.27.
17. 다수공급자계약업체의 계약이행실적평가 및 등급화 운영기준, 조달청 훈령 제1701호, 2015.6.2.4.
18. 물품관리법, 법률 제9516호, 2009.3.25.
19. 물품관리법 시행규칙, 기획재정부령 제113호, 2009.12.29.
20. 물품관리법 시행령, 대통령령 제25751호, 2014.11.19.
21. 방위사업관리규정, 방위사업청 훈령 제343호, 2015.10.6.
22. 방위사업법, 법률 제12559호, 2014.6.11
23. 방위사업법 시행규칙, 국방부령 제831호, 2014.11.7.
24. 방위사업법 시행령, 대통령령 제26195호, 2015.4.14.

25. 방위산업물자 및 방위산업체 지정 규정, 방위사업청 훈령 제291호, 2014.7.1.
26. 일반용역적격심사기준에 관한 훈령, 국방부 훈령 제1839호, 2015.11.12.
27. 전자조달의 이용 및 촉진에 관한 법률, 법률 제11631호, 2013.3.22.
28. 전자조달의 이용 및 촉진에 관한 법률 시행규칙, 기획재정부령 제360호, 2013.9.17.
29. 조달물자의 종합쇼핑몰 등록 및 관리지침, 조달청훈령 제1591호, 2013.2.21.

■ 규정, 예규, 고시

1. 검사업무 수탁기관 지정, 조달청고시 제2015-21호, 2015.7.23.
2. 국가종합전자조달시스템 이용약관, 조달청고시 제2015-2호, 2015.2.2.
3. 국가종합전자조달시스템을 이용한 계약사무처리 요령, 조달청고시 제2013-47호, 2013.12.24.
4. 국가종합전자조달시스템 전자입찰특별유의서, 조달청고시 제2015-3호, 2015.2.2.
5. 국가종합전자조달시스템 종합쇼핑몰운영규정, 조달청고시 제2013-33호, 2013.9.23.
6. 국방규격서(KDC 0001-P4001-4), 국방부, 2012.10.8.
7. 국방규격의 서식 및 작성에 관한 지침, 방위사업청 예규248호, 20014.9.13.
8. 국방전자조달시스템 전자계약 사무처리 지침, 방위사업청 예규 제263호, 2014.12.8.
9. 국방전자조달시스템 전자입찰 특별유의서, 방위사업청 예규 제264호, 2014.12.8.
10. 국방품질경영시스템 인증제도 관리에 관한 고시, 방위사업청 예규 제1호, 2012.10.2.6.
11. 국방품질경영업무규정, 기술품질원 정책기획실-793, 2014.3.27.
12. 국방 표준 바코드 운용 지침서(ver 2.2), 국방부, 2015.7.
13. 군 부식용 농·수·축산물 가격산정 지침, 방위사업청 계약관리본부 지침 제2010-5호, 2010.12.27.
14. 군수품 품질경영 기본규정, 기품원 정책기획실-2374, 2015.12.30.
15. 다수공급자계약 2단계경쟁 업무처리기준, 조달청고시 제2015-31호, 2015.11.27.
16. 다수공급자계약 입찰참가자격 사전심사 세부기준, 조달청고시, 2015.2.17.
17. 다수공급자계약 특수조건, 조달청고시 2015-15호, 2015.2.21.
18. 대군 기술지원 업무 지침, 방위사업청 예규 제238호, 2014.7.28.
19. 물품구매계약 품질관리특수조건, 조달청 구매총괄과-2423, 2013.8.27.
20. 물품구매(제조)입찰유의서, 기획재정부 계약예규 제169호, 2014.1.10.
21. 물품구매(제조)계약 특수조건, 조달청 구매총괄과-957, 2014.3.17.
22. 물품구매(제조)계약 일반조건, 기획재정부 계약예규 제219호, 2015.1.1.
23. 물품 적격심사 기준, 방위사업청 예규 제276호, 2015.4.16.
24. 물품 제조·구매 계약특수조건 표준(일반 및 방산) 일반조건, 방위사업청 예규 제219호, 2014.6.2..
25. 보훈복지단체 수의계약업무 처리지침, 방위사업청 예규 제281호, 2015 9.1.
26. 보훈·복지단체와의 계약업무처리기준, 조달청 구매총괄과-3516, 2013.11.28.
27. 선금지급조건, 방위사업청 예규 제245호, 2014.8.18.

28. 우수조달품 지정관리 규정, 조달청 제2016-12호, 2016.3.8.
29. 자가품질보증물품 지정·관리규정, 조달청 고시 제2014-29호, 2014.11.28.
30. 조달물자 전문기관 검사 업무규정, 조달청고시 제2014-23호, 2014.9.24.
31. 조달물자 품질점검 업무규정, 조달청 고시 제2013-29호, 2013.9.2.
32. 조달원 등록정보 관리 지침, 방위사업청 예규 제273호, 2015.3.25.
33. 조달청 일반용역적격심사세부기준, 조달청 공고 제2015- 41호, 2015.4.22.
34. 중소기업자간 경쟁제품 중 물품의 구매에 관한 계약이행능력심사 세부기준, 방위사업청 예규 제279호, 2015.5.22.
35. 표준화 업무 지침, 방위사업청 예규 제247호, 2014.9.3.

■ 기타

1. 김홍식, 『세상의 모든 지식』, 서해문집, 2007.6.25.
2. 방위사업청, 『계약상식 질의 응답집(업체주관연구개발사업의 '협상에 의한 계약'을 중심으로)』, 2010.5.
3. 방위사업청, 『계약업무 CHECK POINT』, 2008.7.
4. 방위사업청, 『계약실무 편람(2014년판)』, 2014.11.
5. 방위사업청, 『민원질의 응답집』, 2009.10.
6. 방위사업청, 『국방규격 길라잡이』, 2011.10.
7. 방위사업청, 『국방규격 업무편람』, 2015.11.
8. 이상수, 『Basic 고교생을 위한 사회 용어사전』, 신원문화사, 2006.10.30.
9. http://biz.chosun.com/site/data/html_dir/2015/04/10/2015041001161.html
10. http://www.pps.go.kr/kor/jsp/business/customer/demand_info01.pps
11. http://www.army.mil.kr/bimugi_internet/index.html
12. http://www.mnd.go.kr/mbshome/mbs/mnd/subview.jsp?id=mnd_011003040000&titleId=mnd_011003000000
13. http://www.mnd.go.kr/mbshome/mbs/mnd/subview.jsp?id=mnd_011702000000&titleId=mnd_011700000000
14. http://www.mnd.go.kr/user/newsInUserRecord.action?id=mnd_020400000000
15. http://www.smba.go.kr/webdata/board/SMBA_NEWS_32/20141119112129401.hwp.files/Sections1.html

◈ 지은이 **민찬규**

1987년 육군사관학교를 졸업하고, 병참병과 장교로 임관하여 30년간 조달 및 보급관련 분야에서 근무하고 있다. 주요 직책으로는 군수지원사령부 보급처장, 군사령부 물자과장, 국방부 전력지원체계발전 T/F팀장, 군수사령부 피복과장 및 급식유류과장 등을 역임했다. 저서로는 『내 아들 군대 갔어요』, 『세상을 향한 첫걸음, 군대에서 배운다』 등이 있다.

초판 1쇄 2016년 6월 10일
초판 2쇄 2018년 5월 25일
저　　자 민 찬 규
발 행 인 권 호 순
발 행 처 시간의물레
등　　록 2004년 6월 5일
등록번호 제1-3148호
주　　소 서울시 마포구 마포대로 4다길 3(1층)
전　　화 02-3273-3867
팩　　스 02-3273-3868
전자우편 timeofr@naver.com
블 로 그 http://blog.naver.com/mulretime
홈페이지 http://www.mulretime.com
I S B N 978-89-6511-155-9 (93390)
정　　가 20,000원